电力系统继电保护

——原理·算例·实例

周长锁　史德明　孙庆楠　编著

DIANLI XITONG JIDIAN BAOHU
YUANLI SUANLI SHILI

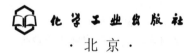

化学工业出版社

·北京·

内容提要

本书由从事继电保护整定计算工作多年的工程师结合工作实践编写，内容偏重继电保护整定计算的实际应用，通过算例、实例使读者系统掌握继电保护整定计算工作流程和方法。

本书算例含短路电流计算算例和继电保护计算算例，其中继电保护计算算例包括高压馈线、变压器、电动机、补偿电容器、发电机和低压回路的计算算例。本书实例以某生产装置配套的主变电所和高压配电所为对象，展示继电保护整定计算全过程。

本书可供从事电力系统继电保护设计、整定和调试的工程技术人员使用，也可作为高等院校电气工程及相关专业师生的教学参考书。

图书在版编目（CIP）数据

电力系统继电保护：原理·算例·实例／周长锁，史德明，孙庆楠编著. — 北京：化学工业出版社，2020.7（2023.10重印）

ISBN 978-7-122-36696-2

Ⅰ.①电… Ⅱ.①周… ②史… ③孙… Ⅲ.①电力系统–继电保护 Ⅳ.①TM77

中国版本图书馆 CIP 数据核字（2020）第 079211 号

责任编辑：高墨荣　　　　　　　　　装帧设计：王晓宇
责任校对：张雨彤

出版发行：化学工业出版社（北京市东城区青年湖南街 13 号　邮政编码 100011）
印　　装：三河市延风印装有限公司
710mm×1000mm　1/16　印张 17½　字数 320 千字　2023 年 10 月北京第 1 版第 5 次印刷

购书咨询：010-64518888　　　　　　　售后服务：010-64518899
网　　址：http://www.cip.com.cn
凡购买本书，如有缺损质量问题，本社销售中心负责调换。

定　　价：68.00 元　　　　　　　　　　　　　版权所有　违者必究

前言

电力系统继电保护计算需要有电力系统分析基础知识，掌握短路电流计算原理和方法。短路电流计算是继电保护整定计算基础，例如配电变压器速断保护按躲过变压器低压侧最大运行方式下短路电流整定，保护灵敏度按最小运行方式下高压电缆末端两相短路能可靠动作校验，没有短路电流计算结果，继电保护计算无法完成。

电力系统继电保护计算还需要有继电保护原理基础知识，熟悉各种常用综合保护装置的功能和内部逻辑，同时计算过程一定要结合用电行业特点、电网结构和运行方式等实际情况，确定相对比较合适的继电保护配置方案和整定计算原则。

本书共分 12 章，各章内容安排如下。

第 1 章介绍了继电保护整定计算的基础知识，让初次接触继电保护整定计算工作的读者对继电保护整定计算过程及相关知识有个全面的了解。

第 2 章是短路电流计算，讲解利用标幺值计算短路电流的方法，具体计算过程有算例参考。

第 3 章是继电保护整定计算基本原则，重点讲解变配电所的继电保护配置方案和保护间的整定配合原则。

第 4～11 章分别是主变压器、高压馈线、分段开关（备自投及快切）、配电变压器、高压电动机、高压补偿电容器、发电机和低压回路的保护算例。各章首先提出保护配置及其整定计算方法，再讲述有关微机综合保护装置工作原理，最后将整定计算方法和保护装置原理结合，给出具体算例。

第 12 章以某生产装置配套的电力系统为实例对象，展示继电保护整定计算全过程，包括基础资料收集、短路电流计算、主变电所和高压配电所的继电保护计算。

附录介绍了 4 种综保配套软件的安装和使用方法，这些软件可用于电力系统故障和波动分析，对现有继电保护方案和整定计算原则的不断改进和优化提供技术支持。

本书由周长锁、史德明、孙庆楠编著。全书由周长锁编写大纲并统稿。

本书可供从事电力系统继电保护设计、整定和调试的工程技术人员使用，也可作为高等院校电气工程及相关专业师生的教学参考书。

由于水平有限，书中不妥之处在所难免，期望广大读者批评指正。

编著者

目录

第1章 继电保护整定计算基础

学过电气专业的人员都有电力系统继电保护原理和电力系统分析方面的基础知识，有了这些基础知识，初次接触继电保护整定计算工作也会觉得无从下手，还需要对实际的电网结构、运行方式等方面有深入了解，根据用电行业特点制定继电保护整定原则，熟悉在用的各种综合保护装置的参数及性能，才能进行继电保护整定计算工作。

1.1 继电保护基本概念

1.1.1 继电保护的作用

(1) 反映电力系统中的不正常运行状态，发出报警信息

比如"TV断线"、"母线接地"、变压器"轻瓦斯动作"和"过负荷"等报警信息，根据报警信息及时处理故障，能避免产生引起跳闸的事故，例如小电流接地系统的"母线接地"极有可能发展为短路故障，变压器的"过负荷"也有可能发展成"过流"保护动作，造成低压配电所甩负荷。

(2) 切除电力系统中故障元件，保证电力系统迅速恢复正常运行

动作于跳闸的"差动"、"速断"和"过流"等保护就起到这种作用，尤其是线路的光纤差动、发电机、变压器、电动机的差动保护，保护动作后对系统影响较小。

(3) 自动恢复供电

架空线路的保护一般配置自动重合闸，大多数情况下雷击、风害等是暂时性的，断路器跳闸后线路的绝缘性能能得到恢复，再次重合能成功，提高了电力系统供电的可靠性。

对于采用单母线分段运行方式的配电所，当某段母线因外部原因失电，通过快切装置或备自投装置跳开该段母线进线开关，合上分段开关，用另一段母线带该段母线运行，重要电动机通过低电压延时动作或联锁装置实现自启动，快速恢复生产。

1.1.2 继电保护发展需求

(1) 继电保护的重点发展方向是增强预警功能

小电流接地选线装置就是个成功的例子，经过多年的不断改进，现在的装置选线准确率大幅度提高，能快速定位接地电动机，切换后进行处理，既没有造成电力系统波动，也没有影响生产装置运行。"在线绝缘监测"技术如果发展成熟，电力系统的稳定性将进一步提高。

(2) 突破电气专业限制，结合其他专业，扩展继电保护功能范围

曾遇到多次高压电动机因轴承严重损坏而导致的转子扫膛、绕组崩烧事故，速断保护动作，但电动机也基本报废。对于较大功率高压电动机，轴承故障不会造成电动机电流明显升高，即使轴承已经热到部分处于熔融状态，电动机仍然在转动，如果此时巡检发现过热，停机后轴承冷却产生抱轴现象，如果继续运行，最后只能是电动机转子失去支撑造成扫膛，甚至扫坏定子绕组。对于较大功率高压电动机无法用过流或过负荷来保护轴承，可以在电动机的轴承位置附近加上温度、振动传感器，当温度、振动参数超标或突变时报警，及时处理就不会烧毁电动机，电力系统也不会波动。

(3) 变配电所间信息共享，加速切除故障点

例如配电所间的过流保护是靠时间差来配合的，配合层次越多，上级配电所过流保护动作时限就越长。利用光纤网络和微机综合保护装置的 IEC61850＋GOOSE 实时通信功能，可实现变配电所间电气量的联锁，准确判断故障范围，减少时间差配合，加速切除故障点。

1.1.3 继电保护装置的基本原理

继电保护装置由测量部分、逻辑部分和执行部分组成，最初的继电保护装置由电磁继电器组成，后期出现了电子式继电器，还没等普及就开始应用微机综合保护装置了。

微机综合保护装置相当于一种专用的 PLC，有模拟量输入、开关量输入，经内部逻辑可动作于开关量输出。实际应用中，模拟量输入就是电气回路的二次电流、电压信号，变压器的温度接点、各种保护压板和工艺联锁等都属于开关量输入，保护所需的负序电流、功率方向、阻抗等参数都通过电流、电压信号计算获得，各种逻辑和延时都是通过软件实现，部分微机综合保护装置还能输出直流 4～20mA 信号给仪表系统。微机综合保护装置除了保护功能，同时集成了测量、故障记录或录波、操作控制和通信等功能。

（1）微机综合保护装置的特点

① 保护功能完备　某一系列按设备类型分成不同型号，根据设备类型配置保护功能，实际使用时只投入继电保护定值单中要求的功能，其余功能退出。特殊需求可联系厂家修改软件刷新程序，实现特殊功能。

② 人机界面友好　通过面板上的按键和显示屏，可查看和修改保护定值，查看运行参数、继电保护动作记录等资料，还可以查看通信数据，调试调度自动化系统。

③ 通信功能强大　一般都有多个 RS485 和网络接口，提供和自动对时装置、调度通信装置的通信功能。通过通信接口连接装有配套软件的上位机，可查看内部各种记录，包括故障录波，还可以实现继电保护定值的批量修改。

（2）微机综合保护装置的应用

微机综合保护装置厂家较多，每个厂家又有不同系列的产品，根据需要选用适合的产品，对于继电保护整定计算人员，需注意以下几点。

① 不同厂家保护功能的名称不尽相同，如有的厂家用速断、过流、过负荷，而有的厂家用过流 I 段、过流 II 段、过流 III 段，可通过其技术说明书查看保护功能的说明和逻辑图确定如何使用。

② 不同厂家同一种保护的动作判据可能会有差别，特别是反时限过流保护，按动作判据中的系数或公式计算保护定值。

③ 每种保护的定值都有一定范围，需注意计算或选取的定值是否在这一范围内。

④ 有的保护同时有外部硬保护压板和定值设定中的软保护压板，都投入时保护才有效。建议经常用到的保护压板要有硬保护压板，便于运行人员操作。软保护压板一般由继电保护人员操作，运行人员操作容易出现误改定值和忘记密码无法操作等情况。

1.1.4　继电保护整定计算的基本要求

继电保护应满足四个基本要求，即选择性、速动性、灵敏性和可靠性。

（1）选择性

选择性有两层意思，一是指由故障元件本身的保护动作于跳闸达到切除故障的目的，二是指当故障元件本身的保护或断路器拒动时，由相邻元件的保护和断路器切除故障，尽量缩小停电范围。

选择性的实现方法主要有三种：

① 首选差动保护，保护范围为接入保护装置的两组（或多组）电流互感器之间；

② 其次考虑利用阻抗的变化，选用距离保护或电流保护实现，距离保护的

特点是不受系统运行方式改变引起的系统短路电流变化的影响，保护范围比较准确，一般用于供电系统长线路。短距离线路多使用电流保护，例如变压器本身阻抗较大，变压器高压侧速断保护可以按照躲过系统最大运行方式下低压侧短路时的电流整定，这样变压器低压侧短路时由低压开关切除故障，高压侧速断保护不会误动，变压器的速断保护范围是变压器高压侧，而变压器的过流保护范围则会延伸到变压器低压侧，作为低压侧断路器的后备保护。

③ 最后就是保护动作时限的级差，如上所述，变压器的过流保护范围覆盖了低压侧，低压侧短路时又需要低压侧断路器先动作，那么高压侧过流保护动作时限就需要比低压侧多 $0.2 \sim 0.3s$，才能保证选择性。

(2) 速动性

速动性就是快速切除故障，减少电力系统波动对生产的影响。差动和瞬时速断保护动作，一般只会造成部分变频器负荷停掉，对生产装置影响不大，随着切除故障时间的延长，系统低电压引起的低压接触器释放会造成大面积甩负荷，严重时生产装置需先停工，具备条件再重新开工。

提高速动性的措施主要有：

① 合理配置保护，优先选用差动保护；

② 配电网结构要合理，减少需要配合的级数；

③ 缩小保护动作时限的级差，原来用电磁保护时推荐的级差是 $0.5s$，应用微机综合保护装置后推荐的级差是 $0.3s$。

(3) 灵敏性

为了保证选择性，继电保护整定原则首先考虑保护定值要躲过各种正常情况下的电流，问题随之而来，在系统最小运行方式下发生故障时，保护还能不能动作，这就需要计算灵敏系数，要求灵敏系数不能低于规定的下限值。

(4) 可靠性

可靠性是指继电保护应正确动作，不误动，也不拒动。随着微机综合保护装置的应用，减少了外部接线，减少了中间节点，可靠性有很大的提高。可靠性不单独是继电保护本身的问题，还和与之配套的操作电源、断路器操作机构等外部设备有关，只有加强电气运行管理，定期巡检、定期检修、定期试验，继电保护的可靠性才有保障。

1.2 继电保护整定计算流程

继电保护整定计算流程首先是相关资料收集，然后是短路电流计算，最后才是继电保护整定计算。其中短路电流计算是基础工作，没有短路电流计算结果，继电保护整定计算无法保证可靠性和灵敏性。

1.2.1　资料收集与准备

(1) 绘制电力系统接线图

继电保护整定计算中用到的电力系统接线图与常见的电力系统一次接线图稍有不同，其主要作用是为了进行下一步短路电流计算，图中只画出与短路电流计算有关的元件并标注元件参数，对于开关、刀闸、TV、TA 等元件不用画出。

(2) 建立电力系统设备参数表

设备参数表一般由变配电所技术管理人员填写，汇总后交给继电保护计算人员，必要时继电保护计算人员要到现场核实设备参数表填写是否准确。表中数据用来进行前期短路计算和后期的继电保护定值计算。

(3) 电网运行方式

电力系统最大运行方式指保护安装处发生短路后产生短路电流最大的运行方式。继电保护计算中用最大运行方式计算变压器的速断保护，要能躲过低压侧短路电流。最小运行方式指保护安装处发生短路后短路电流最小的运行方式，继电保护计算中用最小短路电流校验保护灵敏度。

与上级电网运行管理部门结合，取得电网接口短路电流参数，即最大运行方式下和最小运行方式下的短路阻抗。熟悉本地电力系统的各种运行方式，确定最大运行方式和最小运行方式。一般最大运行方式考虑线路的并列运行，最小运行方式考虑线路检修期间的单线路运行，企业动力站的发电机组多是以热定电，启停比较频繁，一般最大运行方式考虑发电机都运行，最小运行方式发电机都停运。

(4) 其他资料

微机综合保护装置说明书、电气系统原理图和配电所的负荷表等资料。

1.2.2　短路电流计算步骤

(1) 阻抗图

取系统基准容量，对电力系统一次接线图中的各元件根据其参数按对应公式计算标幺值，把一次系统图转化为系统阻抗图。

(2) 短路电流计算结果表

对于系统阻抗图中的各个节点，先化简网络，再求出该节点的最大、最小短路阻抗，然后再换算成短路电流，最终形成短路电流计算结果表，供继电保护计算使用。短路电流计算过程要编写成短路电流计算书。

1.2.3 继电保护整定计算步骤

(1) 原则确定

结合电力系统运行方式、保护配置等情况，按照继电保护的四个基本要求确定继电保护整定计算原则，按照回路类型，如配电所进线、馈线、发电机、变压器、电动机、电容器等分别确定保护功能，同时确定各种保护动作时限和计算公式，确定计算公式中可靠系数和返回系数等参数的选取范围，确定保护灵敏度的范围。

原则确定后需要继电保护参与人员讨论和修改，最终由主管领导审核。

(2) 定值计算

有了继电保护整定计算原则，定值计算就较为简单了，按照公式计算，然后进行灵敏度校验。计算过程要编写成继电保护定值计算书。

(3) 保护定值单

定值计算完成后，还要结合微机综合保护装置的技术说明书，出具继电保护定值单，同样的计算结果，对于不同型号的微机综合保护装置，保护定值单也是不同的。

第2章 短路电流计算

大中型电力系统短路电流计算，一般采用计算机专用软件计算。多数企业的 110kV 及以上电力网络由电网公司管理，企业内部只管理中、低压电网，由于电网比较简单，没有购置专用软件，电力系统短路电流计算有的是委托外单位计算，有的是由继电保护专业人员"手算"，本章通过实际算例讲解短路电流计算方法。

2.1 短路电流计算基础知识

2.1.1 标幺制的概念

标幺制指电路计算中各物理量和参数均以其有名值与基准值的比值表示的无量纲体制，即标幺值=有名值/基准值。电力系统短路电流计算采用标幺制，主要是因为能简化计算，刚开始接触标幺制可能感觉有些抽象，不容易理解，通过练习和实际计算就能体会到标幺制的好处了。

短路电流计算的过程就是先将电网中元件的阻抗转为标幺值，利用标幺值化简网络，在化简过程中不必考虑变压器变比和电压等级，求取电源对短路处的等效阻抗，等效阻抗的倒数即短路电流的标幺值，再乘以基准电流就得到短路电流有名值了。

2.1.2 标幺制的基准值

为了计算方便，通常取基准容量 $S_b = 100MV \cdot A$，基准电压 U_b 取各级电压的平均电压 U_{av}，是对应额定电压的 1.05 倍，即 $U_b = U_{av} = 1.05U_n$，则

$$基准电流：I_b = S_b / \sqrt{3} U_b \tag{2-1}$$

$$基准阻抗：X_b = U_b / \sqrt{3} I_b = U_b^2 / S_b \tag{2-2}$$

基准容量为 $100MV \cdot A$ 时常用基准值表见表 2-1。

表 2-1　常用基准值表 （$S_b = 100 \text{MV} \cdot \text{A}$）

基准电压 U_b/kV	0.4	6.3	10.5	37	115
基准电流 I_b/kA	144	9.16	5.50	1.56	0.502
基准阻抗 X_b/Ω	0.0016	0.397	10	13.69	132

2.1.3　标幺值计算公式

在高压配电网络，短路电路计算可忽略开关、刀闸和电流互感器的阻抗，一般只计算发电机、线路、电抗器和变压器的阻抗，并且忽略其中的电阻，阻抗值等于电抗值。

（1）发电机（或电动机）

$$X_G^* = X_d'' \frac{S_b}{S_n} \tag{2-3}$$

式中　X_G^*——发电机（或电动机）电抗标幺值；

　　　X_d''——发电机次暂态电抗标幺值；

　　　S_n——发电机额定容量，$\text{MV} \cdot \text{A}$。

其中 X_d'' 值通过查找设备参数得到，查不到时取平均值，中容量汽轮发电机的平均值为 12.5%，异步电动机的平均值为 20%。

（2）线路

$$X_L^* = X_0 L \frac{S_b}{U_b^2} \tag{2-4}$$

式中　X_L^*——线路电抗标幺值；

　　　X_0——线路单位长度阻抗值；

　　　L——线路长度，km。

其中 X_0 参考取值：

6～220kV 架空线　0.4Ω/km；

6～10kV 三芯电缆　0.08Ω/km；

35kV 三芯电缆　0.12Ω/km；

110kV 单芯电缆　0.12Ω/km。

电缆并联时，取值要再除以并联数量。

（3）电抗器

$$X_R^* = \frac{X_L\%}{100} \times \frac{U_n}{\sqrt{3}\, I_n} \times \frac{S_b}{U_b^2} \tag{2-5}$$

式中　X_R^*——电抗器电抗标幺值；

　　　$X_L\%$——电抗器额定电流、额定电压下的阻抗标幺值百分数；

U_n——电抗器额定电压，kV；

I_n——电抗器额定电流，kA。

（4）变压器

① 双绕组变压器

$$X_T^* = \frac{U_k \%}{100} \times \frac{S_b}{S_n} \tag{2-6}$$

式中 X_T^*——变压器电抗标幺值；

$U_k \%$——变压器短路电压百分值；

S_n——变压器容量，MV·A。

② 三绕组变压器

$$U_{k1} \% = \frac{1}{2}(U_{k(1-2)} \% + U_{k(1-3)} \% - U_{k(2-3)} \%) \tag{2-7}$$

$$U_{k2} \% = \frac{1}{2}(U_{k(1-2)} \% + U_{k(2-3)} \% - U_{k(1-3)} \%) \tag{2-8}$$

$$U_{k3} \% = \frac{1}{2}(U_{k(2-3)} \% + U_{k(1-3)} \% - U_{k(1-2)} \%) \tag{2-9}$$

$$X_{T1}^* = \frac{U_{k1} \%}{100} \times \frac{S_b}{S_n} \tag{2-10}$$

$$X_{T2}^* = \frac{U_{k2} \%}{100} \times \frac{S_b}{S_n} \tag{2-11}$$

$$X_{T3}^* = \frac{U_{k3} \%}{100} \times \frac{S_b}{S_n} \tag{2-12}$$

式中 $U_{k(1-2)} \%$，$U_{k(1-3)} \%$，$U_{k(2-3)} \%$——变压器绕组两两间的短路电压百分值；

$U_{k1} \%$，$U_{k2} \%$，$U_{k3} \%$——变压器各绕组的短路电压百分值；

X_{T1}^*，X_{T2}^*，X_{T3}^*——变压器电抗标幺值；

S_n——变压器容量，MV·A。

2.1.4 网络变换与化简

网络变换与化简的目的是求取电源点到短路点的等效阻抗。化简的方法是利用电阻的串并联公式计算，无法直接用电阻的串并联公式计算时对网络进行变换。常用的网络变换与化简公式如下：

（1）阻抗串联

$$X_\Sigma = X_1 + X_2 + \cdots + X_n \tag{2-13}$$

（2）阻抗并联

$$X_\Sigma = \frac{1}{\dfrac{1}{X_1} + \dfrac{1}{X_2} + \cdots + \dfrac{1}{X_n}} \tag{2-14}$$

当只有两支时
$$X_\Sigma = X_1 \parallel X_2 = \frac{X_1 X_2}{X_1 + X_2} \tag{2-15}$$

式中　∥——表示阻抗的并联关系。

(3) 两个电动势的并联变换

两个电动势的并联变换示意图见图 2-1，变换公式如下：
$$E_\Sigma = \frac{E_1 X_2 + E_2 X_1}{X_1 + X_2} \tag{2-16}$$

$$X_\Sigma = \frac{X_1 X_2}{X_1 + X_2} \tag{2-17}$$

对于继电保护用到的短路电流计算，取 $E_1 = E_2 = 1$ 时，$E_\Sigma = 1$

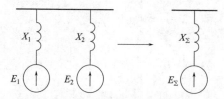

图 2-1　两个电动势的并联变换示意图

(4) 星角变换

星角变换示意图见图 2-2，公式如下：

① 星形变角形
$$X_{12} = X_1 + X_2 + \frac{X_1 X_2}{X_3} \tag{2-18}$$

$$X_{13} = X_1 + X_3 + \frac{X_1 X_3}{X_2} \tag{2-19}$$

$$X_{23} = X_2 + X_3 + \frac{X_2 X_3}{X_1} \tag{2-20}$$

② 角形变星形
$$X_1 = \frac{X_{12} X_{13}}{X_{12} + X_{13} + X_{23}} \tag{2-21}$$

$$X_2 = \frac{X_{12} X_{23}}{X_{12} + X_{13} + X_{23}} \tag{2-22}$$

$$X_3 = \frac{X_{13} X_{23}}{X_{12} + X_{13} + X_{23}} \tag{2-23}$$

(5) 转移阻抗公式一

转移阻抗公式一变换示意图见图 2-3，转移阻抗公式一是针对常见接线方式

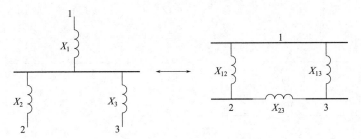

图 2-2　星角变换示意图

用单位电流法推导出来的计算公式：

$$X_{1k} = X_1 + X_4 \left(1 + \frac{X_1}{X_3 + X_5} \right) \tag{2-24}$$

$$X_{2k} = X_2 \tag{2-25}$$

$$X_{3k} = X_3 + X_5 + X_4 \left(1 + \frac{X_3 + X_5}{X_1} \right) \tag{2-26}$$

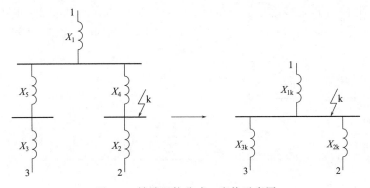

图 2-3　转移阻抗公式一变换示意图

(6) 转移阻抗公式二

转移阻抗公式二变换示意图见图 2-4，转移阻抗公式二是用星角变换和单位电流法结合推导出来的计算公式：

$$X_{1k} = X_1 \tag{2-27}$$

$$X_{2k} = X_2 + \frac{X_4(X_5 + X_6)}{Y_1} + \frac{X_4 X_6 (X_4 X_5 + Y_1 X_2)}{(Y_1 X_3 + X_5 X_6) Y_1} \tag{2-28}$$

$$X_{3k} = X_3 + \frac{X_6(X_4 + X_5)}{Y_1} + \frac{X_4 X_6 (X_6 X_5 + Y_1 X_3)}{(Y_1 X_2 + X_4 X_5) Y_1} \tag{2-29}$$

式中　$Y_1 = X_4 + X_5 + X_6$。

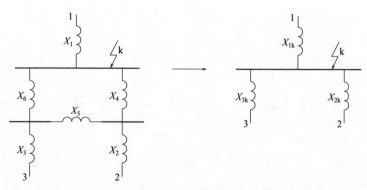

图 2-4　转移阻抗公式二变换示意图

2.2 主变电所短路电流计算算例

2.2.1 一次接线图

某企业的 110kV 炼化变配出带 17 个 6kV 配电所,给各生产装置供电,炼化变系统一次接线图见图 2-5。110kV 炼化变上级电源是 220kV 繁荣变,繁荣变 110kV

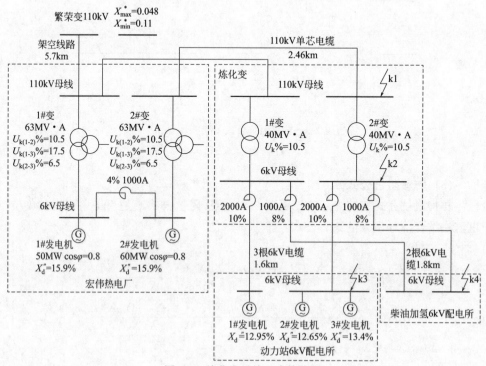

图 2-5　炼化变系统一次接线图

馈出经距离 5.7km 的两路架空线进入宏伟热电厂 110kV 母线，从宏伟热电厂到炼化变敷设的是 110kV 电缆，长度 2.46km，炼化变配出的 6kV 配电所只画了动力站 6kV 配电所和柴油加氢 6kV 配电所作为代表，其他 6kV 配电所和柴油加氢 6kV 配电所类似。

2.2.2　阻抗图

先进行标幺值计算，取基准容量 $S_b = 100 \text{MV} \cdot \text{A}$。

① 繁荣变至宏伟热电厂架空线路

$$X_1 = X_2 = X_0 \times L \frac{S_b}{U_b^2} = 0.4 \times 5.7 \times \frac{100}{115^2} = 0.0172$$

② 宏伟热电厂至炼化变电缆

$$X_3 = X_4 = X_0 \times L \frac{S_b}{U_b^2} = 0.12 \times 2.46 \times \frac{100}{115^2} = 0.0022$$

③ 宏伟热电厂 1#、2# 主变

$$U_{k1}\% = \frac{1}{2}(U_{k(1-2)}\% + U_{k(1-3)}\% - U_{k(2-3)}\%)$$
$$= (10.5\% + 17.5\% - 6.5\%)/2 = 10.75\%$$

$$U_{k2}\% = \frac{1}{2}(U_{k(1-2)}\% + U_{k(2-3)}\% - U_{k(1-3)}\%)$$
$$= (10.5\% + 6.5\% - 17.5\%)/2 = -0.25\%$$

$$U_{k3}\% = \frac{1}{2}(U_{k(2-3)}\% + U_{k(1-3)}\% - U_{k(1-2)}\%)$$
$$= (17.5\% + 6.5\% - 10.5\%)/2 = 6.75\%$$

$$X_5 = X_6 = \frac{U_{k1}\%}{100} \times \frac{S_b}{S_n} = \frac{10.75}{100} \times \frac{100}{63} = 0.1706$$

$$X_7 = X_8 = \frac{U_{k2}\%}{100} \times \frac{S_b}{S_n} = \frac{-0.25}{100} \times \frac{100}{63} = -0.004$$

$$X_9 = X_{10} = \frac{U_{k3}\%}{100} \times \frac{S_b}{S_n} = \frac{6.75}{100} \times \frac{100}{63} = 0.107$$

④ 宏伟热电厂 1# 发电机

$$S_n = P_n/\cos\varphi = 50/0.8 = 62.5(\text{MV} \cdot \text{A})$$

$$X_{11} = X_d'' \frac{S_b}{S_n} = \frac{15.9}{100} \times \frac{100}{62.5} = 0.2544$$

⑤ 宏伟热电厂 2# 发电机

$$S_n = P_n/\cos\varphi = 60/0.8 = 75(\text{MV} \cdot \text{A})$$

$$X_{12} = X_d'' \frac{S_b}{S_n} = \frac{15.9}{100} \times \frac{100}{75} = 0.212$$

⑥ 宏伟热电厂分段电抗器

$$X_{13} = \frac{X_L\%}{100} \times \frac{U_n}{\sqrt{3}\,I_n} \times \frac{S_b}{U_b^2} = \frac{4}{100} \times \frac{6}{1.732 \times 1} \times \frac{100}{6.3^2} = 0.3491$$

⑦ 炼化变 1#、2# 主变

$$X_{14} = X_{15} = \frac{U_{k1}\%}{100} \times \frac{S_b}{S_n} = \frac{10.5}{100} \times \frac{100}{40} = 0.2625$$

⑧ 炼化变至动力站电抗器

$$X_{16} = X_{17} = \frac{X_L\%}{100} \times \frac{U_n}{\sqrt{3}\,I_n} \times \frac{S_b}{U_b^2} = \frac{10}{100} \times \frac{6}{1.732 \times 2} \times \frac{100}{6.3^2} = 0.4364$$

⑨ 炼化变至柴油加氢电抗器

$$X_{18} = X_{19} = \frac{X_L\%}{100} \times \frac{U_n}{\sqrt{3}\,I_n} \times \frac{S_b}{U_b^2} = \frac{8}{100} \times \frac{6}{1.732 \times 1} \times \frac{100}{6.3^2} = 0.6983$$

⑩ 炼化变至动力站线路，3 根电缆并联

$$X_{20} = X_{21} = \frac{X_0 L}{3} \times \frac{S_b}{U_b^2} = \frac{0.08 \times 1.6}{3} \times \frac{100}{6.3^2} = 0.1075$$

⑪ 炼化变至柴油加氢线路，2 根电缆并联

$$X_{22} = X_{23} = \frac{X_0 L}{2} \times \frac{S_b}{U_b^2} = \frac{0.08 \times 1.8}{2} \times \frac{100}{6.3^2} = 0.1814$$

⑫ 动力站 1# 发电机

$$S_n = P_n/\cos\varphi = 6/0.8 = 7.5 \ (\text{MV} \cdot \text{A})$$

$$X_{24} = X_d'' \frac{S_b}{S_n} = \frac{12.95}{100} \times \frac{100}{7.5} = 1.727$$

⑬ 动力站 2# 发电机

$$S_n = P_n/\cos\varphi = 6/0.8 = 7.5 \ (\text{MV} \cdot \text{A})$$

$$X_{25} = X_d'' \frac{S_b}{S_n} = \frac{12.65}{100} \times \frac{100}{7.5} = 1.687$$

⑭ 动力站 3# 发电机

$$S_n = P_n/\cos\varphi = 6/0.8 = 7.5 \ (\text{MV} \cdot \text{A})$$

$$X_{26} = X_d'' \frac{S_b}{S_n} = \frac{13.4}{100} \times \frac{100}{7.5} = 1.786$$

根据标幺值画出炼化变系统阻抗图，见图 2-6。

2.2.3 各级母线短路阻抗计算

电力系统短路电流计算要分别求出短路点在系统最大运行方式和最小运行方式下的短路阻抗，在图 2-6 中已标出准备计算短路阻抗的 4 个短路点 k1～k4，分别代表炼化变 110kV 母线、炼化变 6kV 母线、动力站 6kV Ⅱ 段母线和柴油加

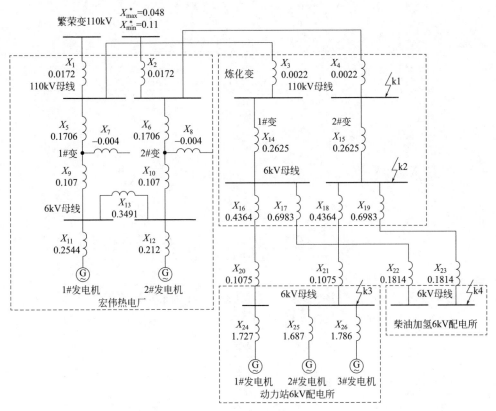

图 2-6　炼化变系统阻抗图

氢 6kV 母线，动力站 6kV Ⅱ 段母线上有 2 台发电机，最大运行方式下短路电流值大于 Ⅰ 段母线，动力站 6kV 母线短路电流按 6kV Ⅱ 段母线短路电流考虑，其他配电所两段短路电流相等。

（1）炼化变 110kV 母线短路阻抗

① 最大运行方式　炼化变系统最大运行方式时，系统阻抗最小，宏伟热电厂 110kV 母线、炼化变 110kV 母线并列运行，宏伟热电厂 6kV 母线经电抗器并列运行，炼化变 6kV 母线和动力站 6kV 母线分列运行，宏伟热电厂和动力站发电机全部运行。

繁荣变和宏伟热电厂部分最大运行方式网络简化示意图见图 2-7，简化过程计算如下：

$$X_{27} = X_{max} + X_1 \parallel X_2 = 0.048 + 0.0172/2 = 0.0566$$

$$X_{28} = X_{29} = X_5 + X_9 = 0.1706 + 0.107 = 0.2776$$

再经过转移阻抗公式二变换：

$$Y_1 = X_{29} + X_{13} + X_{28} = 0.2776 + 0.3491 + 0.2776 = 0.9043$$

$$X_{31} = X_{12} + \frac{X_{29}(X_{13} + X_{28})}{Y_1} + \frac{X_{29}X_{28}(X_{29}X_{13} + Y_1X_{12})}{(Y_1X_{11} + X_{13}X_{28})Y_1}$$

$$= 0.212 + \frac{0.2776 \times (0.3491 + 0.2776)}{0.9043} +$$

$$\frac{0.2776 \times 0.2776 \times (0.2776 \times 0.3491 + 0.9043 \times 0.212)}{(0.9043 \times 0.2544 + 0.3491 \times 0.2776) \times 0.9043}$$

$$= 0.4796$$

$$X_{30} = X_{11} + \frac{X_{28}(X_{29} + X_{13})}{Y_1} + \frac{X_{29}X_{28}(X_{28}X_{13} + Y_1X_{11})}{(Y_1X_{12} + X_{29}X_{13})Y_1}$$

$$= 0.2544 + \frac{0.2776 \times (0.2776 + 0.3491)}{0.9043} +$$

$$\frac{0.2776 \times 0.2776 \times (0.2776 \times 0.3491 + 0.9043 \times 0.2544)}{(0.9043 \times 0.212 + 0.2776 \times 0.3491) \times 0.9043}$$

$$= 0.5433$$

繁荣变和宏伟电厂合并后对炼化变 110kV 母线的最小短路阻抗：

$$X_{32} = (X_{27} \parallel X_{30} \parallel X_{31}) + (X_3 \parallel X_4) = 0.0463 + 0.0011 = 0.0474$$

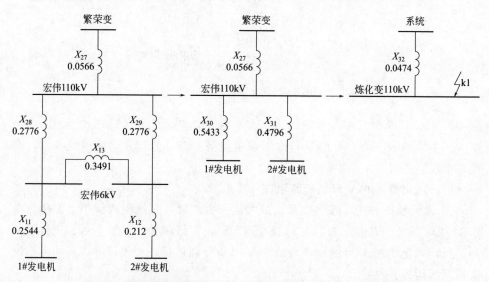

图 2-7　繁荣变和宏伟热电厂部分最大运行方式网络简化示意图

动力站部分最大运行方式网络简化示意图见图 2-8，简化过程计算如下：

$$X_{33} = X_{34} = X_{14} + X_{16} + X_{20} = 0.2625 + 0.4364 + 0.1075 = 0.8064$$

$$X_{35} = X_{25} \parallel X_{26} = 1.687 \parallel 1.786 = 0.8675$$

$$X_{36} = (X_{33} + X_{24}) \parallel (X_{34} + X_{35}) = (0.8064 + 1.727) \parallel (0.8064 + 0.8675) = 1.0079$$

最终得到炼化变 110kV 母线处最大运行方式下短路阻抗为：

$$X_{37}=X_{32} \parallel X_{36}=0.0474 \parallel 1.0079=0.0453$$

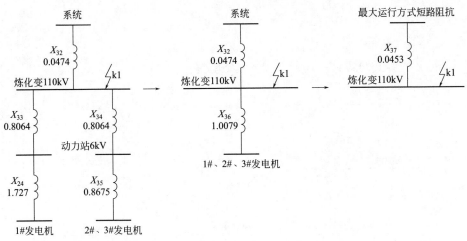

图 2-8　动力站部分最大运行方式网络简化示意图

② 最小运行方式　炼化变系统最小运行方式时，系统阻抗最大，宏伟热电厂 110kV 母线、炼化变 110kV 母线分列运行，宏伟热电厂和动力站发电机全部停运，此时炼化变 110kV 母线短路阻抗只与繁荣变有关。

炼化变 110kV 母线最小运行方式网络简化示意图见图 2-9，简化过程计算如下：

$$X_{38}=X_{min}+X_2+X_4=0.11+0.0172+0.0022=0.1294$$

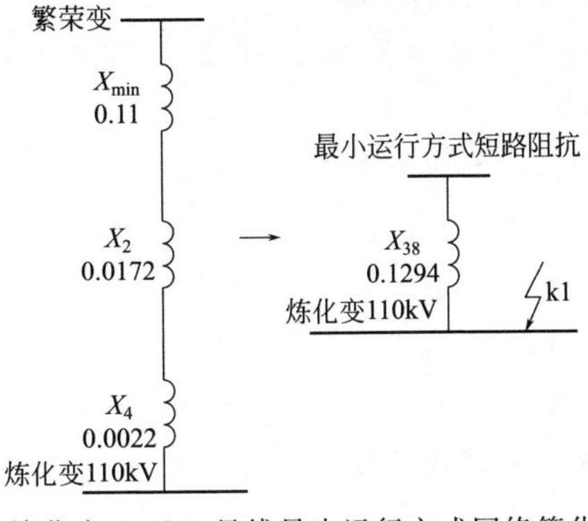

图 2-9　炼化变 110kV 母线最小运行方式网络简化示意图

(2) 炼化变 6kV 母线短路阻抗

① 最大运行方式　炼化变 6kV 母线最大运行方式网络简化示意图见图 2-10，简化过程计算如下：

$$X_{39} = X_{16} + X_{20} + X_{24} = 0.4364 + 0.1075 + 1.727 = 2.2709$$

$$X_{40} = X_{18} + X_{21} + X_{35} = 0.4364 + 0.1075 + 0.8675 = 1.4114$$

$$X_{41} = (X_{15} + X_{39}) \| X_{32} + X_{16} = (0.2625 + 2.2709) \| 0.0474 + 0.2625 = 0.309$$

$$X_{42} = X_{41} \| X_{40} = 0.309 \| 1.4114 = 0.2535$$

炼化变 6kV 母线最大运行方式下短路阻抗为 0.2535。

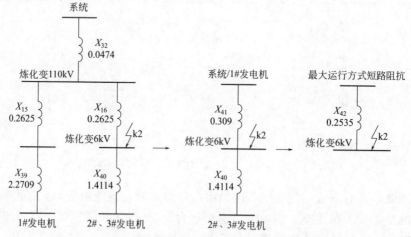

图 2-10　炼化变 6kV 母线最大运行方式网络简化示意图

② 最小运行方式　炼化变 6kV 母线最小运行方式下短路阻抗:

$$X_{43} = X_{38} + X_{15} = 0.1294 + 0.2625 = 0.3919$$

(3) 动力站 6kV Ⅱ段母线短路阻抗

① 最大运行方式　动力站 6kV Ⅱ段母线最大运行方式网络简化示意图见图 2-11,简化过程计算如下:

$$X_{44} = (X_{33} + X_{24}) \| X_{32} + X_{34} = (0.8064 + 1.727) \| 0.0474 + 0.8064 = 0.8529$$

$$X_{45} = X_{44} \| X_{35} = 0.8529 \| 0.8675 = 0.43$$

动力站 6kV Ⅱ段母线最大运行方式下短路阻抗为 0.43。

② 最小运行方式　动力站 6kV 母线最小运行方式下短路阻抗:

$$X_{46} = X_{43} + X_{18} + X_{21} = 0.3919 + 0.4364 + 0.1075 = 0.9358$$

(4) 柴油加氢 6kV 母线短路阻抗

① 最大运行方式　柴油加氢 6kV 母线最大运行方式下短路阻抗:

$$X_{47} = X_{42} + X_{19} + X_{23} = 0.2535 + 0.6983 + 0.1814 = 1.1332$$

② 最小运行方式　柴油加氢 6kV 母线最小运行方式下短路阻抗:

$$X_{48} = X_{43} + X_{19} + X_{23} = 0.3919 + 0.6983 + 0.1814 = 1.2716$$

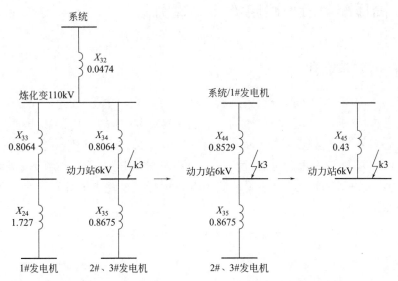

图 2-11　动力站 6kV Ⅱ 段母线最大运行方式网络简化示意图

2.2.4　短路电流计算结果表

根据各点短路阻抗计算短路电流有名值，计算公式：

短路电流有名值＝对应电压等级的基准电流/短路阻抗标幺值

计算公式的意义：电压标幺值为 1，除以短路阻抗标幺值等于电流标幺值，再乘以基准电流就得到短路电流有名值，炼化变系统三相短路电流计算结果表见表 2-2。

表 2-2　炼化变系统三相短路电流计算结果表

序号	短路位置	最大运行方式		最小运行方式	
		短路阻抗	短路电流/A	短路阻抗	短路电流/A
1	炼化变 110kV 母线	0.0453	11081	0.1294	3879
2	炼化变 6kV 母线	0.2535	36134	0.3919	23373
3	动力站 6kV 母线	0.43	21302	0.9358	9788
4	柴油加氢 6kV 母线	1.1332	8083	1.2716	7203

系统的短路电流计算稍复杂，计算完成后，下级配电所的短路电流计算就简单了，无需网络变换，只是单纯的串联计算。

2.3 高压配电所短路电流计算算例

2.3.1 一次系统图

柴油加氢 6kV 配电所一次系统图见图 2-12，采用单母线分段接线方式，两路进线来自炼化变 6kV 配出，负荷有 2 台 1.6MV·A 的变压器和 4 个电动机，总的功率因数补偿容量为 800kvar，每段有 2 组 200kvar 的补偿电容。

柴油加氢 6kV 配电所正常运行方式为两段母线分列运行，当某段进线检修时，由另一段母线通过分段开关带该段母线运行，短路电流计算不考虑两段母线并列运行情况。

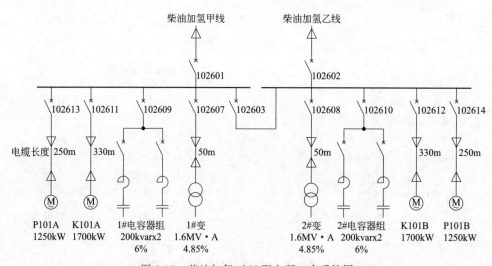

图 2-12　柴油加氢 6kV 配电所一次系统图

2.3.2 阻抗图

（1）柴油加氢 6kV 母线短路阻抗

柴油加氢 6kV 配电所属于炼化变系统，6kV 母线处短路阻抗已在炼化变系统短路电流计算中得到：$X_{max} = 1.1332$，$X_{min} = 1.2716$。

（2）各元件标幺值计算

① 柴油加氢 1#、2# 变

$$S_n = 1.6MV \cdot A \qquad U_k\% = 4.85$$

$$X_6 = X_8 = \frac{U_{k1}\%}{100} \times \frac{S_b}{S_n} = \frac{4.85}{100} \times \frac{100}{1.6} = 3.0313$$

电缆：长度 50m

$$X_5 = X_7 = X_0 L \frac{S_b}{U_b^2} = 0.08 \times 0.05 \times \frac{100}{6.3^2} = 0.0101$$

② K101A、K101B 电机

电缆：长度 330m

$$X_2 = X_{11} = X_0 L \frac{S_b}{U_b^2} = 0.08 \times 0.33 \times \frac{100}{6.3^2} = 0.0665$$

③ P101A、P101B 电机

电缆：长度 250m

$$X_1 = X_{12} = X_0 L \frac{S_b}{U_b^2} = 0.08 \times 0.25 \times \frac{100}{6.3^2} = 0.0504$$

④ 电容器

电容器组在高压配电间内，电缆阻抗忽略。

串联电抗器参数：

$$I_n = 0.018 \text{kA} \qquad X_L\% = 6\%$$

$$X_3 = X_4 = X_9 = X_{10} = \frac{X_L\%}{100} \times \frac{U_n}{\sqrt{3} I_n} \times \frac{S_b}{U_b^2}$$

$$= \frac{6}{100} \times \frac{6}{\sqrt{3} \times 0.018} \times \frac{100}{6.3^2} = 29.09$$

(3) 阻抗图

根据各元件标幺值计算结果，在一次系统图基础上画出柴油加氢 6kV 配电
所阻抗图，见图 2-13。

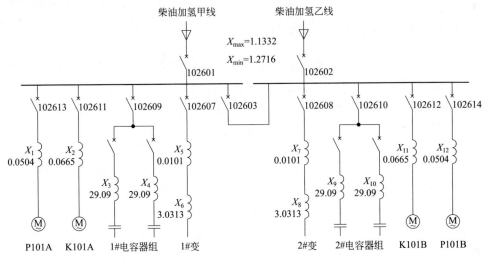

图 2-13　柴油加氢 6kV 配电所阻抗图

2.3.3 短路电流计算结果表

　　根据阻抗图计算各短路位置的短路阻抗，等于进线阻抗加上本回路阻抗，然后再计算各短路位置的短路电流，形成柴油加氢6kV配电所三相短路电流计算结果见表2-3，其中变压器低压侧短路电流值指的是变压器低压侧短路时流过高压电流互感器的电流，用于高压侧开关的保护计算，如果用于低压侧开关保护计算，需要再折算为低压侧短路电流。

表2-3　柴油加氢6kV配电所三相短路电流计算结果

序号	短路位置	最大运行方式		最小运行方式	
		短路阻抗	短路电流/A	短路阻抗	短路电流/A
1	6kV母线	1.1332	8083	1.2716	7203
2	1♯、2♯变高压侧	1.1433	8011	1.2817	7147
3	1♯、2♯变低压侧(6kV侧电流)	4.1746	2194	4.313	2124
4	K101A、K101B电机接线盒	1.1997	7635	1.3381	6846
5	P101A、P101B电机接线盒	1.1836	7739	1.322	6929
6	1♯、2♯电容串联电抗器上侧	1.1332	8083	1.2716	7203
7	1♯、2♯电容串联电抗器下侧	30.2232	303	30.3616	301

2.4 电流分布系数和转移阻抗

2.4.1 电流分布系数和转移阻抗的概念

　　在动力站6kV母线短路电流计算过程中，参考图2-11，3台发电机都向短路点提供短路电流，其中2♯、3♯发电机直接对短路点提供短路电流，短路阻抗是可以直接计算出来的，1♯发电机和110kV系统共同经电抗X_{34}向短路点提供的短路电流，要计算1♯发电机到短路点的等效阻抗就要用到电流分布系数和转移阻抗的概念。

　　电流分布系数是说明网络中电流分布情况的一种参数，只与短路点的位置、网络的结构和参数有关。利用电流分布系数可以求得电源对短路点的转移阻抗，这一阻抗就是网络简化到只保留电源点到短路点时，电源点与短路点间的等效阻抗。用单位电流法可以比较方便地求得开式网络各支路的电流分布系数和转移阻抗。

2.4.2 发电机转移阻抗计算

(1) 单位电流法

仍以动力站 6kVⅡ段母线短路电流计算为例，1♯发电机转移阻抗计算过程示意图见图 2-14，假定动力站 6kVⅡ段母线短路时，1♯发电机提供的短路电流为 $I_1 = 1$，则有

系统提供的短路电流为

$$I_2 = \frac{X_{33} + X_{24}}{X_{32}} = \frac{0.8064 + 1.727}{0.0474} = 53.45$$

$$I_3 = I_1 + I_2 = 1 + 53.45 = 54.45$$

电源到短路点电压

$$U_d = (X_{33} + X_{24})I_1 + X_{34}I_3 = (0.8064 + 1.727) \times 1 + 0.8064 \times 54.45 = 46.44$$

1♯机转移阻抗

$$X_{3k} = U_d / I_1 = 46.44$$

系统转移阻抗

$$X_{1k} = U_d / I_2 = 46.44 / 53.45 = 0.8688$$

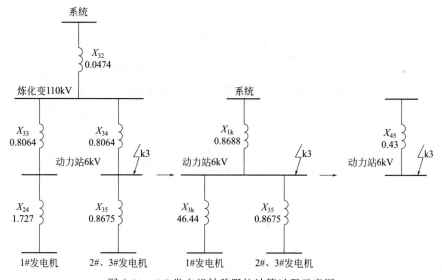

图 2-14   1♯发电机转移阻抗计算过程示意图

(2) 公式法

参照转移阻抗公式一计算

$$X_{3k} = X_{24} + X_{33} + X_{34}\left(1 + \frac{X_{24} + X_{33}}{X_{32}}\right)$$

$$= 1.727 + 0.8064 + 0.8064 \times \left(1 + \frac{1.727 + 0.8064}{0.0474}\right) = 46.44$$

$$X_{1k} = X_{32} + X_{34}\left(1 + \frac{X_{32}}{X_{24} + X_{33}}\right)$$

$$= 0.0474 + 0.8064 \times \left(1 + \frac{0.0474}{1.727 + 0.8064}\right) = 0.8688$$

1#发电机提供短路电流：9160/46.44＝197(A)，计算结果与单位电流法相同。

2.4.3 电动机反馈电流计算

在柴油加氢6kV配电所短路电流计算中没有考虑电动机反馈电流，下面计算下考虑电动机反馈电流对变压器低压侧短路电流计算的影响。

运行的电动机在外部短路时会提供短时的反馈电流，以柴油加氢6kV配电所为例，当1#变低压侧短路时，计算K101A电动机的反馈电流，电动机反馈电流计算示意图见图2-15。

K101A电动机的额定电流为192.3A，启动电流倍数为6，则有

$$X_{13} = \frac{I_b}{6I_n} = \frac{9160}{6 \times 192.3} = 7.94$$

$$X_{14} = X_2 + X_{13} = 0.0665 + 7.94 = 8.0065$$

$$X_{15} = X_5 + X_6 = 0.0101 + 3.0313 = 3.0414$$

运用转移阻抗公式二计算

$$X_{16} = X_{14} + X_{15}\left(1 + \frac{X_{14}}{X_{max}}\right) = 8.0065 + 3.0414\left(1 + \frac{8.0065}{1.1332}\right) = 32.54$$

$$X_{17} = X_{max} + X_{15}\left(1 + \frac{X_{max}}{X_{14}}\right) = 1.1332 + 3.0414\left(1 + \frac{1.1332}{8.0065}\right) = 4.605$$

$$X_{18} = X_{16} \parallel X_{17} = 32.54 \parallel 4.605 = 4.0341$$

1#变低压侧短路时，考虑电动机反馈电流后的短路电流等于9160/4.0341＝2271(A)，比不考虑电动机反馈电流的短路电流值2194(A)大了3.5%，这是在电动机和变压器容量都较大的情况下，如果电动机功率变小或变压器容量变小，短路电流变化将更小，在继电保护用的短路电流计算中可以忽略电动机反馈电流的影响。

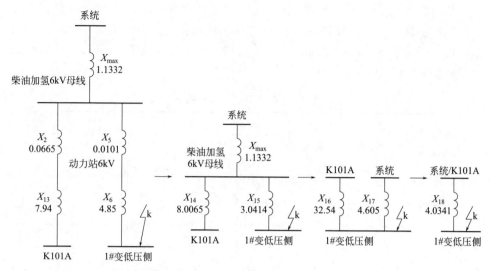

图 2-15　电动机反馈电流计算示意图

2.5 低压回路短路电流计算

2.5.1 计算方法

低压母线短路电流值可忽略低压母线桥的阻抗，取变压器低压侧短路值，即

低压母线短路电流值＝144/变压器低压侧短路阻抗标幺值(kA)

低压回路短路电流计算不涉及网络变换，直接用有名值计算，短路电流与系统阻抗和线路阻抗有关，当线路长度超过一定范围，线路阻抗远大于系统阻抗时，可以忽略系统阻抗。

计算公式如下：

$$\text{短路电流：} I_k = \frac{230}{\sqrt{R_L^2 + (X_T + X_L)^2}} (kA) \tag{2-30}$$

式中　X_T——系统电抗，$m\Omega$；

　X_L，R_L——线路电抗、电阻，$m\Omega$。

系统阻抗中的电阻可忽略，电抗值等于最大运行方式下变压器低压侧短路阻抗标幺值乘以低压基准阻抗，即：

$$X_T = 1.6X^* (m\Omega) \tag{2-31}$$

式中　X^*——变压器低压侧短路阻抗标幺值。

　　线路电抗、电阻值可根据线路长度、电缆截面查表后计算得到，每米电缆线路阻抗表见表 2-4，如果用每米线路电阻、电抗值，计算结果为三相短路电流值，如果用每米线路相保(相线与保护接地之间) 电阻、相保电抗值，计算结果为单相接地短路电流值。

表 2-4　每米电缆线路阻抗表

电缆截面 /mm²	电阻值/(mΩ/m)								电抗值/(mΩ/m)	
	交联聚乙烯电力电缆(90℃)				聚氯乙烯电力电缆(70℃)					
	铜芯		铝芯		铜芯		铝芯		x_0	$x_{\phi p}$
	r_0	$r_{\phi p}$	r_0	$r_{\phi p}$	r_0	$r_{\phi p}$	r_0	$r_{\phi p}$		
1.5	14.51				13.87					
2.5	8.89		14.64		8.44		13.85			
4	5.53	14.42	8.97	23.61	5.25	13.69	8.48	22.33	0.0989	0.199
6	3.70	9.23	5.58	14.55	3.51	8.76	5.28	13.76	0.0937	0.193
10	2.20	5.90	3.73	9.31	2.08	5.59	3.53	8.81	0.0843	0.178
16	1.38	3.58	2.31	6.04	1.31	3.39	2.19	5.72	0.0799	0.164
25	0.872	2.25	1.45	3.76	0.828	2.14	1.37	3.56	0.0791	0.159
35	0.629	2.01	1.05	3.36	0.597	1.91	0.994	3.18	0.0758	0.156
50	0.464	1.34	0.776	2.23	0.441	1.27	0.734	2.10	0.0755	0.155
70	0.322	0.951	0.524	1.57	0.305	0.902	0.496	1.49	0.0733	0.149
95	0.232	0.696	0.387	1.163	0.220	0.661	0.336	1.10	0.0730	0.1485
120	0.184	0.506	0.306	0.83	0.174	0.479	0.290	0.786	0.0716	0.145
150	0.149	0.471	0.249	0.773	0.141	0.446	0.236	0.732	0.0714	0.145
185	0.119	0.351	0.198	0.585	0.113	0.333	0.188	0.554	0.0713	0.144
240	0.0905	0.275	0.151	0.457	0.0859	0.260	0.143	0.433	0.0711	0.143
300	0.0721	0.221	0.121	0.370	0.0685	0.210	0.115	0.341	0.0708	0.142

　　表中，r_0 为每米线路电阻值；$r_{\phi p}$ 为每米线路相保电阻值；x_0 为每米线路电抗值；$x_{\phi p}$ 为每米线路相保电抗值。

2.5.2　计算算例

　　选取柴油加氢低压配电所 3 个回路计算短路电流，柴油加氢配电所部分低压回路参数见表 2-5。从表中电缆类型上看是交联聚乙烯铜芯电力电缆，查到对应阻抗乘以线路长度，得到电阻、电抗值填入表中。

表 2-5　柴油加氢配电所部分低压回路参数

回路名称	容量/kW	电缆类型	电缆参数	电缆长度	电阻/mΩ	电抗/mΩ
辅助油泵	5.5	ZRA-YJV22	3×6	300m	1110	28.11
气提塔底泵	132	ZRA-YJV22	3×95	250m	58	18.25
放空管线电伴热	110	ZRA-YJV22	3×120+2×70	300m	55.2	21.48

柴油加氢变压器低压侧短路阻抗标幺值为 4.1746，则

$$X_T = 1.6 X^* = 1.6 \times 4.1746 = 6.68(\text{m}\Omega)$$

辅助油泵电缆末端三相短路电流：

$$I_k = \frac{230}{\sqrt{R_L^2 + (X_T + X_L)^2}} = \frac{230}{\sqrt{1110^2 + (6.68 + 28.11)^2}} = 0.207(\text{kA})$$

气提塔底泵电缆末端三相短路电流：

$$I_k = \frac{230}{\sqrt{R_L^2 + (X_T + X_L)^2}} = \frac{230}{\sqrt{58^2 + (6.68 + 18.25)^2}} = 3.64(\text{kA})$$

放空管线电伴热电缆末端三相短路电流：

$$I_k = \frac{230}{\sqrt{R_L^2 + (X_T + X_L)^2}} = \frac{230}{\sqrt{55.2^2 + (6.68 + 21.48)^2}} = 3.71(\text{kA})$$

第3章 继电保护整定计算基本原则

电力系统继电保护要结合电力系统一次接线方式、电压等级、中性点接地方式和负荷特性来配置。单个继电保护装置的整定计算要考虑与上、下级的配合关系，包括保护范围的配合、动作时限的配合和负荷特性的配合。

3.1 继电保护配置

3.1.1 一次系统接线方式

某聚丙烯生产装置110kV建新变系统一次接线方式示意图见图3-1，接线方式优点如下：

① 供电分级少，层次分明，有利于保护的配合，缩短故障切除时间。一级变电所的主变高压侧电压等级为110kV或220kV，低压侧为6(10)kV。二级为各6(10)kV高压配电所，三级为0.4kV低压配电所。尽量避免从配电所配出相同电压等级的配电所，否则会造成后备保护级差过多，上级电源后备保护延时较大，不利于快速切除故障点。

② 大功率电动机单独供电，避免同一母线上负荷相差过大，造成进线保护无法起到对较小负荷的后备保护作用，同时也减轻大功率电动机启动时对母线压降的影响。6300kW以上电动机由一级变电所单独的主变供电，如二期造粒机，2000~6300kW电动机可由一级变电所的6(10)kV母线供电，如循环气压缩机，200~2000kW电动机由二级6(10)kV高压配电所供电，200kW以下电动机由0.4kV低压配电所供电。

③ 采用单母线分段的接线方式，正常运行时分列运行，通过分段开关互为备用，供电可靠性高。各变配电所安装备用电源快切装置或备用电源自投装置，提高连续供电的可靠性。

④ 主变电所配出回路安装电抗器，限制短路电流，维持母线电压，减轻6(10)kV高压配电所短路对其他6(10)kV高压配电所的影响。

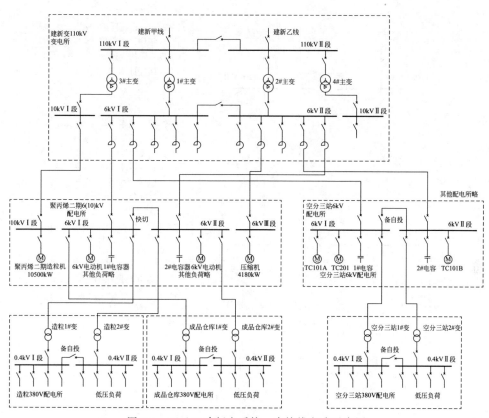

图 3-1　110kV 建新变系统一次接线方式示意图

3.1.2　主变电所继电保护配置

主变电所继电保护配置示意图见图 3-2。

(1) 进线开关

建新变配电系统内没有发电机,进线开关没有装设保护,110kV 线路和母线由上级开关保护。

(2) 分段开关

正常运行方式下,建新甲、乙线分列运行,110kV 分段开关热备用,投入备电自投保护,当某段进线故障时备电自投保护动作,切断该段进线开关,合上分段开关,用正常进线带两台主变运行。如果是母线故障,备电自投送电到故障点,备电自投的后加速保护会动作,断开分段开关。

母线充电保护正常运行时是退出的,当某段母线检修完成送电时,可以用上级开关直接送电,也可以用运行母线经分段开关对检修完成的空母线及其进

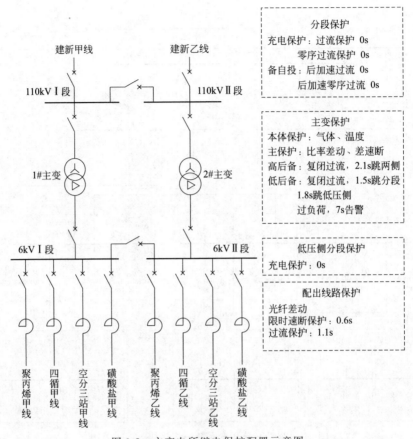

图 3-2 主变电所继电保护配置示意图

线线路送电,后者较常用,优点是送电时不用等上级倒闸操作,送电整体用时较少,并且用分段开关送电前需投入母线充电保护,一旦送电到故障点,由于母线充电保护较灵敏、能快速跳闸,减轻对电力系统的影响。送电完成后要退出母线充电保护,当用单进线带 2 台主变运行时也要退出母线充电保护,否则当变压器负荷波动时,容易引起保护误动。

(3) 主变保护

主变的主保护是差动保护,保护范围为高、低压侧开关之间,除了主变,还有连接高低压侧的母线或电缆都在保护范围之内。

高后备保护配置有复合电压闭锁过流和零序过流。复合电压闭锁过流保护是在过流保护的基础上增加了闭锁条件,即只有满足负序电压或低电压闭锁条件时过流保护才会动作,这种情况下过流保护的电流值较小,灵敏度高。

高后备保护的保护范围可延伸到低压母线,是差动保护的后备保护,当主变发生故障差动保护未动作时,高后备保护动作;高后备保护作为低后备的远后备保护，当低压母线故障时，如果低压侧开关拒动，1.8s 时没有跳开低压侧开关，则 2.1s 时高后备保护会跳开主变高、低压两侧开关。

低后备保护同样配置了复合电压闭锁过流保护，配置的过负荷保护只发信号不跳闸，一般变压器的过负荷保护都投的是信号。6kV 侧分段开关配置了母线充电保护，原理同 110kV 侧分段开关的母线充电保护，不同之处是 110kV 可以向线路反送电，而 6kV 不能反送电，如果反送电至主变，励磁电流过大会造成充电保护动作，分段开关跳闸。

低后备保护的保护范围可延伸到配出线路的末端，是配出线路的远后备保护，当配出线路故障时，如果配出线路开关拒动，1.1s 时没有跳开配出回路开关，在低压侧母线并列运行情况下 1.5s 跳开低压分段开关，防止两台主变低后备同时动作造成全所失电，1.8s 时带故障线路的主变的低后备保护会跳开主变低压侧开关。

（4）配出回路保护

6kV 配出回路主保护是差动保护，保护范围为主变电所到高压配电所的线路，包括电抗器。后备保护配置了过流 I 段保护和过流 II 段保护，过流 I 段用于保护配出线路，是差动保护的后备保护，过流 II 段保护是下级配电所进线的后备保护，保护范围可延伸到下级配电所母线。

3.1.3　高压配电所继电保护配置

高压配电所继电保护配置示意图见图 3-3。

（1）进线保护

进线保护配置了限时电流速断保护和定时限过流保护，与上级变电所配出回路的过流 I 段和过流 II 段保护对应，保护名称的不同主要是因为使用的微机综合保护装置厂家不同。限时电流速断保护范围为配电所的母线，定时限过流保护可作为配出回路开关的后备保护。

（2）分段开关

正常运行方式下，6kV I 段、II 段母线分列运行，6kV 分段开关热备用，投入备电自投保护，当某段进线故障时备电自投保护动作，切断该段进线开关，合上分段开关，用正常进线带 I 段、II 段母线运行。高压配电所的备电自投一般设有进线过流闭锁功能，只在上级线路出现故障时才启动备电自投，本所故障时闭锁备电自投，能避免自投后送电到故障点发生的二次电压暂降。备电自投的后加速保护可以取消，如要投入，注意保护定值要躲过故障段母线负荷的自启动电流，避免自启动电流造成后加速保护动作使备电自投失败。

母线充电保护正常运行时是退出的，当某段母线检修完成送电时，可以用上级开关直接送电，也可以用运行母线经分段开关对检修完成的母线及其负荷

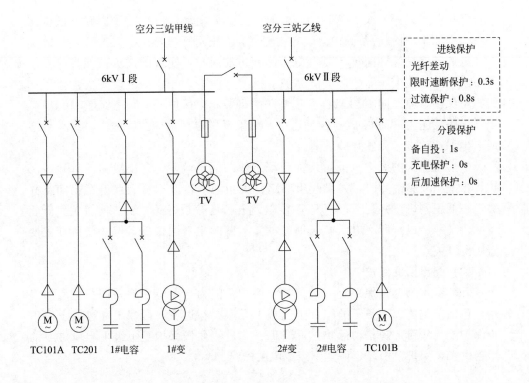

图 3-3　高压配电所继电保护配置示意图

送电，用分段开关送电前需投入母线充电保护，一旦送电到故障点能快速跳闸。送电完成后要退出母线充电保护，当用单进线带Ⅰ段、Ⅱ段母线运行时也要退出母线充电保护，避免负荷波动引起保护误动。

(3) 变压器保护

反映电流的保护有速断保护、过流保护和过负荷保护，其中速断保护保护到变压器高压侧，过流保护保护到变压器低压侧，过负荷只发信号不跳闸。

普通的变压器本体保护有重瓦斯跳闸、轻瓦斯报警和温度报警保护，全密封变压器本体保护有气体保护、压力保护和温度保护，干式变压器只有温度保护。

(4) 电动机保护

电动机保护配置有速断保护，短路故障时跳闸，过负荷分定时限和反时限，有的保护可同时投定时限和反时限，防止电动机绕组过热烧毁，失压保护有防止电动机长期低电压运行的作用，主要是用来实现来电自启动，失压保护延时小于备电自投延时的不参与来电自启动，大于备电自投延时的，当备电自投成功后会自动启动，如备电自投失败，最终都会跳闸。

（5）电容器保护

电容保护配置有速断保护，保护到串联电抗器上侧，过流保护保护到电容器，另外还有失压保护、过压保护和不平衡保护。

3.1.4　低压配电所继电保护配置

低压配电所继电保护配置示意图见图 3-4。

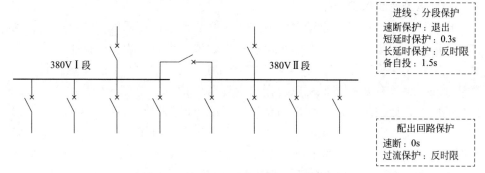

图 3-4　低压配电所继电保护配置示意图

（1）进线和分段保护

进线和分段保护配置了短延时过流和长延时过流保护，短延时过流能保护到的低压母线，长延时过流能作为配出回路的后备保护，但对于线路长和线径细的回路无法保护线路全长。

备电自投有进线过流闭锁功能，防止自投到故障点上。

（2）配出负荷保护

主要由断路器实现速断和过流保护，对于电动机回路一般安装有保护器实现电动机的过负荷保护。由于部分断路器速断保护特性不好，经常出现越级跳闸现象，较好的解决办法是将断路器换为带脱扣线圈的，然后用低压综合保护装置实现速断保护跳断路器。

3.2　整定配合原则

3.2.1　保护范围的配合

从建新变系统的继电保护配置看，主要应用了差动保护和阶段式电流保护，距离保护一般只用在系统间的 110kV 及以上电压等级的线路中，系统内部配电网线路距离短，适合差动保护的应用，基本不用距离保护。

(1) 差动保护

差动保护能够区分内部、外部故障，保护范围为接入差动保护装置的电流互感器之间的线路及设备，不需要考虑与其他保护的配合关系以及系统的运行方式，保护的整定计算较简单。

建新变系统的主变，主变到高压配电所的电缆线路应用了差动保护。高压配电所配出的变压器一般容量不大，不配置差动保护，如果变压器容量较大，电流速断保护灵敏度不足时可考虑装设差动保护。

(2) 电流速断保护

电流速断保护是仅反应于电流增大而瞬时动作的电流保护，特点是保护动作具有瞬时性，实际应用时要满足保护动作的选择性。由于要求保护动作的瞬时性，限定了保护动作时限为 0s，只能考虑用电流值的大小来实现选择性，具体到建新变系统有两种情况可以应用电流速断保护，一是终端负荷，不存在选择性的问题，如低压配电所配出回路和高压配电所的电动机和电容器回路，二是开关下侧接有变压器或电抗器，变压器和电抗器自身阻抗大，两侧短路电流差距较大，电流速断保护按躲过变压器或电抗器下侧短路电流整定实现选择性，高压配电所的变压器回路就属于这种情况。

(3) 限时电流速断保护

限时电流速断保护能以较小的时限快速切除全线路范围内的故障。由于选择性的限制，不是所有开关都能配置电流速断保护，即使配置了电流速断保护，但其保护范围无法达到线路全长时，也需要配置限时电流速断保护。

限时电流速断保护是通过上下级速断保护的延时时差来实现选择性的，早些年的断路器为少油式断路器，保护装置为电磁式，一般取时差为 0.5s，现在都使用真空断路器或六氟化硫断路器，保护装置变为微机综合保护装置，时差可缩短至 0.2~0.3s。

(4) 过电流保护

过电流保护通常是指其启动电流按照躲开最大负荷电流来整定的一种保护。线路过电流保护不仅能保护本线路的全长，而且也能保护相邻线路的全长，起到后备保护的作用。终端负荷过电流保护主要是保护电气设备，防止过电流烧毁。

过电流保护加入负序电压和低电压闭锁条件就构成了复合电压闭锁过流，优点是可降低过电流定值，提高保护灵敏度。

过电流保护按保护动作时限可分为定时限过电流保护和反时限过电流保护。反时限过电流保护多用在电动机和变压器回路，其特性比较贴合电动机和变压器的过负荷发热特点，电流越大，发热越快，也越容易烧毁设备，保护动作时限也越短，能充分发挥保护作用。

3.2.2 保护时限的配合

保护时限的配合是为了实现保护的选择性，限时电流速断保护、过电流保护、失压保护和备电自投都涉及保护时限的配合。下面以建新变系统为例说明保护时限的配合关系。

（1）速断保护时限配合

低压配电所配出断路器速断保护动作时限为 0s，低压配出断路器下侧短路时的短路电流和母线短路电流接近，进线开关速断保护无法区分短路位置，只能退出，否则可能因为配出回路故障造成整段母线停电，扩大停电范围，进线开关的短延时过流相当于限时电流速断保护，保护动作时限 0.3s，与低压配出回路的 0s 配合。

高压配电所的变压器回路的速断保护按躲过变压器低压侧短路整定，保护动作时限不需要和下级配合，整定为 0s，其他回路为终端负荷，保护动作时限整定为 0s。进线限时电流速断动作时限与配出回路配合，整定为 0.3s，配出回路短路故障，配出回路 0s 跳闸，进线保护不应动作，如配出回路保护拒动则进线 0.3s 跳闸。

建新变配出回路的限时电流速断保护，与下级高压配电所进线配合，保护动作时限整定为 0.6s。主变的主保护为差动保护，不需要和下级配合。

（2）过电流保护时限配合

低压配电所配出的电动机回路过电流保护时限要躲过电动机启动时间，一般设为 6～9s，进线开关长延时过流保护动作时限为 10s，与低压电动机回路过电流保护延时配合。

高压配电所的变压器回路的过电流保护不需要和下级开关的长延时配合，但作为下级开关的后备保护，其保护动作时限要和下级短延时时限 0.3s 配合，整定为 0.5s，进线定时限过电流动作时限整定为 0.8s。

建新变配出回路的过流保护与下级高压配电所进线定时限过电流保护配合，保护动作时限整定为 1.1s。主变低后备复合电压闭锁过流的动作时限与配出回路配合，1.5s 跳 6kV 分段开关，1.8s 跳 6kV 进线开关。

（3）备电自投时限配合

① 不同电压等级备电自投时限配合　高压配电所配出的变压器故障，开关跳闸后对应的低压配电所备电自投会动作，建新变主变故障时，高压配电所和低压配电所的备电自投都具备动作条件，这时就需要有个配合关系，一般以高压配电所备电自投为主，低压配电所备电自投动作时限比所在高压配电所备电

自投时限增加 0.5s。

② 低电压保护动作时限与备电自投时限的配合 在高、低压电动机和电容器保护中有低电压保护。电容器的低电压保护动作时限要比备电自投时限低 0.5s，保证备电自投动作时失电母线上的电容器已断开，防止突然恢复供电损坏电容器，减小冲击电流，提高备电自投成功率。参与自启动的电动机低电压保护动作时限要大于备电自投时限，一般取 5～9s，不参与自启动的电动机的低电压保护动作时限要小于备电自投时限，级差一般取 0.5s。

主变电所低压侧母线会带多个高压配电所运行，当某个高压配电所进线或母线短路时，会引起其余高压配电所母线电压降低，直至主变电所配出到故障高压配电所的馈线保护动作跳闸，其余高压配电所母线电压会恢复正常，在此期间不希望其余高压配电所的高压电动机因低电压保护动作跳闸，因此高压电动机低电压保护动作时限应大于主变电所配出馈线的后备保护动作时限。例如：建新变配出回路的过流保护动作时限为 1.1s，不参与自启动高压电动机的低电压保护动作时限可取 1.5s，高压配电所备自投时限可取 2s，低压配电所备自投时限取 2.5s，参与自启动的电动机的低电压保护动作时限取 5s。

3.2.3 负载特性的配合

高压配电所配出回路的负荷以高压电动机和配电变压器为主，高压电动机启机电流大、启机时间长，变压器投运时励磁涌流较大，继电保护整定要考虑这些负荷特性的影响。

(1) 电动机启机电流

将 3 种不同功率电动机启机时最大电流值、100ms 时的电流值分别与其额定电流进行比较，电流对比见表 3-1。图 3-5 是 3 种不同功率电动机启机时的电流变化录波截图，从图中可以看到在启机后的 40ms 内启机电流较大。

表 3-1 3 种不同功率电动机启机电流倍数对比

电动机参数	额定电流/A	最大启机电流		0.1s 时启机电流	
		电流值/A	倍数	电流值/A	倍数
6kV 280kW	34.4	394.08	11.5	217.3	6.32
6kV 630kW	70.3	674.6	9.60	431.6	6.14
10kV 12000kW	784	4308.2	5.50	2681.9	3.42

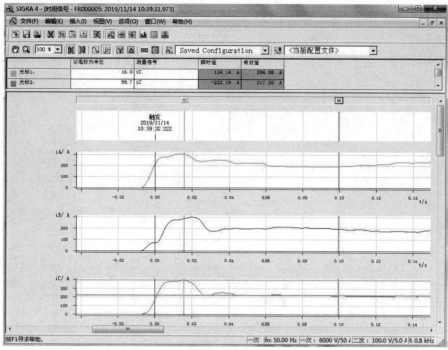

(a) 6kV 280kW电动机

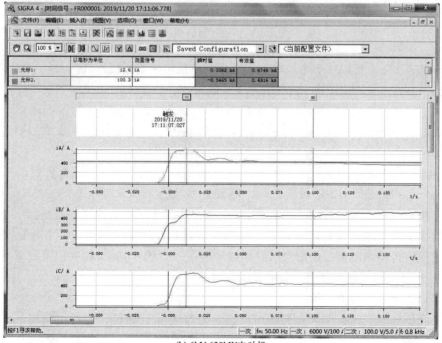

(b) 6kV 630kW电动机

图 3-5

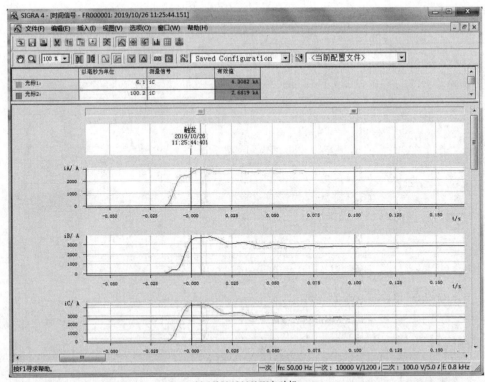

(c) 10kV 12000kW电动机

图 3-5　3 种不同功率电动机启机时的电流变化录波截图

从表 3-1 中可以看出电动机功率越小，启机电流倍数反而会越大，一般启机电流倍数按 6～8 倍整定，功率小的按 8 倍整定，功率大些的按 7 倍整定，功率再大的启机电流倍数还可以低。与启机电流相关的速断保护，需要提高可靠系数躲非周期分量引起的最大启机电流，这就是电动机速断保护可靠系数要高的原因。

对于表 3-1 中 6kV、280kW 电动机，启机电流倍数选 8，可靠系数选 1.5，则速断保护定值为 12 倍额定电流，刚好满足实际启机电流。10kV、12000kW 电动机启机电流倍数选 4，可靠系数选 1.5，则速断保护定值为 6 倍额定电流，大功率电动机速断保护定值较大，容易出现灵敏度不足的情况，计算中出现这种情况时可将速断保护调整为限时电流速断保护，加≥40ms 延时，可靠系数降为 1.2～1.3，起到提高保护灵敏度的作用。

(2) 变压器励磁涌流

变压器励磁涌流的大小和衰减时间与外加电压的相位、铁芯中剩磁的大小和方向、电源容量和变压器容量都有关系。对于三相变压器，合闸瞬间只能有一相电压瞬时值最接近最大值，该相励磁涌流最小，其余两相励磁涌流会偏大，每次合闸的电压相位都会不同，励磁涌流也会不同。图 3-6 是变压器投运时励磁涌流录波截图，从图中可看出 A 相励磁相对较小，B 相和 C 相励磁涌流相对较大，励磁涌流在 100ms 时已衰减很多。

变压器速断保护一般按躲过低压侧短路电流整定，该值一般远大于励磁涌流值，当某些情况不需要按躲过低压侧短路电流整定时，则需要按躲过励磁涌流整定。变压器过流保护时限最小取 0.3s，以躲过励磁涌流时间，从变压器保护装置也可观察到，每次合闸过流保护都会因励磁涌流启动，一般都会在 0.2s 内返回。

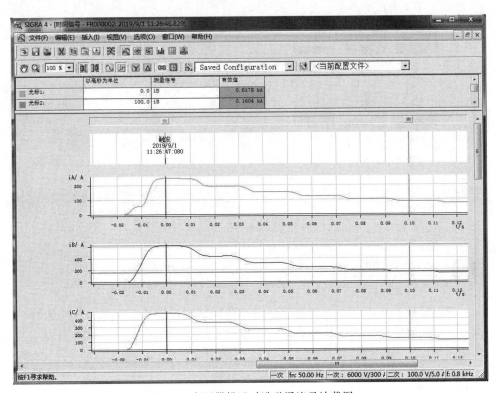

图 3-6　变压器投运时励磁涌流录波截图

图 3-7 是变压器励磁涌流谐波分析截图，合闸时励磁涌流的直流分量最大，有两相超过了基波，二次谐波分量也较大，在变压器差动保护中会作为区分励磁涌流和故障电流的判据。

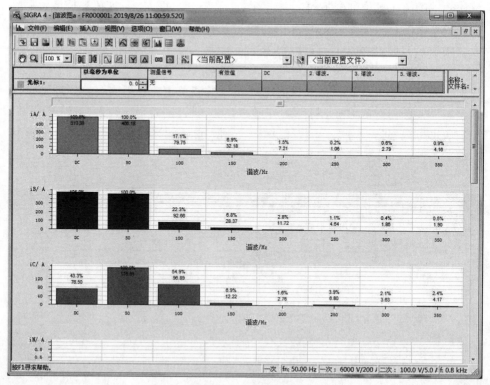

图 3-7　变压器励磁涌流谐波分析截图

3.3 整定系数选择

继电保护的整定值一般通过计算公式计算得出，为使整定值符合电力系统正常运行及故障状态下的规律，达到正确整定的目的，在计算公式中需要引入各种整定系数。整定系数应根据保护装置的构成原理、检测精度、动作速度、整定条件及电力系统运行特性等因素来选择。

3.3.1 可靠系数 K_{rel}

由于在计算、测量等环节存在误差，使保护的整定值偏离预定值，可能引起误动作。为此整定计算公式中需引入可靠系数，用 K_{rel} 表示，可靠系数的确定，需考虑以下因素。

① 保护动作速度较快时，应选用较大系数。例如差速断保护的可靠系数取 3~5，电流速断保护的可靠系数取 1.3~1.5，限时电流速断保护的可靠系数取 1.2~1.3，定时限过电流保护的可靠系数可以取 1.1，反时限过电流保护的可靠

系数取 1.05。

② 运行中设备参数有变化或难以准确计算时，应选用较大系数。例如电动机回路的速断保护，一般选取启动倍数为 7，由于受非周期分量电流的影响较大，可靠系数可以取 1.5。

③ 整定计算中有误差因素时，应选用较大系数。例如整定计算中涉及使用短路电流计算结果或最大负荷估算的，都有误差因素，可选用较大系数。

④ 按与相邻保护的定值配合整定时，应选取较小的可靠系数。例如主变电所配出回路的限时电流速断保护，可以按对应下级高压配电所进线的限时电流速断保护整定，再乘以可靠系数，此时可靠系数取 1.05~1.1。

3.3.2　返回系数 K_r

对于电磁型继电器，由于其结构特点使得吸合电流大于保持电流，存在继电器吸合后，即使电流降到动作电流以下时，继电器仍不会释放的情况，因此整定计算公式中引入返回系数，防止保护误动，一般取 0.85，目前已很少使用电磁型继电器了。

微机综合保护装置，在保护算法上保留了返回系数，就是说这个返回系数是由内部程序确定的，一般取 0.95。对于过电流保护，提高返回系数，保护会更灵敏，保留返回系数，能避免临界状态下保护的频繁启动。

3.3.3　自启动系数 K_{ss}

按负荷电流整定的保护，必须考虑电动机自启动状态的影响。当电力系统因故障造成低电压甚至失电，随后故障切除或备电自投成功，电压又恢复正常的情况下，电动机将产生自启动过程，出现很大的自启动电流。系统电压降低的时间越长，电动机转速下降越多，自启动电流越大，但当低电压时间接近备电自投动作时限时，部分电动机的低电压保护会动作，参与自启动的电动机数量会减少，自启动电流会有所下降。

自启动电流比负荷电流大，而且持续时间长，因此按负荷电流整定的保护整定公式中，需要引入自启动系数。自启动系数等于自启动电流与额定负荷电流之比，选择自启动系数时应注意以下几点：

① 动力负荷比重大时，应选用较大系数；

② 电气距离较远的动力负荷，应选用较小的系数；

③ 负荷断电时间较长时，应选用较大的系数。

单台电动机在满载全电压启动时，自启动系数取 4~8，综合负载的自启动系数取 1.5~2.5，纯动力负荷的自启动系数取 2~3。

3.3.4 灵敏系数 K_{sen}

在继电保护的保护范围内发生故障，保护装置反应的灵敏程度称为灵敏度，通常用灵敏系数 K_{sen} 表示。灵敏系数是指在被保护对象的某一指定点发生故障时，故障量与整定值之比。

灵敏系数在保证安全性的前提下，一般希望越大越好，但在保证可靠性动作的基础上规定了下限值作为衡量的标准。灵敏系数可分为主保护灵敏系数和后备保护灵敏系数两种，前者是对被保护设备的全部范围而言，后者则包括被保护对象以及相邻保护对象的全部范围而言。一般要求主保护灵敏系数不低于2，被保护对象的后备保护灵敏系数不低于1.5，相邻保护对象的后备保护灵敏系数不低于1.2。

校验保护灵敏度需注意以下问题：

① 计算灵敏系数，一般以金属性短路为计算条件；

② 选取最不利的短路类型；

③ 对动作时限较长的保护，应考虑短路电流的衰减；

④ 对于两侧电源线路的保护，应考虑保护相继动作的影响；

⑤ 在保护动作的全过程中，灵敏系数均需满足规定的要求。

第4章 主变压器保护整定计算

在电力系统中，用来给某区域内多个高压配电所供电的 110kV 或 110kV 以上电压等级的变压器，称为主变压器，简称主变。主变一般为油浸式变压器，容量较大，主要保护有气体保护、差动保护、复合电压闭锁过流保护和过负荷保护。

4.1 主变压器本体保护

4.1.1 气体保护

主变压器容量较大，且多为油浸式，变压器油箱内的故障包括绕组的相间短路、接地短路、匝间短路以及铁芯的烧损等，油箱内故障时产生的电弧，将引起绝缘物质的剧烈气化，从而可能引起爆炸，这些故障很危险，必须装设气体保护。气体保护有重瓦斯和轻瓦斯之分，轻瓦斯保护动作于信号，重瓦斯保护动作于跳开变压器各电源侧的断路器。

气体保护是通过装设于油箱与油枕之间连接导管上的气体继电器实现的。当气体继电器内部积聚一定容积气体时，轻瓦斯保护接点接通，当气体继电器内部积聚气体进一步增多或油流速度达到设定值时，重瓦斯保护接点接通。

气体保护相对于微机综合保护装置而言属于非电量保护，无需整定计算。变压器出厂前气体继电器内部的轻瓦斯和重瓦斯需要调整的部位都已调试完毕，无需再调整，新更换的气体继电器在安装前要参照原气体继电器调整好再安装。轻瓦斯保护接点接微机综合保护装置的开关量输入端，通过微机综合保护装置报警。重瓦斯保护接点则通过中间继电器扩展，一路接断路器跳闸回路，一路进微机综合保护装置的开关量输入端，这样做的目的是保证重瓦斯保护的独立性，即使微机综合保护装置出现故障也不会影响重瓦斯保护动作。

4.1.2 温度保护

油浸式变压器在运行中，它的温度会随着环境温度和负荷的变化而变化，通过安装在变压器上的温度计可以监测上层油温的变化，油浸式变压器的上层油温不得超过85℃，最高不得超过95℃，油温过高会加速油质的劣化和绕组绝缘的老化。

一般在变压器油箱上装有电接点温度计或仪表测温探头，电接点信号或温度仪表信号进入变压器微机综合保护装置，实现超温报警和冷却风扇自动启停的控制。

4.2 保护配置及其整定计算方法

4.2.1 差动保护

纵联差动保护和气体保护都属于变压器的主保护，纵联差动保护的保护范围更广泛，除了变压器油箱内部故障，变压器套管及引出线都在其保护范围之内。与线路纵联差动保护不同，变压器的纵联差动保护要考虑变压器的接线组别和励磁涌流所产生的不平衡电流，使得保护原理较复杂，不过对于微机综合保护装置，只要对其保护原理有个初步了解即可，整定计算还是比较简单的。

（1）比率差动

差动电流定值 $I_{op.min}$ 按躲过变压器正常运行时以及外部故障时的差动不平电流整定，在工程实践中可按下式整定：

$$I_{op.min} = (0.3 \sim 0.8)I_e \tag{4-1}$$

式中　I_e——变压器基准侧二次额定电流。

（2）差速断

差速断电流定值 $I_{op.q}$ 的整定应满足两个条件：

① 躲过各种情况下的最大不平衡电流；

② 躲过变压器励磁涌流。

励磁涌流一般大于最大不平衡电流，故差速断电流定值 $I_{op.q}$ 按下式整定：

$$I_{op.q} = KI_e \tag{4-2}$$

式中　I_e——变压器基准侧二次额定电流；

　　　K——倍数，视变压器容量和系统电抗选择，推荐值如下：6300kV·A 及以下，7~12；6300~31500kV·A，4.5~7.0；40000~120000kV·A，3.0~6.0；容量越大，K 取值越小。

4.2.2 低压侧复合电压闭锁过流保护

主变压器容量大，采用单纯的过流保护，要考虑躲下级配电所电动机自启动等短时过负荷问题，会使得过流定值偏大，灵敏度不足，加入复合电压闭锁条件后，过流值可以按变压器额定电流整定，起到提高灵敏度的作用。

复合电压闭锁指闭锁条件有两个：低电压和负序电压，只要满足一个条件就不闭锁，电动机自启动引起的短时过负荷不会出现负序电压，虽然会引起电压降低但达不到低电压定值，这种情况下的过流会被闭锁，保护不会动作；当发生短路故障会出现系统电压大幅度降低达到低电压定值，两相短路时会出现负序电压升高达到负序电压定值，过流保护不会被闭锁。

(1) 动作电流

动作电流 I_{op} 按变压器低压侧额定电流整定，即：

$$I_{op} = K_{rel} I_e / K_r \tag{4-3}$$

式中　K_{rel}——可靠系数，取 $1.15 \sim 1.20$；

　　　K_r——返回系数，取 $0.85 \sim 0.95$；

　　　I_e——变压器低压侧额定电流二次值。

(2) 低电压元件

低电压定值 U_{op} 按躲过低压侧电动机自启动时的电压整定，当低电压元件电压来自变压器低压侧电压互感器时，可取：

$$U_{op} = (0.55 \sim 0.6) U_n \tag{4-4}$$

式中　U_n——变压器低压侧母线额定电压二次值。

(3) 负序电压元件

负序电压定值 $U_{op.2}$ 按躲过正常运行时出现的不平衡电压整定，可取：

$$U_{op.2} = (0.06 \sim 0.08) U_n \tag{4-5}$$

式中　U_n——变压器低压侧母线额定电压二次值。

(4) 灵敏度校验

① 电流元件灵敏系数 K_{sen} 计算公式为：

$$K_{sen} = 0.866 I_{k.min} / (n_a I_{op}) \tag{4-6}$$

式中　$I_{k.min}$——最小运行方式下低压侧母线三相短路电流；

　　　n_a——TA 变比；

要求 $K_{sen} \geqslant 1.5$。

② 低电压灵敏系数 K_{sen} 计算公式为：

$$K_{sen} = U_{op} n_v / U_{k.max} \tag{4-7}$$

式中　$U_{k.max}$——低压侧配出回路最长电缆末端三相金属性短路时，保护安装处的最高电压值；

n_v——低压侧母线 TV 变比。

要求 $K_{sen} \geqslant 1.3$。

③ 负序电压灵敏系数 K_{sen} 计算公式为:

$$K_{sen} = U_{K2.min}/(U_{k.max} n_v) \qquad (4-8)$$

式中 $U_{k.max}$——低压侧配出回路最长电缆末端两相金属性短路时,保护安装处的最小负序电压值;

$\quad n_v$——低压侧母线 TV 变比。

要求 $K_{sen} \geqslant 1.3$。

(5) 动作时限

断开分段开关的动作时限与低压侧母线配出回路过流动作时限配合,延长 0.3~0.5s,断开低压侧开关的时限与断开分段开关的动作时限配合,延长 0.3~0.5s。

(6) 出口方式

低后备复压闭锁过流先切低压分段开关,延时一定时间级差后保护未复归则继续切低压侧开关。

4.2.3 高压侧复合电压闭锁过流保护

(1) 动作电流

动作电流 I_{op} 按变压器高压侧额定电流整定,即:

$$I_{op} = K_{rel} I_e/K_r \qquad (4-9)$$

式中 K_{rel}——可靠系数比低压侧要偏大,起到配合的作用,取 1.2~1.3;

$\quad K_r$——返回系数,取 0.85~0.95;

$\quad I_e$——变压器高压侧额定电流二次值。

(2) 低电压元件

低电压定值 U_{op} 按躲过低压侧电动机自启动时的电压整定,当低电压元件电压来自变压器高压侧电压互感器时,可取:

$$U_{op} = 0.7U_n \qquad (4-10)$$

式中 U_n——变压器高压侧母线额定电压二次值。

(3) 负序电压元件

整定方法同低压侧复合电压闭锁过流保护。

(4) 灵敏度校验

电流元件灵敏系数 K_{sen} 计算公式为:

$$K_{sen} = 0.866 I_{k.min}/(n_a I_{op}) \qquad (4-11)$$

式中 $I_{k.min}$——最小运行方式下低压侧母线三相短路电流折算到高压侧的值;

$\quad n_a$——变压器高压侧 TA 变比;

要求 $K_{sen} \geqslant 1.3$。

(5) 动作时限

断开分段开关的动作时限与低压侧复合电压闭锁过流动作时限配合，延长 0.3～0.5s，断开高、低压两侧开关的时限与断开分段开关的动作时限配合，延长 0.3～0.5s。

(6) 出口方式

高后备复压闭锁过流先切高、低压分段开关，延时一定时间级差后保护未复归则继续切变压器高低压侧开关。

4.2.4　高压侧零序过流保护

(1) 主变低压侧有发电机时整定原则

① 动作电流 $I_{0.op}$ 按与相邻元件零序电流保护配合整定，即：

$$I_{0.op} = K_{rel} K_b I_0 / n_0 \tag{4-12}$$

式中　K_{rel}——可靠系数，取 1.2～1.3；

　　　K_b——零序电流分支系数；

　　　n_0——变压器高压侧零序 TA 变比；

　　　I_0——相邻元件零序电流保护一次值。

② 灵敏度 K_{sen} 计算

$$K_{sen} = I_{0k} / (n_0 I_{0.op}) \tag{4-13}$$

式中　I_{0k}——相邻元件末端接地故障时的最小零序电流；

　　　n_0——变压器高压侧零序 TA 变比；

　　　$I_{0.op}$——零序电流定值。

要求 $K_{sen} \geqslant 1.2$。

③ 动作时限整定计算

与相邻元件零序电流保护配合，动作时限增加一级时限。

(2) 主变低压侧没有发电机时整定原则

① 动作电流 $I_{0.op}$ 按躲过高压母线单相接地时流过零序 TA 的不平衡电流整定，即：

$$I_{0.op} = K_{rel} I_e / (n_0 K_r) \tag{4-14}$$

式中　K_{rel}——可靠系数，取 1.2～1.3；

　　　K_r——返回系数，取 0.95；

　　　n_0——变压器高压侧零序 TA 变比；

　　　I_e——变压器高压侧额定电流。

② 灵敏度 K_{sen} 计算

$$K_{sen} = I_k / I_{0.op} \tag{4-15}$$

式中　I_k——变压器高压出口单相接地时系统提供至短路点的单相接地电流。

要求 $K_{sen} \geq 2$。

③ 动作时限整定计算

0.5s 跳高压侧分段，1s 跳高压侧开关。

4.2.5 间隙过流零序过压保护

主变中性点刀闸需要根据系统运行方式调整，当中性点刀闸断开时投入间隙过流零序过压保护。

(1) 零序过电压保护整定

一般取零序过电压保护动作值 U_{op0} 为 150～180V。

(2) 间隙零序过电流保护

装在放电间隙回路的零序过电流保护的动作电流与变压器的零序阻抗、间隙放电的电弧电阻等因素有关，一般保护的一次动作电流可取为 100A。

4.2.6 过负荷保护

主变高低压侧均配置过负荷保护，延时发出告警信号，过负荷启动风冷、过负荷闭锁有载调压定值按高压侧整定。

① 过负荷动作电流 I_{op} 按躲过保护侧额定电流下可靠返回条件整定，即：

$$I_{op} = K_{rel} I_e / K_r \tag{4-16}$$

式中　K_{rel}——可靠系数，取 1.05～1.10；

　　　K_r——返回系数，取 0.95；

　　　I_e——变压器保护安装侧额定电流。

动作时限可取 9～15s，动作于信号。

② 过负荷启动风冷、过负荷闭锁有载调压功能根据设计的二次原理图选用，定值参考过负荷保护整定方法，根据实际需要调整。

4.3 主变压器保护装置工作原理

4.3.1 ISA387G 差动保护装置

ISA387G 变压器差动保护装置是深圳长园深瑞有限公司产品，该装置适用于多种接线方式的三卷和两卷变压器，界面提供了变压器接线方式配置功能，软件根据变压器接线方式进行保护逻辑的自适应处理。

(1) 差动保护动作区

387G 装置的差动保护由比率差动和差动电流速断（简称差速断）保护组

成，动作特性见图 4-1。图中阴影区为动作区，I_d 为差动电流，I_r 为制动电流，差动电流大于差速断定值区域为差动速断动作区，此区域与制动电流无关，比率差动和差速断之间为比率差动保护动作区，要求差动电流大于比率差动定值，同时差动电流/制动电流大于比率系数才动作。

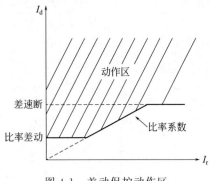

图 4-1　差动保护动作区

（2）差动电流速断保护

定值按躲过最大涌流整定，作为差动保护范围内严重故障的保护，TA 断线不闭锁该保护。差速断保护逻辑图见图 4-2，其中差速断压板作用为投退选项，投入时差速断压板有效，退出时差速断压板无效，差速断软压板指差动保护投退选项，当差速断压板作用为投入状态时，外部的差速断压板和定值选择项中的差速断保护都投入时，差速断保护才有效。

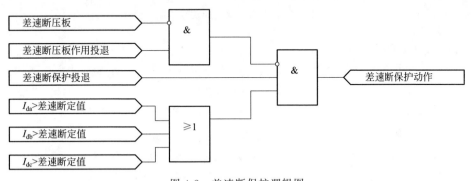

图 4-2　差速断保护逻辑图

（3）比率差动保护

比率差动保护逻辑图见图 4-3，保护装置涌流制动采用二次谐波复合逻辑制动原理，提高了涌流制动的可靠性。根据涌流和故障电流在三相差流中的反映，在变压器无故障时采用"或"制动方式可靠地避开涌流，空投于故障变压器时自动转换为分相制动方式，保证了空投于故障变压器时比率差动仍能快速灵敏动作。

在 TA 未饱和情况下，外部故障时，I_d（差动电流）/I_r（制动电流）＝0；内部故障时，I_d/I_r 为无穷大。可见比率差动扩大了制动系数的整定范围，允许的误差也扩大了。当投入 TA 断线闭锁比率差动而任一侧 TA 断线时，比率差动将被瞬时闭锁。

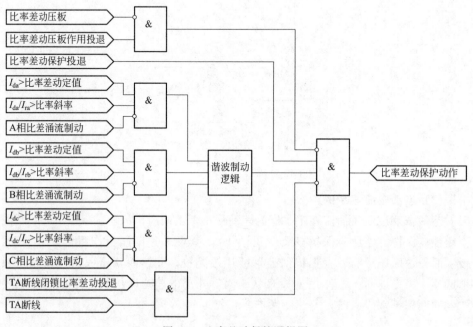

图 4-3　比率差动保护逻辑图

(4) TA 断线告警

TA 断线包括 TA 回路单纯断线、端子排接触不良、端子排相对地或相间击穿、短路或放电等。TA 断线检测原理说明如下：

① 变压器内外部发生不对称故障时，至少有两侧会出现负序电流，故 TA 断线以仅一侧出现负序电流为主判据。

② 为防止变压器空投和空载时发生故障、仅电源侧出现负序电流的情况，要求未出现负序电流的任一侧最大相电流大于负序电流门槛值。

③ 三相短路时可能因 TA 误差仅一侧出现负序电流，但考虑 TA 的 10% 误差特性，三相电流的不平衡度不会大于 0.7，要求三相电流中最小值与最大值之比小于 0.7。

④ 当任一相差动电流大于 $2I_e$ 时（I_e 为变压器额定电流），直接解除 TA 断线闭锁功能。

在 TA 断线情况下发生区外短路时，因为会在两侧以上出现负序电流，比率差动会误动，投入 TA 断线闭锁差动投退压板，当 TA 断线时闭锁比率差动。

（5）差流越限告警

为防止装置交流输入和数据采集系统故障，以及防止变压器运行时出现较大差流（如差流门槛定值未考虑最大有载调压范围），装置装设了差流越限监视元件。

差流越限的 2 个判据是或的关系，第 1 个判据是差流大于比率差动定值，第 2 个判据是差流大于 0.4A（$I_n = 5A$）且大于负荷电流的 1/4，是为防止变压器有载调压过程中因出现较大负荷电流导致差流过大误发差流越限信号而设。

4.3.2　ISA388G 后备保护装置

主变的后备保护分高后备和低后备，其中高后备指主变高压侧的后备保护，主要有复合电压闭锁方向过流、零序过流和过负荷保护，低后备指主变低压侧的后备保护，与高后备类似，有复合电压闭锁方向过流和过负荷保护。

（1）复合电压闭锁单元

复合电压闭锁单元逻辑图见图 4-4，低压元件 UL 和负序过压元件 U2 的返回系数分别取 1.05 和 0.9。TV 断线闭锁复合电压闭锁单元输出，变压器不同侧的复合电压闭锁接点可以启动本侧复合电压闭锁输出，变压器空载也可以闭锁复合电压闭锁单元输出。

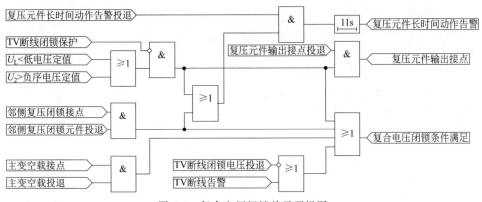

图 4-4　复合电压闭锁单元逻辑图

（2）复压闭锁方向过流保护

三段复压闭锁方向过流保护的复压元件和方向元件均可独立投退，原理相同，电流返回系数 0.95。复压闭锁方向过流保护逻辑图见图 4-5。

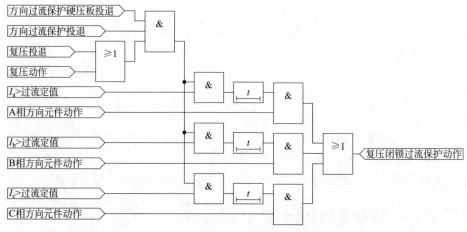

图 4-5　复压闭锁方向过流保护逻辑图

(3) 零序无压闭锁零序过流保护

零序无压闭锁零序过流保护逻辑图见图 4-6，为提高可靠性，中性点零序过流保护均加装零序无压闭锁环节，零序电压定值整定为 0V 时等同于退出零序无压闭锁，零序电流返回系数 0.95。

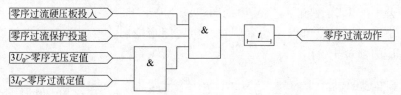

图 4-6　零序无压闭锁零序过流保护逻辑图

(4) 间隙过流零序过压保护

间隙过流零序过压保护逻辑图见图 4-7，零序电压取自变压器中性点零序 TV，间隙电流和零序过压返回系数 0.95。

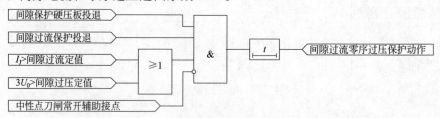

图 4-7　间隙过流零序过压保护逻辑图

(5) 过负荷保护

高压侧过负荷配置三段：过负荷告警、过负荷启动风冷、过负荷闭锁有载调压，低压侧过负荷只配置过负荷告警。

4.4 主变压器继电保护整定算例

4.4.1 主变差动保护算例

(1) 基础资料

炼化变 3♯ 主变差动保护示意图见图 4-8，图中标注了与主变差动保护有关的参数，差动保护电流取自高低压开关附近的电流互感器，保护范围为两组互感器之间的主变及其高、低压母线，保护动作后同时跳主变两侧开关。

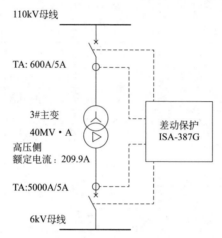

图 4-8 炼化变 3♯ 主变差动保护示意图

(2) 计算过程

① TA 变比调整系数的整定

只需输入系统参数，保护装置内部自动计算，不需要整定。

② 差动电流定值

$$I_{\text{op. min}} = 0.6 I_{\text{e}} = 0.6 \times 1.75 = 1(\text{A})$$

式中 I_{e} ——变压器基准侧二次额定电流，209.9/120＝1.75(A)。

③ 差速断保护

$$I_{\text{op. q}} = K I_{\text{e}} = 6 \times 1.75 = 10.5(\text{A})$$

式中 K ——倍数，取 6。

④ 其他参数选定

差动比率定值按躲外部故障时 TA 变比最大误差特性整定，可取 0.3~0.9，整定为 0.5。

涌流谐波制动系数定值根据运行经验，典型取值范围为 0.12~0.15，针对

110kV 及以下变压器，为可靠躲过励磁涌流，整定为 0.12。

TA 断线负序电流定值按躲过正常运行时由三相不平衡产生的最大负序电流整定，整定值建议不小于 0.5A，不大于差动电定值的 75%，整定为 0.55。

（3）保护定值表

根据计算结果确定保护定值表内整定值，炼化变 3♯ 主变差动保护定值表见表 4-1。

表 4-1   炼化变 3♯ 主变差动保护定值表

保护元件	ISA 规约编号	含 义	整定范围及步长	出厂定值	整定值
差动保护公用定值	d502	第一侧一次电压	$0.1 \sim 220\text{kV}, 0.1\text{kV}$	110.0kV	110.0kV
	d503	第二侧一次电压	$0.1 \sim 220\text{kV}, 0.1\text{kV}$	110.0kV	0.1kV
	d504	第三侧一次电压	$0.1 \sim 220\text{kV}, 0.1\text{kV}$	110.0kV	6.3kV
	d507	第一侧 TA 原边	$0.001 \sim 50.000\text{kA}, 0.001\text{kA}$	1.000kA	0.6kA
	d508	第二侧 TA 原边	$0.001 \sim 50.000\text{kA}, 0.001\text{kA}$	1.000kA	0.001kA
	d509	第三侧 TA 原边	$0.001 \sim 50.000\text{kA}, 0.001\text{kA}$	1.000kA	5kA
	d500	变压器额定容量	$0 \sim 300.00\text{MV} \cdot \text{A}, 0.01\text{MV} \cdot \text{A}$	30.00MV·A	40.00MV·A
差流越限记录	d798	差流越限电流定值	$0.08 I_n \sim 20 I_n, 0.01\text{A}$	$20 I_n$	1.0A
差动 TA 断线告警	*d304	TA 断线告警投退	退出/投入	退出	投入
	*d032	TA 断线闭锁差动投退	退出/投入	退出	投入
	d033	TA 断线负序电流定值	$0.08 I_n \sim 20 I_n, 0.01\text{A}$	$20 I_n$	0.55A
比率差动	*d040	比率差动投退	退出/投入	退出	投入
	d045	比率差动差流定值	$0.2 I_n \sim 20 I_n, 0.01\text{A}$	$20 I_n$	1.0A
	d043	差动比率系数定值	$0.1 \sim 0.9, 0.01$	0.9	0.5
	d044	二次谐波制动系数定值	$0.1 \sim 0.3, 0.01$	0.3	0.12
	*d448	比率差动压板作用投退	退出/投入	退出	投入
差流启动	d045☆	比率差动差流定值	$0.2 I_n \sim 20 I_n, 0.01\text{A}$	$20 I_n$	2.0A
差动速断	*d041	差动速断投退	退出/投入	退出	投入
	d042	差动速断电流定值	$I_n \sim 20 I_n, 0.01\text{A}$	$20 I_n$	10.5A
	*d727	差动速断压板作用投退	退出/投入	退出	投入
差流越限告警	*d224	差流越限告警投退	退出/投入	退出	投入
	d045☆	比率差动差流定值	$0.2 I_n \sim 20 I_n, 0.01\text{A}$	$20 I_n$	1.0A

4.4.2　主变低后备保护算例

(1) 基础资料

炼化变 3# 主变低后备保护示意图见图 4-9，图中标注了与主变低后备保护有关的参数，复合电压闭锁过流保护范围为低压母线及其配出回路，保护动作先跳 6kV 侧分段开关，如仍有故障点，则跳开低压侧开关。最小运行方式下低压侧母线三相短路电流为 23373A。

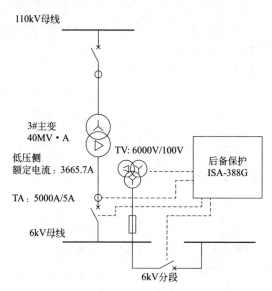

图 4-9　炼化变 3# 主变低后备保护示意图

(2) 复合电压闭锁过流计算

① 动作电流整定　动作电流

$$I_{op} = K_{rel} I_e / K_r = 1.15 \times 3.67 / 0.95 = 4.45(A)$$

式中　K_{rel}——可靠系数，取 1.15；

　　　K_r——返回系数，取 0.95；

　　　I_e——变压器低压侧额定电流二次值，$3665.7/1000 = 3.67(A)$。

② 低电压元件整定　低电压定值 U_{op} 按躲过低压侧电动机自启动时的电压整定，当低电压元件电压来自变压器低压侧电压互感器时，取

$$U_{op} = 0.6 U_n = 0.6 \times 100 = 60(V)$$

式中　U_n——变压器低压侧母线额定电压二次值，100V。

③ 负序电压元件整定　负序电压定值

$$U_{op.2} = 0.07 U_n = 0.07 \times 100 = 7(V)$$

式中　U_n——变压器低压侧母线额定电压二次值，100V。

④ 灵敏度校验 电流元件灵敏系数

$K_{sen}=0.866I_{k.min}/(n_aI_{op})=0.866\times23373/(1000\times4.45)=4.55\geqslant1.5$，校验合格。

式中 $I_{k.min}$——最小运行方式下低压侧母线三相短路电流，23373A；

n_a——变压器低压侧 TA 变比，5000A/5A＝1000。

⑤ 动作时限与出口方式 低压侧母线上的配出回路过流保护动作时限为 1.1s，所以低后备复压闭锁过流 1.5s 跳低压侧分段开关，1.8s 跳低压侧开关。

(3) 过负荷保护计算

过负荷动作电流 I_{op} 按躲过低压侧额定电流下可靠返回条件整定，即：

$$I_{op}=K_{rel}I_e/K_r=1.05\times3.67/0.95=4.1(A)$$

式中 K_{rel}——可靠系数，取 1.05；

K_r——返回系数，取 0.95；

I_e——变压器低压侧额定电流二次值，3665.7/1000＝3.67(A)。

过负荷保护动作时限取 9s，动作于信号，相电流越限记录定值按过负荷动作电流整定。

(4) 保护定值表

根据计算结果确定保护定值表内整定值，炼化变 3♯ 主变低后备保护定值表见表 4-2，表中只列入了需要投入的保护元件及其选项，其他保护元件默认是退出的，不需要整定。

表 4-2　炼化变 3♯ 主变低后备保护定值表

保护元件	ISA 规约编号	含义	整定范围及步长	出厂定值	整定值
相电流越限记录	d797	相电流越限电流定值	$0.08I_n\sim20I_n,0.01A$	$20I_n$	4.1A
复压闭锁	d048	复压闭锁低压定值	$10\sim129.9V,0.1V$	70.0V	60.0V
	d067	复压闭锁负序电压定值	$0\sim99.99V,0.01V$	99.99V	7.00V
	* d277	本侧复压输出接点投退	退出/投入	退出	投入
	* d275	复压元件动作告警投退	退出/投入	退出	投入
	* d276	邻侧复压闭锁元件投退	退出/投入	退出	投入
	* d147	主变空载退出复压闭锁	退出/投入	退出	投入
Ⅰ段复压方向过流保护	* d112	Ⅰ段方向过流保护投退	退出/投入	退出	投入
	* d167	Ⅰ段方向过流复压元件投退	退出/投入	退出	投入
	d114	Ⅰ段方向过流电流定值	$0.2I_n\sim20I_n,0.01A$	$20I_n$	4.45A
	d115	Ⅰ段方向过流时限定值	$0.1\sim99.99s,0.01s$	99.99s	1.5s
	* d259	Ⅰ段过流正方向元件投退	退出/投入	退出	退出
	* d260	Ⅰ段过流反方向元件投退	退出/投入	退出	投入

续表

保护元件	ISA 规约编号	含义	整定范围及步长	出厂定值	整定值
Ⅱ段复压方向过流保护	*d113	Ⅱ段方向过流保护投退	退出/投入	退出	投入
	*d168	Ⅱ段方向过流复压元件投退	退出/投入	退出	投入
	d116	Ⅱ段方向过流电流定值	$0.2I_n \sim 20I_n$, 0.01A	$20I_n$	4.45A
	d117	Ⅱ段方向过流时限定值	$0.1 \sim 99.99$s, 0.01s	99.99s	1.8s
	*d261	Ⅱ段过流正方向元件投退	退出/投入	退出	退出
	*d262	Ⅱ段过流反方向元件投退	退出/投入	退出	投入
过负荷告警	*d059	过负荷告警投退	退出/投入	退出	投入
	d060	过负荷告警电流定值	$0.08I_n \sim 20I_n$, 0.01A	$20I_n$	4.1A
	d061	过负荷告警时限定值	$0.1 \sim 99.99$s, 0.01s	99.99s	9s
控制回路断线告警	*d146	控制回路断线告警投退	退出/投入	退出	投入
	*d419	控制回路断线闭锁重合闸投退	退出/投入	退出	投入
母线 TV 断线告警	*d098	母线 TV 断线告警投退	退出/投入	退出	投入
	*d108	TV 断线有流闭锁保护投退	退出/投入	退出	退出

4.4.3 主变高后备保护算例

(1) 基础资料

炼化变 3# 主变高后备保护示意图见图 4-10，图中标注了与主变高后备保护有关的参数，复合电压闭锁过流保护保护范围为主变及其低压母线，保护动作先跳两侧分段开关，如故障点仍在保护范围内则跳开低压侧开关。中性点 TA 用于零序过流保护，间隙 TA 用于间隙保护。最小运行方式下低压侧母线三相短路电流为 23373A，折算到高压侧电流为 1338A。

(2) 复合电压闭锁过流计算

① 动作电流整定　动作电流 $I_{op} = K_{rel} I_e / K_r = 1.3 \times 1.75 / 0.95 = 2.4$(A)

式中　K_{rel}——可靠系数，取 1.3；

　　　K_r——返回系数，取 0.95；

　　　I_e——变压器高压侧额定电流二次值，209.9/120＝1.75(A)。

② 低电压元件整定　低电压定值 U_{op} 按躲过低压侧电动机自启动时的电压整定，当低电压元件电压来自变压器低压侧电压互感器时，取 $U_{op} = 0.7U_n = 0.7 \times 100 = 70$(V)

式中　U_n——变压器高压侧母线额定电压二次值，100V。

③ 负序电压元件整定　负序电压定值 $U_{op.2} = 0.07U_n = 0.07 \times 100 = 7$(V)

式中　U_n——变压器高压侧母线额定电压二次值，100V。

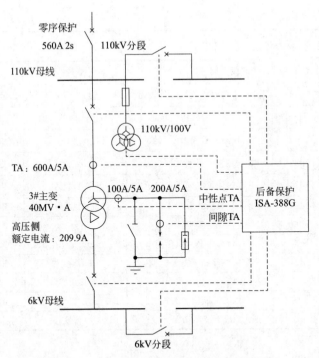

零序保护
560A 2s

110kV分段

110kV母线

110kV/100V

TA：600A/5A

3#主变
40MV·A

高压侧
额定电流：209.9A

100A/5A 200A/5A

中性点TA

间隙TA

后备保护
ISA-388G

6kV母线

6kV分段

图 4-10　炼化变 3# 主变高后备保护示意图

④ 灵敏度校验　电流元件灵敏系数 $K_{sen} = 0.866 I_{k.min}/(n_a I_{op}) = 0.866 \times 1338/(120 \times 2.4) = 4.0 \geqslant 1.3$，校验合格。

式中　$I_{k.min}$——最小运行方式下低压侧母线三相短路电流折算到高压侧数值，1338A；

n_a——变压器高压侧 TA 变比，600A/5A＝120。

⑤ 动作时限与出口方式　低后备复压闭锁过流 1.8s 跳低压侧开关，高后备保护 2.1s 跳高低压两侧分段开关，2.4s 跳高低压两侧开关。

(3) 过负荷保护计算

过负荷动作电流 I_{op} 按躲过高压侧额定电流整定，即：

$$I_{op} = K_{rel} I_e / K_r = 1.1 \times 1.75/0.95 = 2.0(A)$$

式中　K_{rel}——可靠系数，取 1.1；

K_r——返回系数，取 0.95；

I_e——变压器低压侧额定电流二次值，209.9/120＝1.75(A)。

过负荷保护动作时限取 9s，动作于信号。相电流越限记录定值和过负荷闭锁调压定值按过负荷动作电流整定。风扇启动和关闭电流定值根据现场环境整定，一般风扇启动电流定值按 0.7 倍额定电流整定，风扇关闭电流定值按 0.6 倍额定电流整定。

(4) 零序过流保护计算 (低压侧有发电机)

① 动作电流 $I_{0.op}$ 按与高压进线零序电流保护配合整定，即：

$$I_{0.op}=K_{rel}K_bI_0/n_0=1.2\times1\times560/20=33.6(A)$$

式中　K_{rel}——可靠系数，取 1.2；

K_b——零序电流分支系数，取 1；

n_0——变压器高压侧零序 TA 变比，100A/5A＝20；

I_0——相邻元件零序电流保护一次值，560A。

② 动作时限整定　与高压进线零序电流保护配合，2.5s 跳高、低压两侧分段开关，3s 跳高、低压两侧开关。

(5) 间隙保护

中性点未安装 TV，取间隙过压定值 $U_{op0}=180V$。间隙过流的一次动作电流取 100A，保护动作时限 0.5s，出口跳高、低压两侧开关。

(6) 保护定值表

根据计算结果确定保护定值表内整定值，炼化变 3# 主变高后备保护定值表见表 4-3，表中只列入了需要投入的保护元件及其选项，其他保护元件默认是退出的，不需要整定。

表 4-3　炼化变 3# 主变高后备保护定值表

保护元件	ISA 规约编号	含义	整定范围及步长	出厂定值	整定值
相电流越限记录	d797	相电流越限电流定值	$0.2I_n\sim20I_n,0.01A$	$20I_n$	2.0A
复压闭锁	d048	复压闭锁低压定值	$1\sim129.9V,0.1V$	70.0V	70V
	d067	复压闭锁负序电压定值	$0\sim99.99V,0.01V$	99.99V	9V
	*d277	本侧复压输出接点投退	退出/投入	退出	投入
	*d275	复压元件动作告警投退	退出/投入	退出	投入
	*d276	邻侧复压闭锁元件投退	退出/投入	退出	投入
	*d147	主变空载投退	退出/投入	退出	投入
I 段复压方向过流保护	*d112	I 段方向过流保护投退	退出/投入	退出	投入
	*d167	I 段方向过流复压元件投退	退出/投入	退出	投入
	d114	I 段方向过流电流定值	$0.2I_n\sim20I_n,0.01A$	$20I_n$	2.4A
	d115	I 段方向过流时限定值	$0.1\sim99.99s,0.01s$	99.99s	2.1s
	*d259	I 段过流正方向元件投退	退出/投入	退出	投入
	*d260	I 段过流反方向元件投退	退出/投入	退出	退出

续表

保护元件	ISA规约编号	含义	整定范围及步长	出厂定值	整定值
Ⅱ段复压方向过流保护	*d113	Ⅱ段方向过流保护投退	退出/投入	退出	投入
	*d168	Ⅱ段方向过流复压元件投退	退出/投入	退出	投入
	d116	Ⅱ段方向过流电流定值	$0.2I_n\sim20I_n$,0.01A	$20I_n$	2.4A
	d117	Ⅱ段方向过流时限定值	$0.1\sim99.99s$,0.01s	99.99s	2.4s
	*d261	Ⅱ段过流正方向元件投退	退出/投入	退出	投入
	*d262	Ⅱ段过流反方向元件投退	退出/投入	退出	退出
Ⅰ段零序过流	d303	零序无压元件电压定值	$0\sim249.9V$,0.1V	249.9V	10V
	*d178	Ⅰ段零序过流保护投退	退出/投入	退出	投入
	d180	Ⅰ段零序过流电流定值	$0.1I_n\sim20I_n$,0.01A	$20I_n$	33.6A
	d181	Ⅰ段零序过流时限定值	$0\sim99.99s$,0.01s	99.99s	2.5s
Ⅱ段零序过流	d303☆	零序无压元件电压定值	$0\sim249.9V$,0.1V	249.9V	10V
	*d179	Ⅱ段零序过流保护投退	退出/投入	退出	投入
	d182	Ⅱ段零序过流电流定值	$0.1I_n\sim20I_n$,0.01A	$20I_n$	33.6A
	d183	Ⅱ段零序过流时限定值	$0\sim99.99s$,0.01s	99.99s	3s
Ⅰ段间隙保护	*d267	Ⅰ段间隙保护投退	退出/投入	退出	投入
	d269	Ⅰ段间隙保护电流定值	$0.08I_n\sim20I_n$,0.01A	$20I_n$	2.5A
	d417	Ⅰ段间隙保护电压定值	$5\sim249.9V$,0.1V	249.9V	180V
	d270	Ⅰ段间隙保护时限定值	$0.1\sim99.99s$,0.01s	99.99s	0.5s
过负荷告警	*d059	过负荷告警投退	退出/投入	退出	投入
	d060	过负荷告警电流定值	$0.08I_n\sim20I_n$,0.01A	$20I_n$	2.0A
	d061	过负荷告警时限定值	$0.1\sim99.99s$,0.01s	99.99s	9s
风扇控制	*d037	风扇控制投退	退出/投入	退出	投入
	*d781	风扇控制发中央信号投退	退出/投入	退出	投入
	d038	风扇控制关闭电流定值	$0.08I_n\sim20I_n$,0.01A	$20I_n$	1.0A
	d039	风扇控制启动电流定值	$0.08I_n\sim20I_n$,0.01A	$20I_n$	1.23A
过负荷闭锁有载调压	*d029	过负荷闭锁有载调压投退	退出/投入	退出	投入
	d030	过负荷闭锁有载调压电流定值	$0.08I_n\sim20I_n$,0.01A	$20I_n$	2.0A
	d031	过负荷闭锁有载调压时限	$0.1\sim99.99m$,0.01s	99.99m	1.0s
控制回路断线告警	*d146	控制回路断线告警投退	退出/投入	退出	投入
	*d419	控回断线闭锁重合闸投退	退出/投入	退出	投入
母线TV断线告警	*d098	母线TV断线告警投退	退出/投入	退出	投入
	*d108	TV断线闭锁保护投退	退出/投入	退出	退出

第5章 高压馈线保护整定计算

高压馈线指主变电所配出到高压配电所的线路或高压配电所间的联络线，其保护由光纤差动保护和三段式定时限过流保护来实现。保护装置多使用光纤差动保护加线路保护两套装置，光纤差动保护本身具有的线路保护功能一般不投用。

5.1 保护配置及其整定计算方法

5.1.1 光纤差动保护

一套光纤差动保护有两台保护装置，分别安装于线路两侧的变配电所，保护范围为两侧 TA(电流互感器)间的线路，内部故障时保护动作，外部故障时保护不动作。

（1）TA 变比补偿系数的整定

当线路两端 TA 变比不一样时，可根据整定的"TA 变比补偿系数"，使两侧的电流一致。不同厂家保护装置的整定方式有所不同，需要参考保护装置说明书整定。

（2）差动保护定值的整定

差动保护定值按躲开最大不平衡电流整定，建议取：

$$I_{op} = (0.3 \sim 0.8)I_e \tag{5-1}$$

式中 I_e——线路额定电流二次值，一般取 TA 二次额定值，1A 或 5A。

（3）差动速断定值的整定

差动速断按躲过区外故障时最大不平衡电流整定，建议取：

$$I_{op} = K_{rel}I_{max}/n_a \tag{5-2}$$

式中 K_{rel}——可靠系数，取 1.10~1.20；

I_{max}——区外故障时最大不平衡电流；

n_a——电流互感器变比。

5.1.2 限时电流速断保护

高压馈线一般设限时电流速断和定时限过流保护，不使用速断保护是因为无法和终端负荷的速断保护配合。高压馈线电流保护先整定负荷侧，电源侧与负荷侧配合整定(电源侧也称配出侧，负荷侧也称进线侧)。如果电源侧有电抗器，则电源侧可以考虑投速断保护，按躲过最大运行方式下电抗器下侧三相短路电流整定，保护范围到电抗器上侧。

(1) 负荷侧限时电流速断保护

① 动作电流 I_{op} 按与负荷回路中最大速断保护动作电流配合整定，即：

$$I_{op} = K_{rel} I_{max}/n_a \tag{5-3}$$

式中　K_{rel}——可靠系数，取 1.05～1.1；

　　　I_{max}——负荷回路中最大速断保护动作电流一次值；

　　　n_a——电流互感器变比。

② 灵敏度校验　限时电流速断保护范围为负荷侧高压配电所的母线，按高压母线处两相短路进行校验。

灵敏系数 K_{sen} 计算公式为：

$$K_{sen} = 0.866 I_{k.min}/(n_a I_{op}) \tag{5-4}$$

式中　$I_{k.min}$——最小运行方式下负荷侧母线处三相短路电流；

　　　n_a——TA 变比。

要求灵敏度 $K_{sen} \geqslant 2$。

③ 动作时限定值的整定　动作时限与负荷侧配出回路速断保护动作时限配合整定，级差一般取 0.3s。

(2) 电源侧限时电流速断保护

① 动作电流 I_{op2} 按与负荷侧动作电流配合整定，即：

$$I_{op2} = K_{rel} I_{op1} n_{a1}/n_{a2} \tag{5-5}$$

式中　K_{rel}——可靠系数，取 1.05～1.1；

　　　I_{op1}——负荷侧限时速断保护定值；

　　　n_{a1}——负荷侧电流互感器变比；

　　　n_{a2}——电源侧电流互感器变比。

多数情况下电源侧和负荷侧电流互感器变比是相同的，此时：$I_{op2} = K_{rel} I_{op1}$。

② 灵敏度校验　按最小运行方式下保护安装处两相短路能可靠动作进行校验。

灵敏系数 K_{sen} 计算公式为：

$$K_{sen} = 0.866 I_{k.min}/(n_a I_{op}) \tag{5-6}$$

式中　$I_{k.min}$——最小运行方式下保护安装处三相短路电流；

　　　n_a——TA 变比。

要求灵敏度 $K_{sen} \geqslant 2$。

③ 动作时限定值的整定　动作时限与负荷侧限时电流速断保护动作时限配合整定，级差一般取 0.3s。

5.1.3　过流保护

（1）负荷侧过流保护

① 动作电流 I_{op} 按躲过各种运行方式下可能出现的最大工作电流整定，即：

$$I_{op} = K_{rel} I_{max} / (n_a K_r) \tag{5-7}$$

式中　K_{rel}——可靠系数，取 1.1～1.2；

　　　K_r——返回系数，取 0.95；

　　　I_{max}——各种运行方式下可能出现的最大工作电流。

最大工作电流取如下情况的较大值：

a. 一路进线带全所负荷，且在最大负荷时再启动最大一台电动机；

b. 母线所带负荷自启动电流。

② 灵敏度校验　过流保护范围延伸到负荷侧高压配电所配出电缆，按高压配电所配出回路最长电缆末端两相短路进行校验。灵敏系数 K_{sen} 计算公式为：

$$K_{sen} = 0.866 I_k / (n_a I_{op}) \tag{5-8}$$

式中　I_k——最小运行方式下，高压配电所配出回路最长电缆末端三相短路
　　　　　电流；

　　　n_a——TA 变比。

要求 $K_{sen} \geqslant 1.5$。

过流保护范围还能延伸到较大容量配电变压器低压侧，按配电变压器低压侧两相短路进行校验。灵敏系数 K_{sen} 计算公式为：

$$K_{sen} = 0.866 I_k / I_{op} \tag{5-9}$$

式中　I_k——最小运行方式下，配电变压器低压侧三相短路电流。

对灵敏度不做要求，仅作参考，当 $K_{sen} \geqslant 1.2$ 时能起到对配电变压器低压侧的远后备保护作用。

③ 动作时限整定计算　与负荷侧高压配电所配出变压器回路过流保护时限配合，级差一般取 0.3s。

（2）电源侧过流保护

① 动作电流 I_{op2} 按与负荷侧动作电流配合整定，即：

$$I_{op2} = K_{rel} I_{op1} n_{a1} / n_{a2} \tag{5-10}$$

式中　K_{rel}——可靠系数，取 1.05～1.1；

I_{op1}——负荷侧过流保护定值；

n_{a1}——负荷侧电流互感器变比；

n_{a2}——电源侧电流互感器变比。

多数情况下电源侧和负荷侧电流互感器变比是相同的，此时：$I_{op2} = K_{rel}I_{op1}$。

② 灵敏度校验 电源侧过流保护范围为馈线全长，按最小运行方式下负荷侧高压母线两相短路保护能可靠动作校验。灵敏系数 K_{sen} 计算公式为：

$$K_{sen} = 0.866I_k/(n_aI_{op}) \tag{5-11}$$

式中 I_k——最小运行方式下，负荷侧高压母线三相短路电流；

n_a——TA 变比。

要求 $K_{sen} \geq 1.5$。

③ 动作时限整定计算 与负荷侧过流保护时限配合，级差一般取 0.3s。

5.2 线路保护装置工作原理

5.2.1 CSD-213 光纤差动保护装置

CSD-213 光纤差动保护装置是北京四方继保自动化公司产品，该装置适用于 110kV 及以下电压等级的非直接接地系统或小电阻接地系统。

(1) 主要原理与功能

电流差动保护系统构成示意图见图 5-1，图中 M、N 两端均装设 CSD-213 光纤电流差动保护装置，保护与通信终端设备间采用光缆连接。

图 5-1　电流差动保护系统构成示意图

电流差动保护主要功能有：

- 分相式电流差动保护；
- 具有 TA 断线闭锁差动保护功能；
- 具有 TA 饱和检测功能，根据饱和程度自适应抬高制动系数；
- 具有 TA 变比补偿功能，线路两侧可使用变比不同的 TA；
- 可应用于双端电源系统、弱电源系统和 T 接线。

（2）启动元件

① 稳态过流启动　CSD-213 光纤差动保护装置除了有差动保护功能，还有三段式定时限过流保护功能，当这些保护启动时，差动保护随之启动。

② 电流突变启动　部分线路设有两套保护装置，光纤差动保护装置的三段式定时限过流保护退出，由另一套保护装置实现。这种情况就要设置好装置的专门突变量启动电流定值。

③ 对侧报文启动　对侧启动后发启动报文给本侧，本侧收到启动报文后置启动标志，以提供本侧录波及动作跳闸需要。当 M 侧"启动相互闭锁"投入时，两侧本身都要启动才能开放 M 侧差动保护，N 侧类似。

④ 弱馈侧低电压启动　在配电系统中，高压馈线负荷侧通常没有发电机，当高压馈线发生短路故障时，差动电流主要由电源侧提供，负荷侧运行的电动机只会提供短暂的相对较弱的短路电流。高压馈线的负荷侧在差动保护中就属于弱馈侧，无法用过流或电流突变启动差动保护，可以用低电压启动。

（3）动作特性

分相差动的动作曲线见图 5-2，动作方程如下，其中 I_e 为线路负荷额定电流：

① 当 $I_r \leqslant mI_e$ 时 $I_d > I_{cd}$（分相差动定值）时动作；

② 当 $mI_e < I_r < nI_e$ 时 $(I_d - I_{cd}) > 0.5 \times (I_r - mI_e)$ 时动作；

③ 当 $I_r \geqslant nI_e$ 时 $I_d - [0.5 \times (nI_e - mI_e) + I_{cd}] > 0.8 \times (I_r - nI_e)$ 时动作。

上式中：$I_d = |\dot{IM} + \dot{IN}|$，$I_r = |\dot{IM} - \dot{IN}|$

常规三段式折线特性，四个定值（$I_{r1} = 1.2I_e$，$I_{r2} = 3I_e$，I_{set} 和高定值），3 个斜率（0，0.5，0.8）组成 2 拐点 3 折线。当检测到任一相 TA 饱和后，闭锁该相差动保护，非饱和相不受影响；当检测到任一相 TA 断线后，该相差动保护按照高定值动作曲线动作，拐点及斜率均不变，非断线相不受影响。

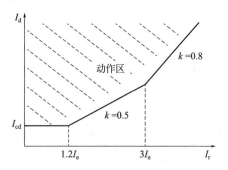

图 5-2　分相差动的动作曲线

（4）差动保护逻辑图

差动保护逻辑图见图 5-3，其中某一相 TA 断线直接闭锁本相的差动保护，投入"TA 断线闭锁差动投入"压板后，某一相 TA 断线会闭锁整个差动保护。

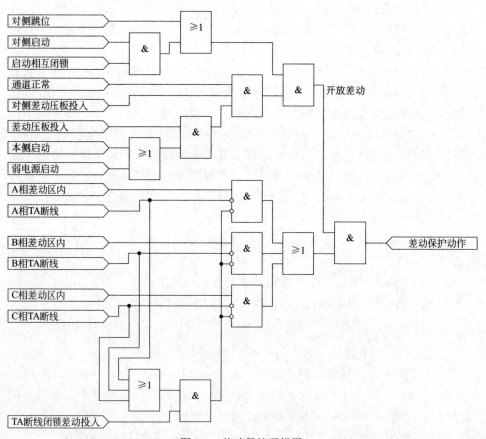

图 5-3　差动保护逻辑图

（5）报警

主要报警功能如下：

① 长期有差流：任一相连续有差流大于 $0.5I_{cd}$ 保持 12s 后报警；

② TA 断线：任一相差流连续 12s 大于 $0.5I_{cd}$，若同时断线相电流小于 $0.05I_n$ 时报警；

③ 差动压板不一致：两侧差动保护压板有一侧未投入时报警；

④ 通道环回长期投入：通道环回属于试验状态，在非检修模式投入时间超过 10min 报警。

5.2.2　PCS-9611D 线路保护装置

(1) 应用范围及功能配置

PCS-9611D 线路保护装置适用于 110kV 及以下电压等级的非直接接地系统或小电阻接地系统中的线路保护及测控。图 5-4 为此型保护装置的典型应用配置。

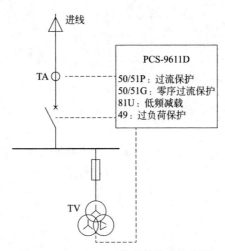

图 5-4　PCS-9611D 典型保护功能配置

PCS-9611D　提供保护功能包括：
- 三段可经方向和复压闭锁的过流保护和一段过流反时限保护；
- 三段零序过流保护以及一段零序过流反时限保护/小电流接地选线；
- 过流加速保护；
- 零序加速保护；
- 低频减载保护；
- 过负荷保护；
- 三相一次重合闸功能。

其中低频减载适用于小电网独立运行情况下使用，对于直接接入电力系统的配电所是不投入的。三相一次重合闸功能主要用于架空线路，对于配电所进线也是不投入的。对于小电流接地系统，零序保护只发报警信号不跳闸。

(2) 过流保护

本装置设三段过流保护和一段独立的过流反时限保护，各段有独立的电流定值和时间定值以及控制字。各段可独立选择是否经复压(低电压和负序电压)闭锁、是否经方向闭锁。方向元件逻辑图见图 5-5，复压元件逻辑图见图 5-6。

在母线 TV 断线时可通过控制字"TV 断线退电流保护"选择此时是退出该段电流保护的复压闭锁和方向闭锁以变成纯过流保护，还是将该电流保护直接退出。此处所指的"电流保护"是指那些投了复压闭锁或者方向闭锁的电流保护段。既没有投复压闭锁也没有投方向闭锁的电流保护段不受此控制字影响。

过流Ⅰ段保护逻辑图见图 5-7，过流Ⅱ段、过流Ⅲ段保护逻辑和过流Ⅰ段保护类似。

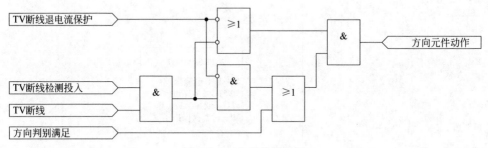

图 5-5　方向元件逻辑图

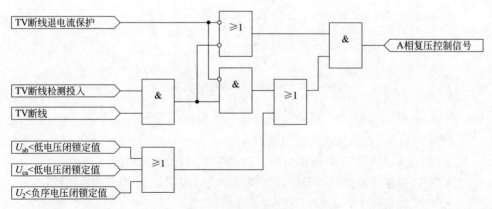

图 5-6　复压元件逻辑图

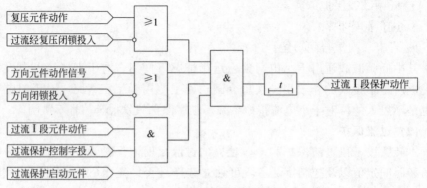

图 5-7　过流Ⅰ段保护逻辑图

（3）过负荷保护

装置设一段独立的过负荷保护，过负荷保护可以经控制字选择是报警还是
跳闸。过负荷出口跳闸后闭锁重合闸。过负荷保护逻辑框图见图 5-8。

图 5-8　过负荷保护逻辑框图

5.2.3　ISA-367G 线路保护测控装置

（1）保护功能

ISA-367G 为线路保护、测控一体化装置，实现输电线路的保护、测控、操
作等功能，常用保护功能如下：

- 带独立的相电流越限记录元件；
- 可独立投退的三段式低电压闭锁方向过电流保护；
- 三相一次自动重合闸；
- 带滑差/无滑差闭锁低周减载；
- 带电压滑差闭锁的低压减载；
- 定时限过电压保护；
- 不接地系统零序方向过流保护；
- 四段直接接地系统零序方向过流保护；
- 过负荷保护。

（2）保护原理

① 相电流越限记录元件　当运行电流大于越限门坎定值时产生越限记录，
包括越限起始时刻、越限持续时间、越限的最大电流，该记录用于扰动分析。
越限定值按躲过最大负荷电流值整定，不确定最大负荷电流时可先按 TA 二次
额定电流整定。

② 过流保护　采用三段式过流保护，即"瞬时电流速断保护"、"限时电流速
断保护"和"定时限过流保护"。各段保护均可选择带低压闭锁和方向环节，各
段保护的电流、时间定值均可独立整定。

低压闭锁相电流后加速保护作为充电保护使用。后加速段有效时间为 3s，
即在断路器由跳位变合位的 3s 时间内无论手合或自动重合闸，后加速保护均有
效。后加速保护应躲过线路所带用户变压器的励磁涌流。

③ 三相一次自动重合闸　重合闸功能用于架空线路，可选择同期检定或无
压检定方式。线路侧电压可接任意相电压和线电压，可通过界面设定线路电压

相别。重合闸采用不对应启动方式，使用内部操作回路提供的断路器位置接点作判断，控制回路断线可选择闭锁重合闸。

④ 低周减载　低周减载设滑差闭锁和无滑差闭锁两段，两段可独立投退，其频率定值及动作时限可单独整定。当输入电压 U_{ab} 小于 20V，或测量频率超出 45～55Hz 有效范围，视为频率测量回路异常，闭锁低周减载。两段低周减载均设有低电压闭锁和无流闭锁环节，其中低电压闭锁功能固定投入，无流闭锁环节可由控制字整定投退。低电压闭锁定值为 20V。无流闭锁定值按躲过最小负荷电流整定(建议取为 0.2A)。

⑤ 低压减载　低压减载设有断路器合位判据和可投退的无流闭锁环节，原理同低周减载，低压减载设置了可投退的电压滑差闭锁元件，为防止 TV 断线引起的低压减载误动，加有"线电压大于 20V"和"负序电压小于 7V"的判据。

⑥ 定时限过电压保护　过压保护取母线(线)电压作判断，保护逻辑中加有断路器合位判据，并可选择发信或跳闸。

⑦ 接地保护(零序过流保护)　对于不接地系统，采用零序方向过流保护，动作于告警或跳闸，其中方向元件可投退；对于直接接地系统，采用四段零序方向过流保护和一段零序过流后加速保护，动作于跳闸。

⑧ 直接接地系统的零序过流保护　直接接地系统的接地保护包括四段零序方向过流和一段零序过流后加速元件，四段保护的逻辑完全相同，四段零序过流保护的方向元件可独立投退。

⑨ 过负荷保护　过负荷保护可通过控制字选择告警或跳闸。动作于跳闸的同时闭锁重合闸。

5.3 高压馈线保护整定算例

5.3.1 高压配电所进线侧算例

(1) 基础资料

① 电气原理图　以柴油加氢 6kV 配电所为例计算进线继电保护定值，柴油加氢 6kV 配电所一次接线图见图 5-9，图中标注了各电气回路负荷容量、额定电流和 TA 变比。

② 运行方式　正常运行方式为 6kV Ⅰ段、Ⅱ段母线分列运行，当某段进线检修时，可以用另一段进线带全所负荷。变压器两台同时运行，当其中一台检修时，另一台可以带全部低压负荷。电动机负荷分 A 和 B，正常运行时一运一备，其中 P101A、P101B 为重要负荷，备电自投后要求自启动，K101A、K101B 不属于重要负荷，所需介质可由工艺系统管网临时提供。

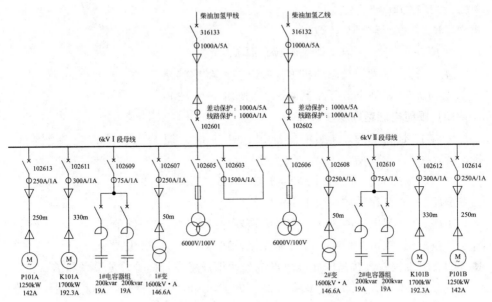

图 5-9　柴油加氢 6kV 配电所一次接线图

③ 短路电流计算结果表　柴油加氢 6kV 配电所三相短路电流计算结果参考
第 2 章的表 2-3 。

④ 配出回路速断保护最大一次值　高压配电所配出回路中，最大容量变压
器的速断保护定值一次值是最大的。1♯变、2♯变的速断保护定值一次值是
2650A，配电变压器保护整定计算过程参考本书第 7 章。

(2) 差动保护计算

差动保护装置型号为 CSD-213，结合差动保护整定原则和差动保护装置说
明书进行整定计算。

① TA 变比补偿系数的整定　线路两端 TA 变比一样时，补偿系数整定
为 1。

② 分相差动定值的整定　分相差动定值 $I_{op} = 0.4I_e = 0.4 \times 5 = 2$(A)

③ 分相差动高值的整定　分相差动高值按躲过区外故障时最大不平衡电流
整定，当 TA 断线时，区外故障最大不平衡电流为 6kV 母线最大运行方式下三
相短路电流。

$$I_{op} = K_{rel}I_{max}/n_a = 1.2 \times 8083/200 = 48.5(A)$$

式中　K_{rel}——可靠系数，取 1.20；

　　　I_{max}——柴油加氢 6kV 母线最大运行方式下三相短路电流；

　　　n_a——差动电流互感器变比：1000A/5A=200。

④ 突变量启动电流的整定　突变量启动电流定值 $I_{op} = K_{rel} K_{st} I_{e.max} / n_a = 1.3 \times 6 \times 192.3 / 200 = 7.5(A)$

式中　K_{rel}——可靠系数，取 1.3；

　　　K_{st}——电动机启动电流倍数，取 6；

　　　$I_{e.max}$——最大容量电动机 K101A 的额定电流；

　　　n_a——差动电流互感器变比：1000A/5A＝200。

（3）限时电流速断保护计算

① 动作电流 I_{op} 按与配电所配出回路中最大速断保护动作电流配合整定，即：

$$I_{op} = K_{rel} I_{max} / n_a = 1.1 \times 2650 / 1000 = 2.92(A)$$

式中　K_{rel}——可靠系数，取 1.1；

　　　I_{max}——配电所配出回路中最大速断保护动作电流一次值；

　　　n_a——线路保护电流互感器变比，1000A/1A＝1000。

② 灵敏度校验　按高压配电所母线处两相短路进行校验，灵敏系数 K_{sen}：

$K_{sen} = 0.866 I_{k.min} / (n_a I_{op}) = 0.866 \times 7203 / (1000 \times 2.92) = 2.13 \geqslant 2$，校验合格

式中　$I_{k.min}$——最小运行方式下配电所高压母线处三相短路电流，7203A；

　　　n_a——线路保护电流互感器变比，1000A/1A＝1000。

③ 动作时限定值的整定计算　动作时限按与配电所配出回路速断保护动作时限 0s 配合整定，取 $t = 0.3$s。

（4）过流保护计算

① 一路进线带全所负荷，且在最大负荷时再启动最大一台电动机时最大工作电流计算：

按全所最大负荷相当于运行 1 台变压器和 2 个电动机运行，最大负荷电流按设备额定电流之和计算：142＋192.3＋146.6＝480.9(A)

此时可能需要切换电动机，切换步骤为先启动备用电动机，运行正常后再停原来运行的电动机，最大功率电动机启机电流按 6 倍额定电流计算：6×192.3＝1153.8(A)

最大电流合计：480.9 ＋ 1153.8＝1634.7(A)

② 一路进线带本段负荷，分段备自投后带另一段所有自启动电动机时最大工作电流计算：

一段母线带 1 台变压器和 1 个电动机运行，同时另一段母线参与自启动的电动机的自启动电流倍数取 5 倍，则最大工作电流为：146.6＋192.3＋5×142＝1048.9（A）

③ 动作电流 $I_{op} = K_{rel} I_{max} / (n_a K_r) = 1.2 \times 1634.7 / (1000 \times 0.95) = 2.1(A)$

式中　K_{rel}——可靠系数，取 1.2；

　　　K_r——返回系数，取 0.95；

　　　I_{max}——最大工作电流取①和②中较大值，1634.7A。

　　　n_a——线路保护电流互感器变比，1000A/1A＝1000。

④ 灵敏度校验　过流保护范围延伸到高压配电所配出电缆，按高压配电所配出回路最长电缆末端两相短路进行校验。

灵敏系数 $K_{sen}=0.866I_{k.min}/(n_aI_{op})=0.866\times6977/(1000\times2.1)=2.88\geqslant$ 1.5，校验合格。

式中　$I_{k.min}$——最小运行方式下配电所配出回路最长线路末端三相短路电流，6977A；

　　　n_a——线路保护电流互感器变比，1000A/1A＝1000。

⑤ 动作时限整定计算　与配电所配出变压器回路过流保护时限 0.5s 配合，取 0.8s。

(5) 保护定值表

柴油加氢配电所进线差动保护（CSD-213）定值表见表 5-1，表中只列出与差动保护有关的定值选项，过流保护没有使用，对应控制字都选退出。进线线路保护（PCS-9611D）定值表见表 5-2，高压馈线的过流保护灵敏度能满足要求，不用投负压闭锁，馈线为单侧电源，不用投方向闭锁，馈线为电缆线路，不用投重合闸，其他未列出的保护功能均退出。

表 5-1　柴油加氢配电所进线差动保护(CSD-213)定值表

	定值选项	整定范围	整定值
控制字	TA 断线闭锁差动	0(退出),1(投入)	1
	TA 饱和闭锁差动	0(退出),1(投入)	1
	弱馈侧低电压启动	0(退出),1(投入)	1
	弱馈相电压低启动	0(退出),1(投入)	1
	启动相互闭锁	0(退出),1(投入)	1
	电流突变量启动	0(退出),1(投入)	1
	差动保护投入	0(退出),1(投入)	1
保护定值	分相差动定值	0.25~100A(I_n=5A)	2A
	分相差动高值	0.25~100A(I_n=5A)	48.5A
	TA 变比补偿系数	0.25~1	1
	突变量启动电流	0.2~10A(I_n=5A)	7.5A

表 5-2　柴油加氢配电所进线线路保护(PCS-9611D)定值表

	定值选项	整定范围	整定值	备注
控制字	过流Ⅰ段投入	0(退出),1(投入)	1	按限时速断整定
	过流Ⅱ段投入	0(退出),1(投入)	1	按过流整定
	过流Ⅲ段投入	0(退出),1(投入)	0	
	过流Ⅰ段经复压闭锁	0(退出),1(投入)	0	
	过流Ⅱ段经复压闭锁	0(退出),1(投入)	0	
	过流Ⅲ段经复压闭锁	0(退出),1(投入)	0	
	过流Ⅰ段经方向闭锁	0(退出),1(投入)	0	
	过流Ⅱ段经方向闭锁	0(退出),1(投入)	0	
	过流Ⅲ段经方向闭锁	0(退出),1(投入)	0	
	TV断线检测投入	0(退出),1(投入)	1	
	重合闸投入	0(退出),1(投入)	0	
保护定值	过流Ⅰ段定值	$0.05\sim30A(I_n=1A)$	2.92A	
	过流Ⅰ段时间	$0.0\sim100.0s$	0.3s	
	过流Ⅱ段定值	$0.05\sim30A(I_n=1A)$	2.1A	
	过流Ⅱ段时间	$0.0\sim100.0s$	0.8s	

5.3.2　主变电所配出侧算例

　　仍以柴油加氢 6kV 配电所为例，计算对应主变电所配出侧的保护定值。主变电所柴油加氢配出回路的差动保护装置也是 CSD-213，保护定值相同，配出侧不属于弱馈侧，所以控制字"弱馈侧低电压启动"和"弱馈相电压低启动"需要退出，其他控制字不变。线路保护装置使用的是 ISA-367G，限时电流速断和过流保护与负荷侧配合整定。

(1) 限时电流速断保护计算

　　① 动作电流 I_{op2} 按与配电所侧动作电流配合整定，即：

$$I_{op2} = K_{rel} I_{op1} n_{a1}/n_{a2} = 1.1 \times 2.92 \times 1000/200 = 16.1(A)$$

式中　K_{rel}——可靠系数，取 1.1；

　　　I_{op1}——负荷侧限时速断保护定值，2.92A；

　　　n_{a1}——负荷侧电流互感器变比，1000A/1A=1000；

　　　n_{a2}——电源侧电流互感器变比，1000A/5A=200。

　　② 灵敏系数 $K_{sen} = 0.866 I_{k.min}/(n_a I_{op}) = 0.866 \times 23373/(200 \times 16.1) = 6.3 \geqslant 2$，校验合格。

式中　$I_{k.min}$——最小运行方式下保护安装处三相短路电流，23373A；

　　　n_a——TA 变比，200；

③ 动作时限与负荷侧限时电流速断保护动作时限 0.3s 配合整定，取 0.6s。

（2）过流保护计算

① 动作电流 I_{op} 按与负荷侧动作电流配合整定，即：

$$I_{op2} = K_{rel} I_{op1} n_{a1} / n_{a2} = 1.1 \times 2.1 \times 1000/200 = 11.6(A)$$

式中　K_{rel}——可靠系数，取 1.1；

　　　I_{op1}——负荷侧过流保护定值，2.1A；

　　　n_{a1}——负荷侧电流互感器变比，1000A/1A＝1000；

　　　n_{a2}——电源侧电流互感器变比，1000A/5A＝200。

② 灵敏系数 $K_{sen} = 0.866 I_{k.min}/(n_a I_{op}) = 0.866 \times 7203/(200 \times 11.6) = 2.7 \geqslant$
1.5，校验合格。

式中　$I_{k.min}$——最小运行方式下线路末端即负荷侧高压母线三相短路电
　　　　　　流，7203A；

　　　n_a——TA 变比，200。

③ 动作时限整定计算

与负荷侧过流保护时限 0.8s 配合，取 1.1s。

（3）保护定值表

主变电所柴油加氢配出回路差动保护（CSD-213）定值表见表 5-3，线路保护（ISA-367G）定值表见表 5-4，表中相电流越限定值可按线路 TA 二次额定电流整定，未使用的保护功能都退出。

表 5-3　柴油加氢配出回路差动保护(CSD-213)定值表

定值选项		整定范围	整定值
控制字	TA 断线闭锁差动	0(退出),1(投入)	1
	TA 饱和闭锁差动	0(退出),1(投入)	1
	弱馈侧低电压启动	0(退出),1(投入)	0
	弱馈相电压低启动	0(退出),1(投入)	0
	启动相互闭锁	0(退出),1(投入)	1
	电流突变量启动	0(退出),1(投入)	1
	差动保护投入	0(退出),1(投入)	1
保护定值	分相差动定值	0.25～100A(I_n=5A)	2A
	分相差动高值	0.25～100A(I_n=5A)	48.5A
	TA 变比补偿系数	0.25～1	1
	突变量启动电流	0.2～10A(I_n=5A)	7.5A

表 5-4 柴油加氢配出回路线路保护(ISA-367G)定值表

保护元件	ISA规约编号	含 义	整定范围及步长	出厂定值	整定值
相电流越限记录	d797	相电流越限电流定值	$0.2I_n \sim 20I_n, 0.01A$	$20I_n$	5A
限时电流速断	* d010	限时电流速断保护投退	退出/投入	退出	投入
	d000	限时电流速断保护电流定值	$0.2I_n \sim 20I_n, 0.01A$	$20I_n$	16.1A
	d001	限时电流速断保护时限定值	$0 \sim 99.99s, 0.01s$	99.99s	0.6s
	* d101	限时电流速断低压闭锁投退	退出/投入	退出	退出
	d176	限时电流速断低压闭锁定值	$10 \sim 129.9V, 0.1V$	129.9V	129.9V
	* d144	限时电流速断方向元件投退	退出/投入	退出	退出
定时限过流	* d012	定时限过流保护投退	退出/投入	退出	投入
	d002	定时限过流保护电流定值	$0.2I_n \sim 20I_n, 0.01A$	$20I_n$	11.6A
	d003	定时限过流保护时限定值	$0 \sim 99.99s, 0.01s$	99.99s	1.1s
	* d102	定时限过流低压闭锁投退	退出/投入	退出	退出
	d177	定时限过流低压闭锁定值	$10 \sim 129.9V, 0.1V$	129.9V	129.9V
	* d145	定时限过流方向元件投退	退出/投入	退出	退出
控制回路断线告警	* d146	控制回路断线告警投退	退出/投入	退出	投入
	* d419	控回断线闭锁重合投退	退出/投入	退出	退出
母线TV断线告警	* d098	TV断线告警投退	退出/投入	退出	投入
	* d108	TV断线闭锁保护投退	退出/投入	退出	退出

第6章 高压分段开关保护整定计算

采用单母线分段接线方式的高压配电所，正常运行方式为两段母线分列运行，分段开关热备用。分段开关一般安装有备自投或快切装置，当两段母线中的一段失电时备自投或快切装置动作，跳开失电母线进线开关，合上分段开关，恢复失电母线的供电。分段开关的备自投装置会配置有过流保护，部分装置还配置充电保护和后加速保护。

6.1 保护配置及其整定计算方法

6.1.1 保护配置

（1）运行方式
分段开关在正常运行方式下断开，需要合分段开关主要有三种情况：
① 两路进线中一路故障或检修，另一路经分段开关带全所负荷，含手动操作及自动操作（备自投或快切）；
② 母线检修后首次送电时可以用运行母线经分段开关给检修后母线充电；
③ 低压配电所倒闸操作时合高压分段开关减轻低压侧环流。
从继电保护角度看，双回路并列运行不属于正常运行方式，应尽量减少双回路并列运行时间。双回路并列运行存在的问题在于，高压配电所配出的变压器回路的速断保护是按躲过最大运行方式下低压侧短路短路电流整定的，双回路并列运行时，系统阻抗更低，变压器低压侧短路电流变大，可能会出现低压分支回路短路造成变压器高压开关速断保护动作的越级跳闸事故，扩大停电范围。还有一个问题是进线开关过流保护是配出回路的后备保护，并列运行时配出回路故障时故障电流会变大，但由于故障电流由两路进线一起提供，从单个进线看故障电流会变小，有可能造成后备保护灵敏度不足，起不到后备保护作用。

（2）保护配合

高压配电所中各级速断保护理想的动作时限配合关系是：高压终端负荷为0s、分段0.3s、进线0.6s，但这样配置的缺点是分段开关不经常运行却占用一级时间差，进线切除故障时限偏长，实际的保护整定是进线0.3s，分段开关不参与保护配合，分段开关的速断保护在合分段开关前投入，合上后退出，称之为充电保护。

备自投后快切装置动作后，如果分段开关合闸到故障点，分段开关应先断开，防止唯一的进线开关0.3s跳闸造成全所失电，这种保护称之为后加速保护。

（3）充电保护

早期的分段开关微机综合保护装置没有充电保护功能，需要人工投退电流速断保护来实现充电保护功能，在分段开关的继电保护定值单中，分段开关部分会有两条运行注意事项：

① 单回线运行或者双回线分列运行时，退出电流速断保护；

② 母线充电时或者双回线并列运行时，投入电流速断保护。

具体解释就是正常双回线分列运行和一段进线带全所负荷时，分段开关的电流速断保护是退出的。母线检修后首次送电时以及低压配电所倒闸操作时合分段开关前要投入限时电流速断保护。要注意的是低压配电所倒闸操作期间，如果高压配电所两路进线开关和分段开关都在合闸位置时，属于双回线并列运行，分段保护应一直投用，直至倒闸操作后高压恢复分列运行才可以退出保护。

在一段进线带全所负荷时要求退出限时电流速断保护，如果不退出，当某终端负荷线路短路时，由于分段开关动作时限和终端负荷保护动作时限都是0s，可能会造成分段开关越级跳闸，引起整段母线失电，扩大停电范围。双回线分列运行时解除限时电流速断保护也是基于同样考虑，因为在双回线分列运行时可能出现系统故障造成快切或备自投动作，自动转换为一段进线带全所负荷的运行方式。

双回线并列运行时，投入分段开关限时电流速断保护是为了防止某段母线故障时造成两路进线同时跳闸，当母线故障时，分段开关0s跳闸，故障母线的进线0.3s跳闸，非故障母线的进线不会跳闸，当某终端负荷线路短路时，终端负荷开关0s跳闸，分段开关也是0s跳闸，对两路进线开关无影响。

（4）后加速保护

新型的备自投装置会接入进线电流信号实现进线有过流闭锁备自投功能，接入带自锁的进线过流保护动作接点，实现进线过流闭锁备自投功能，这些功能可以防止备自投动作后分段开关合闸于故障点，后加速保护功能与此类似，能在闭锁失效情况下使自投到故障母线的分段开关加速跳闸，避免扩大停电范围。

6.1.2　整定计算

(1) 充电保护

当系统故障后备电自投没有成功动作时，需要手动合分段开关恢复供电，此时母线上电动机和电容器回路的开关会因低电压保护动作早已断开，但变压器回路开关不会动作，充电保护动作时限一般取 0s，充电保护过流值要考虑变压器励磁涌流。

① 动作电流 I_{op} 按躲过母线上所有变压器励磁涌流之和整定，即：

$$I_{op} = K_m I_{sum} / n_a \tag{6-1}$$

式中　K_m——励磁涌流倍数，可取 7～12；

　　　I_{sum}——变压器额定电流之和一次值；

　　　n_a—— TA 变比。

② 灵敏度校验　充电保护范围为高压配电所的母线，按高压母线处两相短路能可靠动作进行校验。

灵敏系数 K_{sen} 计算公式为：

$$K_{sen} = 0.866 I_{k.min} / (n_a I_{op}) \tag{6-2}$$

式中　$I_{k.min}$——最小运行方式下高压母线处三相短路电流；

　　　n_a——TA 变比。

要求灵敏度 $K_{sen} \geqslant 2$。

(2) 后加速保护

后加速保护在备自投合分段的情况下自动投入，要考虑变压器励磁涌流和电动机自启动电流对保护的影响。电动机自启动电流倍数按 5 倍计算，当后加速保护时限为 0s 时，变压器励磁涌流倍数按 8 倍计算，如果母线上的变压器数量较多，后加速定值可能偏大，造成灵敏度不满足，这种情况下可将动作时限整定为 0.1s，既能和进线速断的 0.3s 配合，也能躲过变压器励磁涌流和电动机自启动时的非周期分量电流，变压器励磁涌流倍数按 2 倍计算，电动机自启动电流倍数按 4 倍计算。

① 动作电流 I_{op} 按躲过变压器励磁涌流和电动机自启动电流之和整定，即：

$$I_{op} = K_{rel} I_{sum} / (n_a K_r) \tag{6-3}$$

式中　K_{rel}——可靠系数，取 1.1～1.2；

　　　K_r——返回系数，取 0.95；

　　　I_{sum}——变压器励磁涌流和电动机自启动电流之和。

② 灵敏度校验　灵敏度校验与充电保护灵敏度校验相同。

（3）备自投

① 工作电源无压定值可取（0.25～0.30）U_n，U_n为母线电压二次额定值。

② 工作电源与备用电源有压定值可取 $0.7U_n$。

③ 工作电源无压跳闸延时定值宜大于本级线路电源侧后备保护动作时限。

④ 充电时间定值可取 15～25s。

⑤ 母线失压后放电时间定值可取 15s。

⑥ 自动合备用电源断路器合闸延时定值可取 0s。

其中第③项涉及保护配合的问题，无压跳闸延时即通常所说的备自投时间，一般要求备自投前先用低电压保护跳掉电容器回路和不重要电动机回路，低电压保护延时定值宜大于配电所进线电源侧后备保护动作时限，因为要躲开同级其他配电所进线故障切除时间，其他配电所故障造成的低电压在保护动作切除故障点后本配电所母线电压会恢复正常，不能让本配电所低电压保护过早动作。例如配电所进线电源侧后备保护动作时限为 1.1s，电容器回路和不重要电动机回路低电压保护延时定值为 1.5s，备电自投时间为 2.0s。

（4）快切

快切装置的整定基本不需要计算，要把现场实际情况和快切装置的功能结合，对一些不适合的默认参数设置进行修改即可。不同厂家的快切装置参数设置不尽相同，逻辑功能根据实际情况可以调整，没有通用的整定原则。

6.2 备用电源自投装置工作原理

南瑞继保的备用电源自投装置 PCS-9651，可实现各电压等级、不同主接线方式（内桥、单母线、单母线分段及其他方式）的备用电源自投逻辑，此外还具有分段保护测控功能，其中保护功能有定时限过流保护、合闸后加速保护和充电保护。

6.2.1 充电保护原理

分段开关的一种常见操作是某段母线检修后需送电时，由另一段带电母线经分段开关送电，这种送电操作也称给母线充电，此时如果母线有故障或有接地线未拆除，由充电保护迅速切除故障。充电保护逻辑框图见图 6-1，充电保护是一种过流保护，在分段开关手动或遥控合闸后 3s 内，如果分段的任一相电流大于充电保护电流定值，则经相应的整定时间后跳分段开关。

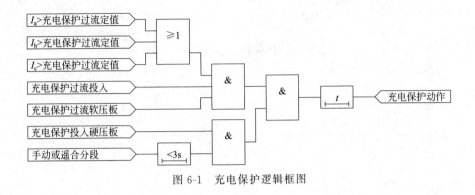

图 6-1　充电保护逻辑框图

6.2.2　后加速保护原理

　　分段开关备电自投有进线过流闭锁功能，防止自投到故障母线造成电力系统二次波动。后加速保护功能与此类似，能在闭锁失效情况下使自投到故障母线的分段开关加速跳闸，减轻电力系统波动。后加速保护逻辑框图见图 6-2，手合于故障或备自投动作合闸于故障加速跳，该保护开放时间为 3s。在此期间内，加速保护启动，则一直开放到故障切除。

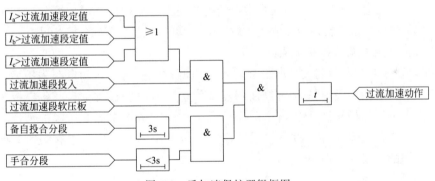

图 6-2　后加速保护逻辑框图

6.2.3　备用电源自投原理

　　备用电源自投示意图见图 6-3，装置采集两段进线的电流、两段母线的电压和 3 组开关的位置，经内部逻辑判断控制 3 组开关的合、跳闸，进而实现备自投功能。

（1）备用电源自投装置工作原理

　　备用电源自投的典型应用方式有两种：电源备自投和分段备自投。电源备自投对应于装置的自投方式 1 和自投方式 2，运行方式为分段开关 3DL 始终在

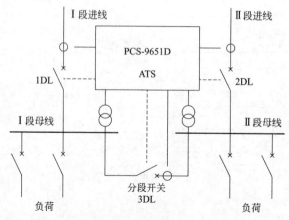

图 6-3　备用电源自投示意图

合位，进线开关1运1备，当运行进线无压时，跳开运行进线开关，合上备用进线开关。分段备自投对应于装置的自投方式3和自投方式4，运行方式为分段开关3DL热备用，2个进线开关运行，当某段母线无压时，跳开该母线进线开关，合上分段开关。

　　电源备自投多用于单母线接线方式，分段备自投则用于单母分段接线方式下两段母线分列运行的情况，是最为常用的备自投方式。自投方式3对应于I段母失电情况下的分段备自投，自投方式4对应于II段母失电情况下的分段备自投。

（2）备用电源自投基本原则

　　① 只有工作电源确实被断开后，备用电源才能投入。工作电源失压后，备自投启动延时到后总是先跳进线断路器，确认该断路器在跳位后，备自投逻辑才进行下去。这样可防止备自投动作后合于故障或备用电源倒送电的情况。但故障不应由备自投切除，故备自投动作跳工作电源的时限应长于有关所有保护和重合闸的最长动作时限。

　　② 备自投备用对象故障，应闭锁备自投。如高压配电所母线故障，引起配电所进线保护动作，以及高压配电所出线故障而出线保护拒动，引起配电所进线后备保护动作，都会造成母线失压，此时应加入配电所进线保护动作闭锁分段备自投。

　　③ 备自投延时是为了躲母线电压短暂下降，故备自投延时应大于最长的外部故障切除时间。因配电所进线光纤差动保护动作而引起母线失压时，可不经延时直接跳开断路器，以加速合备用电源。

　　④ 人工切除工作电源时，备自投不应动作。本装置引入各工作断路器的合后接点，就地或远控跳断路器时，其合后接点断开，备自投退出。若无法引入合后接点，在人工切除工作电源前，应保证备自投退出工作，可以用手动切换

开关退出，或解开相应出口压板，或由整定退出。

　　⑤ 备用电源不满足有压条件时，备自投不应动作。

(3) 分段备自投逻辑

自投方式 3 逻辑框图见图 6-4，自投方式 4 逻辑框图与自投方式 3 逻辑框图类似。

　　① 充电条件：

　　a. Ⅰ母、Ⅱ母均三相有压；

　　b. 1DL、2DL 在合位，3DL 在分位；

　　c. 经定值"备自投充电时间"后充电完成。

　　② 自投方式 3（Ⅰ母失电）放电条件：

　　a. 自投发出合闸命令或 3DL 在合位；

　　b. Ⅰ、Ⅱ母均不满足有压条件(三线电压均小于 U_{yy})，延时 15s；

　　c. 本装置没有跳闸出口时，合后位置开入(开关量输入，简称开入)KKJ1 或
　　　KKJ2 变为 0(本条件可由用户退出，即"合后位置接入"控制字整定为 0)；

　　d. 有"闭锁自投方式 3"或"闭锁备自投"开入；

　　e. 1DL、2DL 或 3DL 的 TWJ 异常，或弹簧未储能报警；

　　f. 1DL 开关拒跳；

　　g. 整定控制字或软压板不允许Ⅰ母失电分段自投。

　　③ 自投方式 3（Ⅰ母失电）动作过程：

　　当充电完成后，Ⅰ母无压、I_1 无流，Ⅱ母有压，则启动，经跳闸延时，跳开关 1DL。确认 1DL 跳开后，且Ⅰ母无压经合闸延时(一般设为 0s)合分段开关 3DL。

　　④ 自投方式 4（Ⅱ母失电）放电条件：

　　a. 自投发出合闸命令或 3DL 在合位；

　　b. Ⅰ、Ⅱ母均不满足有压条件(三线电压均小于 U_{yy})，延时 15s；

　　c. 本装置没有跳闸出口时，合后位置开入 KKJ1 或 KKJ2 变为 0(本条件可
　　　由用户退出，即"合后位置接入"控制字整定为 0)；

　　d. 有"闭锁自投方式 4"或"闭锁备自投"开入；

　　e. 1DL、2DL 或 3DL 的 TWJ 异常，或弹簧未储能报警；

　　f. 2DL 开关拒跳；

　　g. 整定控制字或软压板不允许Ⅱ母失电分段自投。

　　⑤ 自投方式 4（Ⅱ母失电）动作过程：当充电完成后，Ⅱ母无压、I_2 无流，Ⅰ母有压，则启动，经跳闸延时，跳开关 2DL。确认 2DL 跳开后，且Ⅱ母无压经合闸延时(一般设为 0s) 合分段开关 3DL。

　　⑥ 若"加速备自投方式 3 和 4"控制字投入，当备自投启动后，若 1DL 或 2DL 主动跳开，则不经延时空跳 1DL 或 2DL 以及需要联切的开关，其后逻辑同上。

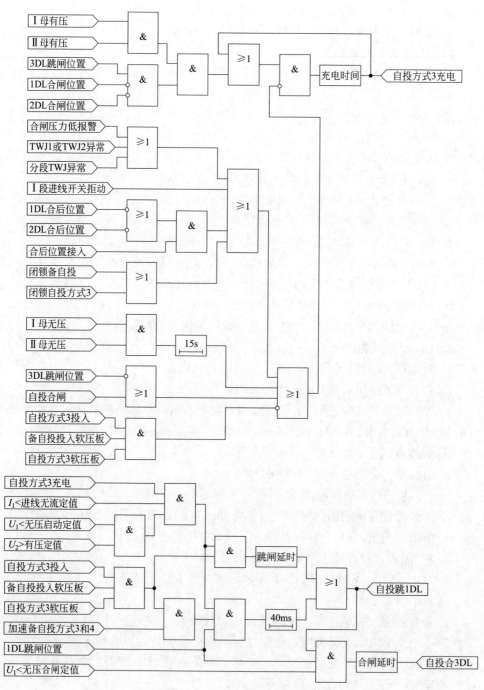

图 6-4 自投方式 3 逻辑框图

6.3 电源快速切换装置工作原理

电源快速切换装置简称快切装置，相当于是备用电源自投装置的升级产品，在炼化、冶金等要求连续供电的企业应用较广泛。电源自投装置要等母线失压后才动作，会损失部分负荷，造成生产波动，而电源快速切换装置在母线电压波动时就会动作，并且可以不等进线断开直接合分段开关，理想情况下能实现无扰动切换。

MFC5103A 电源快速切换装置，是江苏金智的新型自动切换装置，在切换过程中，实时跟踪开关两侧电源的电压、频率和相位，并提供了多种可靠的启动方式和切换实现方式，能够保证快速安全的投入备用电源，同时不会对电动机造成大的冲击。

6.3.1 切换功能

(1) 启动方式

MFC5103A 装置可提供手动启动、保护启动、误跳启动、失压启动、无流启动、逆功率启动和频压启动方式，各种启动方式可通过定值中控制字投退。

① 手动启动　手动启动方式多用于进线检修或故障后进线恢复时使用，由人工通过开入量启动装置的切换功能。对单母分段运行方式，手动启动可以实现 1DL 到 3DL 之间的互相切换，也可以实现 2DL 和 3DL 之间的互相切换。

② 保护启动　将线路电源侧设备的快速主保护如光纤差动保护接点引入到快切装置中，系统正常运行时，一旦检测到电源侧主保护动作，MFC5103A 装置立即启动切换，断开故障线路，投入备用电源。

③误跳启动　当系统正常运行时，若本处于合位的开关跳开且进线无流，则装置启动切换，合上另一侧电源以保证母线供电。

④失压启动　装置提供失压检进线电压和失压检进线电流两种判据供用户选择，并通过"失压启动检进线 U"控制字来进行选择。当"失压启动检进线 U"控制字为 1 时，如果装置检测到母线三相电压与进线电压均低于失压启动整定值，则经整定延时装置启动切换功能。当"失压启动检进线 U"控制字为 0 时，如果检测到母线三相电压均低于失压启动整定值且进线无流，经整定延时装置启动切换功能。

有些快切装置是低电压启动，与失压启动的区别是不检查进线电流，只要低电压就启动，适用于两路进线来自独立的两路电源的主变电所。

⑤ 无流启动　当装置检测到进线电流从有流(大于无流启动整定值)到无流

（小于无流启动整定值），且母线频率小于无流启动频率定值时，装置经整定延时启动切换功能。无流启动方式主要用于进线本侧保护无法接入到装置的情形。当进线发生故障且被其他保护（可能是对侧的保护）跳开时，进线电流必然呈下降趋势，同时频率也会下降。

⑥ 逆功率启动　当无进线快速保护接点启动装置切换时，用此启动判据可实现故障情况下的快速切换。

⑦ 频压启动　频压启动主要用于进线运行电流很小、甚至可能向电网送电等无流启动和逆功率启动不适合应用的场合，基本思想是当进线电源因各种原因消失后，工作负荷孤网运行，工作母线的频率会偏离工频。

单母分段运行方式下，各种启动方式以及运行状态之间的转换详见图 6-5。

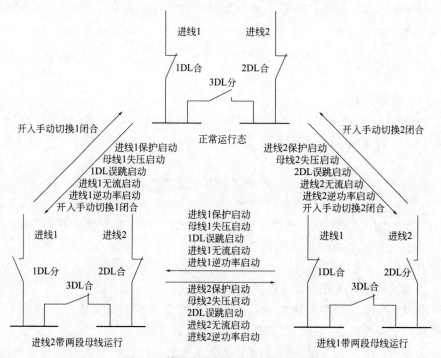

图 6-5　单母分段方式下运行状态转换

（2）切换方式

装置在启动后，会按照一定的顺序操作工作电源开关和备用电电源开关。在快切原理中，名词"切换方式"用来描述不同开关操作顺序。MFC5103A 提供的切换方式包括：并联、串联和同时方式。以下以单母分段运行方式为例，对各种切换方式简单说明。

① 并联切换　并联切换只能以手动启动方式触发。以从 1DL 并联切换到 3DL 为例。手动启动后，若并联条件满足（条件为：开关两侧的频差、相差、压

差分别小于定值并联切换频差、并联切换相差、并联切换压差）装置先合上
3DL 开关，此时进线 1、进线 2 两个电源短时并列，经整定延时（并联跳闸延时）
后装置再跳开 1DL。如在这段延时内，刚合上的 3DL 被跳开（如保护动作跳开
3DL），则切换结束，装置不再跳开 1DL，以免停电范围扩大。若 1DL 拒跳，则
装置会去跳开 3DL 开关，以避免两个电源长时间并列。若手动启动后并联切换
条件不满足，装置将立即闭锁并进入等待复归状态。并联切换方式适用于正常
情况下同频系统的两个电源之间的切换，可用于进线检修时的人工倒闸或故障
后手动恢复。

　　② 串联切换　仍以从 1DL 切换到 3DL 为例。装置启动后，先跳开 1DL 开
关，在确认 1DL 跳开后，再根据合闸条件发出合分段开关 3DL 命令。若 1DL 拒
跳，则切换过程结束，装置不再合 3DL。串联切换多用于事故情况下自动切换。
串联切换可以有以下几种合闸方式（亦称实现方式）：快速切换、同期捕捉切换、
残压切换、长延时切换。当快速切换条件不满足时可自动转入同期捕捉、残压、
长延时等切换条件的判别。

　　③ 同时切换　仍以从 1DL 切换到 3DL 为例。装置启动后，先发出跳 1DL
开关命令，然后经一整定的同时切换合闸延时，再根据合闸条件发出合 3DL 的
命令。若最终 1DL 拒跳，则装置会去跳开 3DL 开关，以避免两个电源长时间并
列。同时切换与串联切换相比，不需要确认 1DL 已跳开再判断 3DL 合闸条件，
只要经过一个延时，即去判断 3DL 合闸条件，目的是使得母线断电时间尽量缩
短。同时切换可以有以下几种合闸方式（亦称实现方式）：快速切换、同期捕捉
切换、残压切换、长延时切换。当快速切换条件不满足时可自动转入同期捕捉、
残压、长延时等切换条件的判别。

(3) 合闸方式

　　在快切原理中，名词"合闸方式"用来描述合备用开关的合闸条件。装置在
启动后，会按照预定的切换方式跳工作开关和合备用开关。无论哪种切换方式
都涉及合备用开关的操作。MFC5103A 提供的实现方式包括：快速合闸、同期
捕捉合闸、残压合闸、长延时合闸。以下对这几种实现方式做简单介绍。

　　① 快速合闸　快速合闸是最理想的一种合闸方式，既能保证电动机安全，
又不使电动机转速下降太多。在并联切换方式下，实现快速合闸条件为：母线
和待并侧电源压差 $|du|$ ＜"并联切换压差"，且频差 $|df|$ ＜"并联切换频差"，
且相差 $|dq|$ ＜"并联切换相差"。在串联或同时切换方式下，实现快速合闸的
条件为：母线和待并侧电源频差 $|df|$ ＜"快速合闸频差"且相差 $|dq|$ ＜"快
速合闸相差"。快速合闸是速度最快的合闸方式。

　　② 同期捕捉合闸　当快速合闸不成功时，同期捕捉合闸是一种最佳的后备
切换方式。同期捕捉合闸的原理是实时跟踪母线电压和备用电压的频差和角差

变化，以同相点作为合闸目标点。

③ 残压合闸　当母线电压衰减到 20%～40%实现的切换称为残压合闸。残压合闸虽能保证电动机安全，但由于停电时间过长，电动机自启动成功与否、自启动时间等会受到较大限制。残压合闸的实现条件为：母线电压＜"残压合闸电压幅值"。

④ 长延时合闸　当备用侧容量不足以承担全部负载，甚至不足以承担通过残压合闸过去的负载自启动，只能考虑长延时合闸，长延时合闸的实现条件为：装置启动后延时＞"长延时整定值"，长延时整定值大于电动机低电压保护的最长时间。

当备用侧容量足以承担电动机自启动，长延时可按备自投时限整定。

(4) 切换功能图

MFC5103A 提供 6 种启动方式。手动启动时支持并联、串联、同时三种切换方式。其他 4 种启动方式只支持串联或同时方式。并联方式只有快切合闸方式，串联和同时支持快速、同捕、残压和长延时 4 种合闸方式。图 6-6 是MFC5103A 切换功能图。

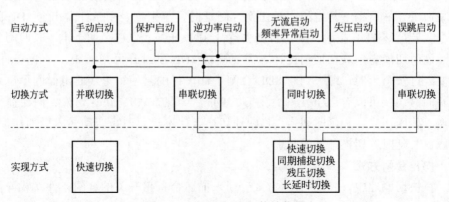

图 6-6　MFC5103A 切换功能图

6.3.2　切换逻辑

分段方式下切换逻辑有 6 种，常用的切换方式为开关 1 到 3 切换和开关 2 到3 切换，其切换逻辑如下。

(1) 开关 1 到 3 切换

充电条件：Ⅰ母、Ⅱ母三相有压；1DL 合、2DL 合，3DL 分；保护启动、手动启动接点未闭合。经过 10s 后充电完成。

放电条件：

• 控制字"1→3 切换启动"设为退出；

- 开入"保护闭锁"闭合；
- 定值"快速合闸"、"同捕合闸"、"残压合闸"和"长延时合闸"都退出；
- 开入"闭锁切换 1"闭合；
- 开入"闭锁切换 2"闭合；
- 分段保护动作；
- 1DL、2DL、3DL 位置异常；
- 方向过流闭锁；
- 手跳 1DL 或 2DL(KKJ1 或 KKJ2 变位 0)(本条件可由用户退出，即"手跳不闭锁"控制字为 1)；
- 3DL 在合位；
- Ⅰ母Ⅱ母均无压(小于"失压启动定值")，延时 15s；
- 控制回路断线；
- 测频通道故障(电压大于 15%，但频率不在 30~65Hz 之间)，延时 10s。

启动条件：

当 1→3 切换启动投入、Ⅱ母有压(大于等于"有压定值")，下列任一条件满足。

- Ⅰ、Ⅱ母未断线且开入"保护启动 1"闭合；
- Ⅰ、Ⅱ母未断线且 1DL 变位启动；
- Ⅰ、Ⅱ母未断线且 1#线路无流启动；
- Ⅰ母线失压启动；
- Ⅰ母线频压异常启动；
- Ⅰ、Ⅱ母未断线且 1#线路逆功率启动；
- Ⅰ、Ⅱ母未断线且开入"手动启动 1"闭合；

动作过程：

若启动方式为手动启动，则按定值"手动切换并联"的设定(0 表示串联；1 表示并联)进行切换，其他启动方式则按定值"故障切换串联"的设定(0 表示同时；1 表示串联)进行切换。

(2) 开关 2 到 3 切换

充电条件：Ⅰ母、Ⅱ母三相有压；1DL 合、2DL 合，3DL 分；保护启动、手动启动接点未闭合。经过 10s 后充电完成。

放电条件：

- 控制字"2→3 切换启动"设为退出；
- 开入"保护闭锁"闭合；
- 定值"快速合闸"、"同捕合闸"、"残压合闸"和"长延时合闸"都退出；
- 开入"闭锁切换 1"闭合；

- 开入"闭锁切换 2"闭合；
- 分段保护动作；
- 1DL、2DL、3DL 位置异常；
- 方向过流闭锁；
- 手跳 1DL 或 2DL(KKJ1 或 KKJ2 变位 0)(本条件可由用户退出，即"手跳不闭锁"控制字为 1)；
- 3DL 在合位；
- Ⅰ母线Ⅱ母线均无压(小于"失压启动定值")，延时 15s；
- 控制回路断线；
- 测频通道故障(电压大于 15%，但频率不在 30～65Hz 之间)，延时 10s。

启动条件：

当 2→3 切换启动投入、Ⅰ母有压(大于等于"有压定值")，下列任一条件满足。

- Ⅰ、Ⅱ母未断线开入"保护启动 2"闭合；
- Ⅰ、Ⅱ母未断线 2DL 变位启动；
- Ⅰ、Ⅱ母未断线 2#线路无流启动；
- Ⅱ母线失压启动；
- Ⅱ母线频压异常启动；
- Ⅰ、Ⅱ母未断线 2#线路逆功率启动；
- Ⅰ、Ⅱ母未断线开入"手动启动 2"闭合。

动作过程：

若启动方式为手动启动，则按定值"手动切换并联"的设定(0 表示串联；1 表示并联)进行切换，其他启动方式则按定值"故障切换串联"的设定(0 表示同时；1 表示串联)进行切换。

6.3.3 保护功能

MFC5103A 装置提供了分段保护功能：两段经低压闭锁的过流保护和后加速保护。

过流Ⅰ段保护逻辑图见图 6-7，过流Ⅱ段与之相似，低压闭锁功能可通过软压板投退。

为防止电源切换后合闸于故障线路，装置提供了后加速保护功能，后加速保护逻辑图见图 6-8。在分段开关合闸后，后加速保护投入 5s。

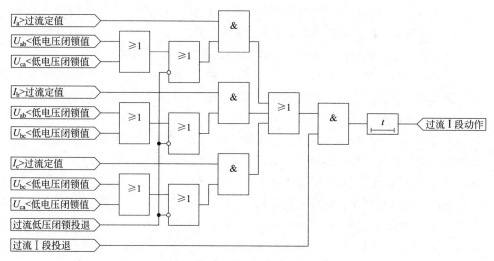

图 6-7　过流Ⅰ段保护逻辑图

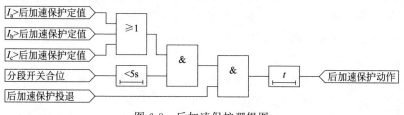

图 6-8　后加速保护逻辑图

6.3.4　去耦合功能

切换过程中如发现整定时间内该合上的开关已合上，但该跳开的开关未跳开，装置将执行去耦合功能，即跳开刚合上的开关，以避免两个电源长时并列。以开关 1 到 3 切换为例，同时切换或并联切换中，1DL 切换到 3DL，若 3DL 开关正常合上，但是 1DL 开关没有能跳开，装置此时会跳开刚刚合上的 3DL 开关，此功能称为去耦合功能，该功能可通过软压板投退。

6.3.5　定值参数整定

(1) 并联切换压差、频差、相差、延时

并联切换定值的整定以尽量减小合闸环流对电气设备的冲击为准，可分别取 $15\%U_n$、$0.10\mathrm{Hz}$、$15°$、$0.50\mathrm{s}$。

(2) 快速合闸频差、快速合闸相差

如果合闸方式为快速合闸，则当待合开关两侧的频差和相差小于快速合闸频差、快速合闸相差，装置发合闸命令。快速合闸频差定值一般取 1.0～1.5Hz，快速合闸相差定值整定范围一般为 20～45°。

(3) 开关 1 合闸时间、开关 2 合闸时间、开关 3 合闸时间

分别由进线 1 开关、进线 2 开关、分段开关合闸回路的总时间来确定。若无试验数据也可整定为：开关标称合闸时间＋8ms(考虑装置出口回路的时间)。

(4) 无流定值

本定值用于失压启动判别逻辑、无流启动逻辑、TV 断线判别逻辑以及开关误跳辅助判别逻辑。如无实际负荷数据，则一般整定为：$0.06I_n$(I_n 为 TA 二次额定值 1 或 5A，本定值以 A 为单位计)。

(5) 无流启动频率、无流启动延时

无流启动逻辑：当进线电流小于无流定值且母线频率小于无流启动频率且持续时间超过无流启动延时，则装置进入进线无流启动逻辑。无流启动主要解决进线远端对侧开关跳开时的启动问题。无流启动频率：按躲过进线 1、进线 2 两个电源正常运行时出现的最小频率整定，可取 49.40～49.90Hz。无流启动延时，该延时用于和上一级快切装置无流启动延时配合，第一级装置可取 20ms。

(6) 逆功率启动延时、逆功率电压定值

逆功率启动主要解决进线快速保护接点无法输入到快切装置情况下的快速启动问题，也可用来解决对侧变电所相邻线路故障时的快速启动问题。逆功率启动延时按躲过"相邻线路主保护的动作时限＋该进线开关的跳开时间"整定。默认值可取 100ms。逆功率电压定值主要用来防止相邻线路故障时快切装置频繁启动，一般可取 90%。

(7) 初始相角 1、初始相角 2

用于补偿因接线等原因导致的母线电压和进线电压之间产生的固定相角差。

(8) 方向过流闭锁定值

该定值主要用于当母线及母线出线发生故障时能闭锁快切装置。该定值应按躲过最大负荷电流整定，如无实际数据，可按 $1.2I_n$ 整定(I_n＝1A 或 5A。本定值以 A 为单位计)。此功能要求进线接入 3 相电流。

(9) 频压启动频差、频压启动延时

频压启动定值。

(10) 分段保护定值

如果有其他保护装置实现了分段保护，本装置的保护功能可以都设为"0"，退出分段保护。如要使用本装置的分段保护，建议过流保护退出，只使用后加速保护，整定计算原则同备用电源自投装置的后加速保护。

(11) 切换控制字

① 手动切换并联　取值 0/1。0 表示手动启动切换时采用串联方式；1 表示

采用并联方式。手动启动指通过开入"手动切换 1"或"手动切换 2"来启动装置
切换。

②故障切换串联　取值 0/1。0 表示故障启动切换时采用同时方式；1 表示
采用串联方式。一般采用串联切换。故障切换指：无流启动、失压启动、变位
启动、保护启动、逆功率启动。

③ 1→2 切换启动、2→1 切换启动　1→2 表示进线 1 到进线 2 的切换，2→
1 表示进线 2 到进线 1 的切换。此二控制字用于进线互投功能的投退。既可以用
于单母接线也可用于单母分段接线场合。

④ 1→3、2→3、3→1、3→2 切换启动　用于单母分段接线方式下切换控
制。1→3 表示进线 1 到分段的切换，2→3 表示进线 2 到分段切换；3→1 表示分
段到进线 1 的切换，3→2 表示分段到进线 2 的切换。

⑤快速合闸、同捕合闸、残压合闸、长延时合闸　用于控制 4 种合闸方式
是否投入。

⑥失压启动、无流启动、逆功率启动、频压启动　用于控制 4 种启动方式
是否投入。逆功率启动一般在如下场合中投入：

　a. 进线的快速主保护接点无法引入到快切装置，即装置无法通过开入"保护
　　启动 1"或"保护启动 2"来快速启动切换；

　b. 对侧变电所相邻线路故障且其主保护拒动时，用户希望快切装置能快速
　　启动。

⑦手跳不闭锁　取值 0/1。0 表示手跳开关时闭锁快切装置；1 表示手跳开
关时不闭锁快切装置，这种情况下操作前应退出快切装置，否则快切装置会动
作，优点是当有人员误操作停进线时，快切装置会自动合上分段开关。若现场
无 KKJ 输入，则该定值应设为 1。

⑧检后备电压：取值 0/1。用于控制启动时是否判断后备电压异常。

⑨方向过流切换闭锁：取值 0/1。该控制字用于决定方向过流闭锁是否投
入。一般而言，当无进线保护闭锁接点时，可投本闭锁方式。

⑩失压启动检进线 U：该控制字影响 TV 断线和失压启动逻辑。

6.4 分段开关保护整定算例

6.4.1 备用电源自投装置整定算例

（1）基础资料

基础资料同第 5 章高压配电所进线侧算例，备用电源自投装置使用南瑞继
保的 PCS-9651。

(2) 充电保护

① 充电保护过流值按躲过变压器励磁涌流整定

$$I_{op} = K_{rel} I_{max} / n_a = 1.3 \times 8 \times 146.6/1500 = 1(A)$$

式中　K_{rel}——可靠系数，取 1.3；

　　　I_{max}——变压器励磁涌流；

　　　n_a——TA 变比。

② 灵敏度校验　灵敏系数 $K_{sen} = 0.866 I_{k.min} / (n_a I_{op}) = 0.866 \times 7203/(1500 \times 1) = 4.1 \geqslant 2$ 合格

式中　$I_{k.min}$——最小运行方式下高压母线处三相短路电流；

　　　n_a——TA 变比。

③ 动作时限定值的整定计算　动作时限按 0s 整定。

(3) 后加速保护

① 后加速保护过流值按躲过变压器励磁涌流加上电动机自启动电流整定

$$I_{op} = K_{rel} I_{max} / n_a = 1.3 \times (8 \times 146.6 + 5 \times 142)/1500 = 1.7(A)$$

式中　K_{rel}——可靠系数，取 1.3；

　　　I_{max}——变压器励磁涌流加上电动机自启动电流；

　　　n_a——TA 变比。

② 灵敏度校验　灵敏系数 $K_{sen} = I_{k.min}/(n_a I_{op}) = 0.866 \times 7203/(1500 \times 1.7) = 2.4 \geqslant 2$ 合格

式中　$I_{k.min}$——最小运行方式下高压母线处三相短路电流；

　　　n_a——TA 变比。

③ 动作时限定值的整定计算　动作时限按 0s 整定。

(4) 备用电源自投参数

① 无压启动定值取：$0.25 U_n = 0.25 \times 100 = 25(V)$

② 无压合闸定值取：$0.20 U_n = 0.20 \times 100 = 20(V)$

③ 进线无流定值：$0.06 I_n = 0.06 \times 5 = 0.3(A)$

④ 有压定值取：$0.7 U_n = 0.7 \times 100 = 70(V)$

⑤ 方式 3、方式 4 跳闸时间：2s

⑥ 充电时间：15s

⑦ 母线失压后放电时间：15s

⑧ 方式 3、方式 4 合闸时间：0s

(5) 保护定值表

分段保护定值表见表 6-1，过流保护和零序过流保护未投，表中没有列出，只投入了充电保护和过流加速保护。备自投定值表见表 6-2，表中列出了全部定值选项，整定值空白的保留默认值。

表 6-1   分段保护定值表

定值选项	整定范围	单位	整定值
过流加速段定值	$(0.05 \sim 30)I_n$	A	1
过流加速段时间	$0 \sim 100$	s	0
充电保护过流定值	$(0.05 \sim 30)I_n$	A	1.7
充电保护过流时间	$0 \sim 100$	s	0
过流加速段经复压闭锁	0,1		0
过流加速段投入	0,1		1
充电保护过流经复压闭锁	0,1		0
充电保护过流投入	0,1		1

表 6-2   备自投定值表

定值选项	整定范围	单位	整定值
备自投充电时间	$0 \sim 30$	s	15
有压定值	$2 \sim 120$	V	70
无压启动定值	$2 \sim 80$	V	25
无压合闸定值	$2 \sim 80$	V	20
进线无流定值	$0.02 \sim 10$	A	0.3
方式 1 跳闸时间	$0 \sim 30$	s	
方式 2 跳闸时间	$0 \sim 30$	s	
方式 3 跳闸时间	$0 \sim 30$	s	2
方式 4 跳闸时间	$0 \sim 30$	s	2
方式 12 合闸短延时	$0 \sim 30$	s	
方式 12 合闸长延时	$0 \sim 30$	s	
方式 34 合闸时间	$0 \sim 30$	s	0
电源 1 过负荷减载电流定值	$0.05 \sim 30$	A	
电源 2 过负荷减载电流定值	$0.05 \sim 30$	A	
过负荷第一轮减载时间	$0 \sim 3600$	s	
过负荷第二轮减载时间	$0 \sim 3600$	s	
过负荷第三轮减载时间	$0 \sim 3600$	s	
自投方式 1 投入	0,1		0
自投方式 2 投入	0,1		0
自投方式 3 投入	0,1		1

续表

定值选项	整定范围	单位	整定值
自投方式 4 投入	0,1		1
线路电压 1 检查	0,1		0
线路电压 2 检查	0,1		0
联跳 I 母开关	0,1		0
联跳 II 母开关	0,1		0
检 I 母联跳开关位置	0,1		0
检 II 母联跳开关位置	0,1		0
加速备自投方式 1 和 2	0,1		0
加速备自投方式 3 和 4	0,1		1
合后位置接入	0,1		0
电源 1 过负荷减载投入	0,1		0
电源 2 过负荷减载投入	0,1		0

6.4.2　电源快速切换装置整定算例

(1) 基础资料

某高压配电所使用 MFC5103A 电源快速切换装置，进线 TA 二次额定电流 $I_n=5A$，母线 TV 二次额定电压 $U_n=100V$，分段开关已有综合保护装置，但没有备自投装置，不使用快切装置的过流保护功能。

(2) 整定计算

快切装置定值表见表 6-3，表中列出了全部定值选项，多数整定值按默认值整定，需更改定值加粗显示。其中开关合闸时间按实际试验数据进行调整，无流定值按 $0.06I_n$ 整定，进线过流闭锁值按 $1.2I_n$ 整定，长延时定值按备自投跳闸时间整定。故障切换串联选项改为同时切换，长延时合闸投入，按备自投功能使用。

表 6-3　快切装置定值表

定值选项	整定范围	缺省值	整定值
并联切换压差	0.00～20.00%	15.00	15.00
并联切换频差	0.02～0.50Hz	0.10	0.10
并联切换相差	0.5～20.0°	15.00	15.00
并联跳闸延时	0.06～5.00s	0.50	0.50

续表

定值选项	整定范围	缺省值	整定值
同时切换合延时	1.00～500.00ms	50.00	**30.00**
快速合闸频差	0.10～3.00Hz	1.50	1.50
快速合闸相差	0.50～60.00°	30.00	30.00
开关 1 合闸时间	5.00～150.00ms	50.00	**60.00**
开关 2 合闸时间	5.00～150.00ms	50.00	**60.00**
开关 3 合闸时间	5.00～150.00ms	50.00	**60.00**
残压合闸定值	20.00～60.00%	25.00	25.00
长延时定值	0.50～10.00s	9.00	**2.00**
失压启动定值	20.00～90.00%	40.00	40.00
失压启动延时	0.10～5.00s	1.00	1.00
无流启动频率	49.40～49.90Hz	49.80	**49.50**
无流定值	0.02～5.00A	$0.06I_n$	**0.3**
无流启动延时	0.02～5.00s	0.02	0.02
逆功率启动延时	0.02～5.00s	0.10	0.10
逆功率电压定值	80.00～100.00%	90.00	90.00
有压定值	70.00～100.00%	85.00	**75.00**
初始相角差 1	0.00～360.00°	0.00	0.00
初始相角差 2	0.00～360.00°	0.00	0.00
方向过流闭锁值	0.10～100.00A	$1.2I_n$	**6.00**
频压启动频差	0.05～5.00Hz	0.50	0.50
频压启动延时	0.02～5.00s	0.10	0.10
过流一段定值	0.20～100.00A	15.00	15.00
过流一段时间	0.00～10.00s	0.1	0.1
低电压闭锁值	10.00～90.00%	70.00	70.00
过流二段定值	0.20～100.00A	6.00	6.00
过流二段时间	0.10～100.00s	1.00	1.00
后加速定值	0.20～100.00A	15.00	15.00
后加速时间	0.00～4.00s	0.10	0.10
手动切换并联	0:串联;1:并联	1	1
故障切换串联	0:同时;1:串联	1	**0**

续表

定值选项	整定范围	缺省值	整定值
1→2 切换启动	0:退出;1:投入	0	0
2→1 切换启动	0:退出;1:投入	0	0
1→3 切换启动	0:退出;1:投入	1	1
2→3 切换启动	0:退出;1:投入	1	1
3→1 切换启动	0:退出;1:投入	0	0
3→2 切换启动	0:退出;1:投入	0	0
快速合闸	0:退出;1:投入	1	1
同捕合闸	0:退出;1:投入	1	1
残压合闸	0:退出;1:投入	1	1
长延时合闸	0:退出;1:投入	0	**1**
失压启动	0:退出;1:投入	1	1
无流启动	0:退出;1:投入	1	1
逆功率启动	0:退出;1:投入	1	1
频压启动	0:退出;1:投入	0	0
手跳不闭锁	0:手跳闭锁;1:手跳不闭锁	1	1
检后备电压	0:退出;1:投入	1	1
方向过流切换闭锁	0:退出;1:投入	1	1
过流一段保护	0:退出;1:投入	0	0
过流二段保护	0:退出;1:投入	0	0
后加速保护	0:退出;1:投入	0	0
过流保护低压闭锁	0:退出;1:投入	0	0
失压启动检进线 U	0:检进线电流;1:检进线电压	0	0

第7章 配电变压器保护整定计算

配电变压器指带低压配电所负荷的变压器，低压侧电压等级为 0.4kV（380V），主要负荷为低压电动机、加热装置、照明和动力箱等。配电变压器以油浸式为主，部分容量小的采用干式变压器，这两种变压器电气保护整定计算原则是相同的，只是变压器本体非电量保护不同。配电变压器配置的主要保护有本体保护、速断保护、过流保护和过负荷保护。

7.1 配电变压器本体保护

油浸式配电变压器的本体保护和主变本体保护相同，有重瓦斯、轻瓦斯和温度保护，有关介绍见第 4 章。与主变不同的是，配电变压器出现了新型的变压器，如全密封变压器和干式变压器，下面介绍下新型配电变压器的本体保护。

7.1.1 全密封变压器本体保护

全密封式变压器与普通油浸式变压器相比：取消了储油柜、油体积的变化由波纹油箱的波纹片的弹性来自动调节刊补偿，变压器油与空气隔绝，能有效地防止油的劣化和绝缘老化，增强运行可靠性。本体保护除了温度保护，还配置有气体保护、速动油压继电器和压力释放阀，这些保护都以接点的形式接入变压器综保的开关量输入端，根据需要选择发报警信号或跳闸。

（1）气体保护

全密封变压器没有油枕及连接油枕的连接管，气体继电器装在变压器油箱内，重瓦斯保护只能反映气体的多少，无法反映油流速度，全密封变压器的重瓦斯一般不动作于跳闸。

（2）速动油压继电器

全密封变压器的重瓦斯保护无法反映油流速度，会安装有速动油压继电器，分别以油箱压力变化速度和油箱静油压作为测量信号源，起到保护变压器的作用。

(3) 压力释放阀

压力达到设定值时开启，避免油箱变形或爆裂。

7.1.2 干式变压器本体保护

干式变压器本体保护采用智能信号温控系统，可自动检测和巡回显示三相绕组各自的工作温度，可自动启动、停止风机，并有报警、跳闸等功能设置。

(1) 风机自动控制

绕组温度达110℃时，系统自动启动风机冷却；当绕组温度低至90℃时，系统自动停止风机。

(2) 超温报警、跳闸

155℃时，系统输出超温报警信号；温度继续上升达170℃，变压器已不能继续运行，须向二次保护回路输送超温跳闸信号，应使变压器迅速跳闸。

7.2 保护配置及其整定计算方法

7.2.1 速断保护

(1) 动作电流定值的整定计算

对于带低压配电所负荷的变压器，由于低压配电所配出回路较多，某一个回路短路不能让变压器跳闸，否则会扩大停电范围，所以动作电流 I_{op} 按躲过变压器低压侧出口三相短路时流过保护的最大短路电流整定，即：

$$I_{op} = K_{rel} I_{k.max} / n_a \tag{7-1}$$

式中　K_{rel}——可靠系数，可取 1.2～1.3；

$I_{k.max}$——低压厂用变压器低压侧出口三相最大短路电流，折算到高压侧的一次电流；

n_a——变压器高压侧电流互感器变比。

对于高压变频器变压器、与生产无关的变压器如施工临时变等，变压器低压侧短路时高压侧可以跳闸，动作电流 I_{op} 按躲过变压器励磁涌流整定：

$$I_{op} = K_m I_e \tag{7-2}$$

式中　K_m——励磁涌流倍数，取值范围 7～12；

I_e——变压器额定电流二次值。

(2) 动作时限定值的整定计算

变压器速断保护动作时限不需要与低压侧保护配合，取 0s。

(3) 灵敏度校验

速断保护范围为变压器高压侧，按变压器高压侧最小运行方式下两相短路能可靠动作校验，灵敏系数 K_{sen} 计算公式为：

$$K_{sen} = 0.866 I_{k.min} / (n_a I_{op})$$ (7-3)

式中　$I_{k.min}$——最小运行方式下，变压器高压侧三相短路电流；

　　　n_a——变压器高压侧电流互感器变比；

　　　I_{op}——速断保护整定值。

要求 $K_{sen} \geqslant 2$。

7.2.2　定时限过流保护

(1) 动作电流定值的整定计算

动作电流 I_{op} 可按下述方法计算，并取最大值：

① 按躲过单台变压器带低压全所最大负荷再启动最大 1 台电动机的电流之和整定：

$$I_{op} = K_{rel}(I_{max} + K_{st} I_d) / n_a$$ (7-4)

式中　K_{rel}——可靠系数，可取 $1.15 \sim 1.25$；

　　　I_{max}——变压器最大负荷按带低压两段最大负荷计算，无最大负荷数据时可取 0.9 倍变压器额定电流；

　　　K_{st}——电动机启动电流倍数，范围 $5 \sim 8$，按实测值计算，无实测值时取 7；

　　　I_d——最大电动机额定电流折算到高压侧的一次电流值；

　　　n_a——变压器高压侧电流互感器变比。

注意：最大功率电动机不含始终是变频运行的电动机。

② 按单台变压器运行躲过低压电动机自启动电流整定：

$$I_{op} = K_{rel} K_{zq} I_e$$ (7-5)

式中　K_{rel}——可靠系数，可取 $1.15 \sim 1.25$；

　　　I_e——变压器额定电流二次值；

　　　K_{zq}——需要自启动的全部电动机在自启动时的过电流倍数：

a. 未带负荷时

$$K_{zq} = \cfrac{1}{\cfrac{U_k\%}{100} + \cfrac{S_{T.N}}{K_{st.\Sigma} S_{M.\Sigma}} \left(\cfrac{U_{M.N}}{U_{T.N}}\right)^2}$$ (7-6)

b. 已带一段负荷，再投入另一段自启动电动机时

$$K_{zq} = \cfrac{1}{\cfrac{U_k\%}{100} + \cfrac{0.7 S_{T.N}}{1.2 K_{st.\Sigma} S_{M.\Sigma}} \left(\cfrac{U_{M.N}}{U_{T.N}}\right)^2}$$ (7-7)

式中　$U_k\%$——变压器的阻抗电压百分值；

$K_{st.\Sigma}$——电动机启动电流倍数，可取 5；

$S_{T.N}$——变压器额定容量；

$S_{M.\Sigma}$——需要自启动电动机额定视在功率之和；

$U_{M.N}$——电动机额定电压；

$U_{T.N}$——低压母线额定电压。

电动机自启动的几种情况：

- 变压器带一段负荷，失压甩负荷后高压备自投动作恢复供电，本段电动机自启动；
- 变压器已带一段负荷，另一段母线失压，低压备自投动作带另一段电动机自启动；
- 变压器一台检修，另一台带两段负荷，失压甩负荷后高压备自投动作恢复供电，两段电动机自启动。

第一种情况使用式(7-6)计算 K_{zq}，第二种情况使用式(7-7)计算 K_{zq}，第三种情况属于极端情况，可以不考虑。实际计算中常按第二种情况考虑，选用式(7-7)计算 K_{zq}，自启动容量过大时会造成定时限过流保护灵敏度不足，这种情况下可改为分批自启动，计算时自启动容量按其中较大容量计算。

(2) 动作时限定值的整定计算

对于带低压配电所负荷的变压器，其过流保护需要与低压侧开关过流保护时限配合，如低压侧开关过流保护时限为 0.3s，则高压侧过流保护时限可加 0.2s 时间差，取 0.5s；其他不需与低压侧开关过流保护实现配合的变压器，过流保护时限按躲过励磁涌流时间整定，可取 0.3s。

(3) 灵敏度校验

过流保护范围为变压器低压侧，按变压器低压侧两相短路能可靠动作校验，灵敏系数 K_{sen} 计算公式为：

$$K_{sen}=0.866I_{k.min}/(n_aI_{op}) \tag{7-8}$$

式中 $I_{k.min}$——最小运行方式下，变压器低压侧三相短路电流折算到高压侧电流值；

n_a——变压器高压侧电流互感器变比；

I_{op}——过流保护整定值。

要求 $K_{sen}\geqslant1.5$。

7.2.3 反时限过流保护

(1) 动作电流定值的整定计算

动作电流 I_{op} 按躲过变压器额定电流整定，即：

$$I_{op}=K_{rel}I_e/K_r \tag{7-9}$$

式中 K_{rel}——可靠系数，可取 1.1～1.2；

      I_e——变压器高压侧二次额定电流；

      K_r——返回系数，取 0.95。

（2）动作特性曲线的选取

3 种反时限特性对应的公式如下：

$$一般反时限 \quad t = \frac{0.14}{(I/I_p)^{0.02} - 1} t_p \tag{7-10}$$

$$非常反时限 \quad t = \frac{13.5}{(I/I_p) - 1} t_p \tag{7-11}$$

$$极端反时限 \quad t = \frac{80}{(I/I_p)^2 - 1} t_p \tag{7-12}$$

式中 I——保护安装处的电流值；

      I_p——反时限过流定值；

      t——保护动作时限；

      t_p——时间常数。

对于变压器回路建议选取极端反时限动作特性曲线。

（3）时间常数整定计算

时间常数整定计算有两种方式，一是按变压器允许过负荷特性整定，二是按躲过低压电动机启动时间整定，推荐使用方式一，这种方式下时间常数值大一些，在起到保护变压器作用的同时，动作时限长些，能躲过一些异常负荷波动，低压配电所运行稳定性较好。

① 按变压器允许过负荷特性整定　反时限过流保护的主要作用是防止变压器因长时间轻微过负荷造成过热烧毁，企业变压器过流保护因要躲过电动机自启动，过流保护定值范围一般为变压器额定电流的 2 倍以上，轻微的过负荷只会发"过负荷报警"信号或"温度高"信号，不跳闸，用反时限过流保护能更全面保护变压器。变压器允许的过负荷倍数及时间见表 7-1，按 3 倍过负荷允许持续时间 1.5min(90s)，根据极端反时限特性公式可求得时间常数。

表 7-1　变压器允许的过负荷倍数及时间

过负荷倍数	1.30	1.45	1.60	1.75	2.00	2.40	3.00
允许持续时间/min	120.0	80.0	30.0	15.0	7.5	3.5	1.5

② 按躲过低压电动机启动时间整定　带不同负荷时，电动机启动时间也不同，一般机泵类负荷启动时间按 10s 选取，风机类负荷启动时间按 15s 选取，过负荷倍数取过流定值，根据极端反时限特性公式可求得时间常数。

7.2.4　过负荷保护

过负荷动作电流 I_{op} 按变压器额定电流整定，即：

$$I_{op} = K_{rel} I_e / K_r \tag{7-13}$$

式中　K_{rel}——可靠系数，取 $1.05 \sim 1.10$；

　　　K_r——返回系数，取 0.95；

　　　I_e——变压器额定二次电流。

动作时限可取 $9 \sim 15s$，动作于信号。

7.3　变压器保护装置工作原理

7.3.1　ISA-381G 变压器保护装置

(1) 保护功能
- 相电流越限记录元件；
- 三段过电流保护；
- 过负荷保护；
- 非电量保护；
- 高压侧不接地系统零序方向过流保护；
- 高压侧母线接地告警。

(2) 保护原理

① 相电流越限记录元件　相电流越限记录元件设独立的越限定值，并按相记录各相电流的越限情况，产生独立的相电流越限记录，包括各相的越限起始时刻、越限持续时间、越限的最大电流。

- 分相记录便于更详细、更全面地记录扰动过程；
- 该记录不用于告警，仅用于扰动分析；
- 装置界面提供相电流越限记录查看功能；
- 相电流越限记录的整定应躲过最大负荷电流值，防止不必要的频繁记录。

② 三段过流保护　三段过流保护包括瞬时速断、Ⅰ段过流、Ⅱ段过流保护，均可独立投退，电流及时间定值可独立整定。三段保护原理相同，图 7-1 为过电流保护逻辑图。

③ 过负荷保护　过负荷保护可通过控制字选择告警或跳闸，图 7-2 为过负荷保护逻辑图。

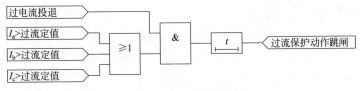

图 7-1　过电流保护逻辑图

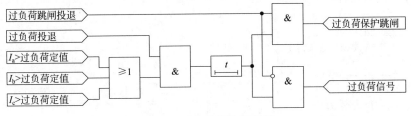

图 7-2　过负荷保护逻辑图

④ 非电量保护　保护装置设有 4 个非电量保护。非电量 1、2 跳闸或告警可选择，非电量 3、4 仅用于告警。非电量跳闸或告警时限均可整定。非电量保护加有断路器合位判据。图 7-3 为非电量 1 和非电量 3 的保护逻辑图。

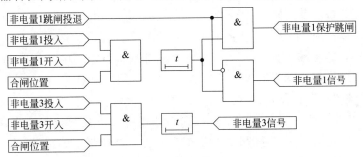

图 7-3　非电量保护逻辑图

⑤ 不接地系统零序过流保护（ISA-381GB）　对于不接地系统发生单相接地时，ISA-381GB 装置提供零序方向过流元件，动作于发信告警或跳闸，可选择投或不投零序方向元件。

7.3.2　PCS-9621D 变压器保护装置

（1）保护功能

- 三段复合电压闭锁过流保护；
- 高压侧正序反时限保护；
- 高压侧接地保护；
- 非电量保护（重瓦斯跳闸、轻瓦斯报警、超温跳闸或报警）；
- 异常告警（含过负荷报警）。

(2) 保护原理

① 过流保护 PCS-9621D 变压器保护装置设三段过流保护，各段有独立的电流定值和时间定值以及控制字。各段可独立选择是否经复压（负序电压和低电压）闭锁，配电变压器保护不投入复压闭锁，过流Ⅰ段保护逻辑图见图 7-4，其中过流保护启动元件当三相电流最大值大于 0.95 倍过流Ⅰ段整定值时动作。过流Ⅱ段、Ⅲ段保护逻辑和过流Ⅰ段保护类似。

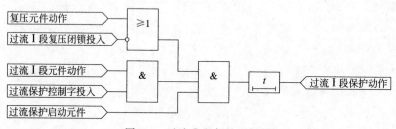

图 7-4 过流Ⅰ段保护逻辑图

② 反时限过流保护 PCS-9621D 将高压侧 A、B、C 三相电流或 A、C 相电流经正序电流滤过器滤出正序电流，作为反时限保护的动作量。有一般反时限、非常反时限和极端反时限共 3 种特性的反时限保护供用户选择。

③ 高压侧接地保护 本装置提供了三段零序过流保护来作为母线接地故障的后备保护，零序过流Ⅲ段可整定为报警或跳闸。当零序电流作跳闸和报警用时，其既可以由外部专用的零序 TA 引入，也可用软件自产（辅助参数定值中有"零序电流自产"控制字）。

④ 非电量保护 PCS-9621D 可接如下非电量：重瓦斯开入、轻瓦斯开入、超温开入、非电量1、非电量2。其中重瓦斯可通过控制字选择是否跳闸；超温通过控制字选择报警或跳闸；轻瓦斯的报警功能固定投入。装置还设置一路备用非电量跳闸，一路备用非电量报警或跳闸。非电量保护逻辑框图见图 7-5，当非电量开入为 1，且开关在合位时非电量保护启动元件动作。

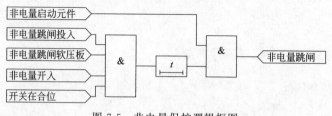

图 7-5 非电量保护逻辑框图

(3) 异常告警

① 控制回路断线 TWJ 和 HWJ 均为"0"，则可能是控制回路直流电源失电，或 TWJ、HWJ 断线，经 3s 延时报"控制回路断线"，当控制回路恢复正常

后，"控制回路断线"报警返回。

② 弹簧未储能报警 当收到弹簧未储能开入或合闸压力低信号时，延时 15s 发"弹簧未储能报警"信号。

③ 检查开关位置状态 装置采集到有电流但开关在分位，经 10s 延时报 "TWJ 异常"报警。

④ TA 断线 当最大相电流大于 $0.2I_n$ 且最大相电流大于任一相电流的 4 倍时，延时 10s 发"TA 断线"报警。

⑤ TV 断线 母线正序电压小于 30V 且线路有流或负序电压大于 8V 时，延时 10s 发"TV 断线报警"；当母线电压恢复正常后，延时 1.25s 报警返回。

⑥ 过负荷报警 过负荷报警控制字投入，线路电流最大值高于过负荷定值时，延时发"过负荷报警"信号。

⑦ 零序电流报警 零序过流 Ⅲ 段控制字投入，且零序电流高于零序过流 Ⅲ 段定值，延时发"零序电流报警"信号。

⑧ 接地报警 相电压最大值大于 75V，或者零序电压大于 30V 且负序电压小于 8V，延时 15s 发接地报警。

⑨ 频率异常 当系统频率低于 49.5Hz 或高于 50.5Hz 时，延时 10s 发"频率异常"信号。

7.3.3 7SJ68 多功能保护装置

(1) 保护功能

7SJ68 属于多功能保护装置，广泛应用于不同电压等级的线路、变压器、发电机、电动机和母线差动保护后备保护。

7SJ68 保护功能表见表 7-2，无方向性过流保护是该装置的一个最基本的功能，其他保护功能有频率保护、过电压保护和低电压保护、负序保护、含电动机启动闭锁功能的过负荷保护、电动机启动保护，以及自动重合闸等功能，对于不同保护对象可采用不同的保护功能组合方式。

表 7-2 7SJ68 保护功能表

ANSI 符号	IEC 符号	保护功能
50，50N	$I>$，$I\gg$，$I\ggg$ $I_n>$，$I_n\gg$，$I_n\ggg$	定时限过流保护（相间/接地）
51，51N	I_p，I_{np}	反时限过流保护（相间/接地）
67，67N	$I_{dir}>$，$I_{dir}\gg$，I_{pdir} $I_{ndir}>$，$I_{ndir}\gg$，I_{np}	方向时限过流保护（定时限/反时限、相间/接地） 方向比较保护
67Ns，0Ns	$I_{ns}>$，$I_{ns}\gg$	方向/无方向灵敏接地故障检测
64，59N	$U_0>$	零序电压保护

续表

ANSI 符号	IEC 符号	保护功能
47		相序
79		自动重合闸(1次)
46	$I_2>$	负序(相电流平衡)保护
48		启动时间监视
14		转子堵转保护
66/86		重启动抑制
37	$I<$	欠电流监视
38		通过外接装置(RTD-盒)实现温度监视,如轴承温度监视
27,59	$U<,U>$	欠压/过压保护
81O/U	$f>,f<$	高频/低频保护
81R	$\mathrm{d}f/\mathrm{d}t$	频率变化率保护
32	$P>$	功率保护(如逆向功率)

(2)保护原理

① 过流保护　过流保护是 7SJ68 装置的主保护功能。每一个相电流和零序电流都提供有四个元件。所有的元件都相互独立并且可以任意组合。过流元件 $I\ggg$、$I\gg$、$I>$ 和零序过流元件 $I_n\ggg$、$I_n\gg$、$I_n>$ 均为定时限保护,而 I_p 和 I_{np} 为反时限过流保护。

② 非电量保护　通过开关量输入,采用逻辑编程实现。

7.4 配电变压器保护整定算例

7.4.1 带低压配电所变压器算例

(1)基础资料

某配电变压器保护示意图见图 7-6,输入综合保护装置 PCS-9621D 的模拟量有系统电压、回路电流和零序电流,非电量保护有气体保护、温度报警接点。

计算所需其他参数如下:

高压侧最小三相短路电流:8599A。

低压侧最大三相短路电流:2042A(折算到高压侧)。

低压侧最小三相短路电流:2001A(折算到高压侧)。

低压配电所最大电动机功率:160kW。

参与自启动电动机容量合计:400kV·A。

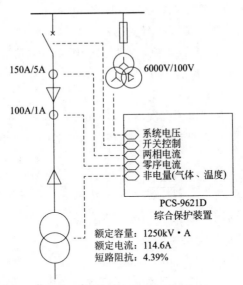

图 7-6　某配电变压器保护示意图

(2) 速断保护

动作电流 I_{op} 按躲过变压器低压侧出口三相短路时流过保护的最大短路电流整定，即：

$$I_{\text{op}} = K_{\text{rel}} I_{\text{k. max}} / n_{\text{a}} = 1.3 \times 2042/30 = 88.5(\text{A})$$

式中　K_{rel} —— 可靠系数，取 1.3;

　　　$I_{\text{k. max}}$ —— 变压器低压侧出口三相最大短路电流，折算到高压侧的一次电流，2042A;

　　　n_{a} —— 变压器高压侧电流互感器变比，150A/5A＝30。

灵敏系数: $K_{\text{sen}} = 0.866 I_{\text{k. min}} / (n_{\text{a}} I_{\text{op}}) = 0.866 \times 8599/(30 \times 88.5) = 2.8 \geqslant 2$
校验合格

式中　$I_{\text{k. min}}$ —— 最小运行方式下，变压器高压侧三相短路电流，8599A。

(3) 过流保护

① 按躲过变压器带最大负荷再启动最大 1 台电动机的电流之和整定:

$$I_{\text{op}} = K_{\text{rel}} (I_{\text{max}} + K_{\text{st}} I_{\text{e}}) / n_{\text{a}} = 1.2 \times (103 + 7 \times 21.3) /30 = 10(\text{A})$$

式中　K_{rel} —— 可靠系数，取 1.2;

　　　I_{max} —— 变压器最大负荷电流取 0.9 倍变压器额定电流: $0.9 \times 114.6 = 103(\text{A})$;

　　　K_{st} —— 电动机启动电流倍数，取 $K_{\text{st}} = 7$;

　　　I_{e} —— 最大电动机额定电流折算到高压侧电流值:

电动机额定电流: 按功率值的 2 倍估算 $2 \times 160 = 320(\text{A})$

折算到高压侧电流为 $320 \times 0.4/6 = 21.3(A)$

n_a——变压器高压侧电流互感器变比，30。

② 按变压器已带一段低压负荷，再带另一段低压电动机自启动整定：

$$I_{op} = K_{rel}K_{zq}I_e = 1.2 \times 2.68 \times 3.82 = 12.3(A)$$

式中　K_{rel}——可靠系数取 1.2；

I_e——变压器额定电流二次值，$114.6/30 = 3.82(A)$；

K_{zq}——需要自启动的全部电动机在自启动时的过电流倍数。

$$K_{zq} = \cfrac{1}{\cfrac{U_k\%}{100} + \cfrac{0.7S_{T.N}}{1.2K_{st.\Sigma}S_{M.\Sigma}}\left(\cfrac{U_{M.N}}{U_{T.N}}\right)^2} = \cfrac{1}{\cfrac{4.39}{100} + \cfrac{0.7 \times 1250}{1.2 \times 5 \times 400}\left(\cfrac{380}{400}\right)^2} = 2.68$$

式中　$U_k\%$——变压器的阻抗电压百分值，4.39%；

$K_{st.\Sigma}$——电动机启动电流倍数取 5；

$S_{T.N}$——变压器额定容量，$1250kV \cdot A$；

$S_{M.\Sigma}$——需要自启动电动机额定视在功率之和，$400kV \cdot A$；

$U_{M.N}$——电动机额定电压，380V；

$U_{T.N}$——低压母线额定电压，400V。

③ 灵敏系数 K_{sen} 按变压器低压侧两相短路能可靠动作校验：

$$K_{sen} = 0.866I_{k.min}/(n_aI_{op}) = 0.866 \times 2001/(30 \times 12.3) = 4.7 \geqslant 1.5 \quad 校验合格$$

式中　$I_{k.min}$——变压器低压侧三相短路电流折算到高压侧电流值，2001A；

n_a——变压器高压侧电流互感器变比，30；

I_{op}——过流保护整定值取较大值，12.3A。

④ 过流保护时限与低压侧开关过流保护时限为 0.3s 配合，取 0.5s。

（4）过负荷保护

过负荷动作电流 I_{op} 按变压器额定电流整定，即：

$$I_{op} = K_{rel}I_e/K_r = 1.05 \times 3.82/0.95 = 4.3(A)$$

式中　K_{rel}——可靠系数，取 1.05；

K_r——返回系数，取 0.95；

I_e——变压器额定二次电流，$I_e = 114.6/30 = 3.82$。

过负荷动作时限取 9s，出口为报警。

（5）反时限过流保护

动作电流 I_{op} 按躲过变压器额定电流整定，即：

$$I_{op} = K_{rel}I_e/K_r = 1.1 \times 3.82/0.95 = 4.5(A)$$

式中　K_{rel}——可靠系数，取 1.1；

I_e——变压器高压侧二次额定电流；

K_r——返回系数，取 0.95。

按 3 倍过负荷允许持续时间 1.5min(90s)，代入极端反时限特性公式：

$$90 = \frac{80}{(3 \times 3.82/4.5)^2 - 1} t_p$$

求得：$t_p = 6.2$。

(6) 零序过流保护

以小电流接地选线装置为主，按零序一次电流达到 5A 报警整定：

$$I_{op} = 5/100 = 0.05(A) \qquad t = 2s \text{ 报警}$$

(7) 保护定值表

根据计算结果结合继电保护装置进行整定，配电变压器保护定值表见表 7-3，表中未列控制字退出，未列保护定值保留为默认值。

表 7-3　配电变压器保护定值表

	定值选项	整定范围	整定值	备注
控制字	过流 I 段投入	0(退出),1(投入)	1	按速断整定
	过流 II 段投入	0(退出),1(投入)	1	按过流整定
	过流 I 段经复压闭锁	0(退出),1(投入)	0	
	过流 II 段经复压闭锁	0(退出),1(投入)	0	
	正序反时限投入	0(退出),1(投入)	1	
	过负荷报警投入	0(退出),1(投入)	1	
	零序 III 段跳闸投入	0(退出),1(投入)	0	零序报警
	重瓦斯跳闸投入	0(退出),1(投入)	1	
	超温跳闸投入	0(退出),1(投入)	0	超温报警
	TV 断线检测投入	0(退出),1(投入)	1	
保护定值	过流 I 段定值	$(0.05 \sim 30)I_n$	88.5A	
	过流 I 段时间	$0.0 \sim 100.0$	0s	
	过流 II 段定值	$(0.05 \sim 30)I_n$	12.3A	
	过流 II 段时间	$0.0 \sim 100.0$	0.5s	
	正序反时限保护基准值	$(0.1 \sim 3)I_n$	4.5A	
	正序反时限时间常数	$0.0 \sim 600.0$	6.2	
	过负荷报警定值	$(0.1 \sim 3)I_n$	4.3A	
	过负荷报警时间	$0.0 \sim 100.0$	9s	
	零序过流 III 段定值	$0.05 \sim 30$	0.05A	
	零序过流 III 段时间	$0.0 \sim 100.0$	2s	

7.4.2　非生产用变压器算例

(1) 基础资料

某施工临时变容量为 $400\text{kV}\cdot\text{A}$，负荷主要为电焊机、空压机、切割机、照明等负荷，最大负荷电流估算为 20A，使用综合保护装置型号为 ISA-381G，继电保护计算所需参数如下：

额定电流：36.7A；

TA 变比：50A/5A；

零序 TA 变比：100A/1A；

TV 变比：6000V/100V；

高压侧最小三相短路电流：5940A。

低压侧最大三相短路电流：807A(折算到高压侧)。

低压侧最小三相短路电流：801A(折算到高压侧)。

(2) 计算过程

① 速断保护　施工临时变速断保护动作电流 I_{op} 按躲过变压器励磁涌流整定：

$$I_{op}=K_m I_e=8\times3.67=29.4(\text{A})$$

式中　　K_m——励磁涌流倍数，取 8；

I_e——变压器二次额定电流，36.7/10＝3.67(A)。

灵敏系数：$K_{sen}=0.866I_{k.min}/(n_a I_{op})=0.866\times5940/(10\times29.4)=17\geqslant2$ 校验合格

式中　$I_{k.min}$——最小运行方式下，变压器高压侧三相短路电流，5940A；

n_a——变压器高压侧电流互感器变比，50/5＝10。

速断保护出口：0s 跳闸。

② 过流保护　按躲过变压器最大负荷电流整定：

$$I_{op}=K_{rel}I_{max}/n_a=1.2\times20/10=2.4(\text{A})$$

式中　　K_{rel}——可靠系数，取 1.2；

I_{max}——变压器最大负荷电流，20A；

n_a——变压器高压侧电流互感器变比，10。

灵敏系数 K_{sen} 按变压器低压侧两相短路能可靠动作校验：

$$K_{sen}=0.866I_{k.min}/(n_a I_{op})=0.866\times801/(10\times2.4)=28.9\geqslant1.5　校验合格$$

式中　$I_{k.min}$——变压器低压侧三相短路电流折算到高压侧电流值，801A；

n_a——变压器高压侧电流互感器变比，10。

非生产用变压器过流保护不需与低压侧开关过流保护配合，按躲过励磁涌流时间整定，取 0.3s，保护出口跳闸。

③ 零序过流保护按零序一次电流达到 5A 整定：

$I_{op} = 5/100 = 0.05(A)$　　Ⅲ 段零序过流定值整定范围低值为 0.1A，取 I_{op} = 0.1A。

保护出口：0s 跳闸。

（3）保护定值表

施工临时变保护定值表见表 7-4，表中只列出投用的保护定值。过流保护值比变压器额定电流还小，不需要过负荷保护和反时限过流保护，且临时变没有敷设到高压开关柜的本体保护用控制电缆，本体保护没有投用。

表 7-4　施工临时变保护定值表

保护元件	ISA 编号	含　　义	整定范围及步长	出厂定值	整定值
相电流越限记录	d797	相电流越限电流定值	$0.2I_n \sim 20I_n$,0.01A	$20I_n$	3.7A
Ⅰ 段过电流	* d053	Ⅰ 段电流投退	退出/投入	退出	投入
	d055	Ⅰ 段过电流电流定值	$0.2I_n \sim 20I_n$,0.01A	$20I_n$	29.4A
	d056	Ⅰ 段过电流时限	$0.00 \sim 99.99s$,0.01s	99.99s	0s
Ⅱ 段过电流	* d054	Ⅱ 段过电流投退	退出/投入	退出	投入
	d057	Ⅱ 段过电流电流定值	$0.2I_n \sim 20I_n$,0.01A	$20I_n$	2.4A
	d058	Ⅱ 段过电流时限	$0.00 \sim 99.99s$,0.01s	99.99s	0.3s
Ⅲ 段零序过流	* d232	Ⅲ 段零序过流投退	退出/投入	退出	投入
	d233	Ⅲ 段零序过流定值	$0.1I_n \sim 20I_n$,0.01A	$20I_n$	0.1A
	d234	Ⅲ 段零序过流时限	$0.00 \sim 99.99s$,0.01s	99.99s	0s

（4）多台非生产用变压器共用一个回路的保护整定

带重要负荷的变压器都会有独立的回路，非生产用变压器有时会出现多台变压器共用一个回路的情况。图 7-7 是两台变压器共用一个回路示意图，这种情况下速断保护按躲过两台变压器励磁涌流之和整定，过流保护按躲过两台变压器实际负荷之和整定，零序过流投跳闸。变压器高压侧保险的额定电流按变压器一次侧额定电流的 1.5～2 倍（100kV·A 以下为 2～3 倍）选择。

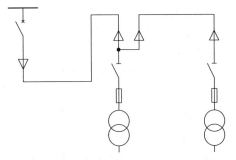

图 7-7　两台变压器共用一个回路示意图

7.4.3 高压变频器保护算例

(1) 基础资料

某高压变频变压器容量为 500kV·A，额定电流为 48A，所带高压电动机功率为 315kW，额定电流为 37A，使用的综合保护装置型号为 7SJ6827，其他计算用参数如下：

TA 变比：75A/5A；

零序 TA 变比：100A/1A；

TV 变比：6000V/100V；

高压侧最小三相短路电流：5771A；

低压侧最大三相短路电流：499A(折算到高压侧)；

低压侧最小三相短路电流：496A(折算到高压侧)。

这种高压变频变压器有多个低压绕组，每个绕组带 1 个低压变频，然后多个变频的输出串联起来实现高压变频输出，这使得高压变频变压器的阻抗百分比远大于同容量的普通变压器。高压变频器回路按变压器回路进行保护整定计算，高压电动机的保护由变频器本身的保护实现。

(2) 计算过程

① 速断保护 动作电流 I_{op} 按躲过变压器励磁涌流整定：

$$I_{op}=K_m I_e=10\times3.2=32(A)$$

式中 K_m——励磁涌流倍数，取 10；

I_e——变压器二次额定电流，48/15=3.2(A)。

灵敏系数：$K_{sen}=0.866 I_{k.min}/(n_a I_{op})=0.866\times5771/(15\times32)=10.4\geqslant2$ 校验合格

式中 $I_{k.min}$——最小运行方式下，变压器高压侧三相短路电流，5771A；

n_a——变压器高压侧电流互感器变比，75/5=15。

速断保护出口：0s 跳闸。

② 过流保护 按变压器额定负荷电流整定：

$$I_{op}=K_{rel} I_{max}/n_a=1.2\times48/15=3.9(A)$$

式中 K_{rel}——可靠系数，取 1.2；

I_{max}——变压器额定负荷电流，48A；

n_a——变压器高压侧电流互感器变比，15。

过流保护出口：0.3s 跳闸。

灵敏系数 K_{sen} 按变压器低压侧两相短路能可靠动作校验：

$K_{sen}=0.866 I_{k.min}/(n_a I_{op})=0.866\times496/(15\times3.9)=7.3\geqslant1.5$ 校验合格

式中 $I_{k.min}$——变压器低压侧三相短路电流折算到高压侧电流值，496A；

n_a——变压器高压侧电流互感器变比，15。

③ 过负荷保护　过负荷动作电流 I_{op} 按变压器额定电流整定，即：

$$I_{op}=K_{rel}I_e/K_r=1.05 \times 3.2/0.95=3.6(A)$$

式中　K_{rel}——可靠系数，取 1.05；

$\quad\quad K_r$——返回系数，取 0.95。

过负荷动作时限取 ∞，不跳闸，仅报警。

④ 零序过流保护以小电流接地选线装置为主，按零序一次电流达到 5A 整定：

$$I_{op}=5/100=0.05(A)$$

保护出口：2s 报警。

(3) 保护定值表

高压变频器保护定值表见表 7-5。

表 7-5　高压变频器保护定值表

地址	功能	整定范围及步长	默认值	整定值	备注
1201	过流保护	退出/投入	投入	投入	
1216A	$I_{\ggg}$ 段投入	始终	始终	始终	速断
1217	$I_{\ggg}$ 段定值	5.00～175.00A；∞	∞	32	∞等效退出
1218	$I_{\ggg}$ 段延时	0.00～60.00s；∞	0.00s	0.00s	
1202	$I_{\gg}$ 段定值	0.50～175.00A；∞	10A	3.9A	过流
1203	$I_{\gg}$ 段延时	0.00～60.00s；∞	0.00s	0.3s	
1204	$I_{>}$ 段定值	0.50～175.00A；∞	5A	3.6A	过负荷
1205	$I_{>}$ 段延时	0.00～60.00s；∞	0.5s	∞	
1301	$I_n>$ 段投入	退出/投入	投入	投入	零序过流
1304	$I_n>$ 段定值	0.05～35.00A；∞	0.2A	0.05A	
1305	$I_n>$ 段延时	0.00～60.00s；∞	0.5s	2s	出口报警
5201	TV 断线监视	退出/投入	退出	投入	
8201	跳闸回路监视	退出/投入	投入	投入	
8202	跳闸回路报警延时	1～30s	2s	2s	

第8章 高压电动机保护整定计算

工业用电主要负荷类型是电动机，额定容量 200kW 以上的电动机大多采用高压电动机。常规电动机的保护配置主要有速断、定时限过流、反时限过流和低电压保护，增安型防爆电动机要再配置堵转保护，主风机、空压机和造粒机等大型机组的电动机会配置有差动保护或磁平衡差动保护。

8.1 保护配置及其整定计算方法

8.1.1 比率差动保护

(1) 基本原理

比率差动保护示意图见图 8-1，其保护范围为开关下侧 TA 至电动机中性点 TA，当保护范围内的电缆、电缆终端头、电动机接线盒、高压电动机绕组发生相间短路时差动保护动作。

高压电动机属于配电网中的终端负荷，不存在下级区域外故障，当上级有短路故障时，高压电动机会提供短暂的反馈电流，相当于区域外故障。大型机组的速断保护定值可能灵敏度不足，比率差动灵敏度更高一些，一些轻微故障就能跳闸，可避免发生更严重的故障。

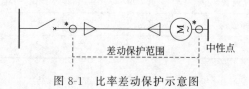

图 8-1 比率差动保护示意图

(2) 整定计算方法

① 最小动作电流按躲过电动机正常运行时差动回路最大不平衡电流整定，可取 $(0.3\sim0.5)I_e$，I_e 为电动机二次额定电流。

② 最小制动电流可取 $0.8I_e$。

③ 比率制动系数按躲过电动机最大启动电流下差动回路不平衡电流整定，可取 $0.4\sim0.6$。

④灵敏系数应按最小运行方式下差动保护区内两相金属性短路计算。

⑤ 差动速断电流定值按躲过区外故障和电动机启动时最大不平衡电流计算，可取 $(4\sim6)I_e$。

8.1.2 磁平衡差动保护

(1) 基本原理

磁平衡差动保护示意图见图 8-2，与常规差动保护取 2 组 TA 电流差值不同，磁平衡差动保护只用 1 组 TA，将中心点引出线和进线穿过同一个 TA，在一次接线中实现了电动机绕组的差动保护。

磁平衡差动保护是利用磁平衡原理实现的一种差动保护，也称之为"自平衡差动保护"。正常运行时，流入各相始端电流与流入中性点端电流为同一电流，磁平衡电流互感器中不产生电流，保护不动作。电动机内部故障时，磁平衡被破坏，电流互感器二次侧产生电流。当电流超过定值时保护动作，切除故障。

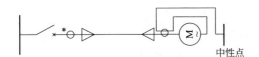

中性点

图 8-2 磁平衡差动保护示意图

(2) 整定计算方法

磁平衡差动保护动作电流 I_{op} 应按躲过电动机启动时产生的最大磁不平衡电流计算，即：

$$I_{op} = K_{rel}K_{er}K_{st}I_e \tag{8-1}$$

式中　K_{rel}——可靠系数，可取 $1.5\sim2.0$；

　　　K_{er}——电动机两侧磁不平衡误差，根据实测值最大取 0.5%；

　　　K_{st}——电动机启动电流倍数，可取 7；

　　　I_e——电动机额定电流对应磁平衡差动 TA 的二次值。

在实际整定计算中，磁平衡差动保护动作电流 I_{op} 一般直接取 $(0.05\sim0.1)I_e$，注意此处 I_e 指电动机额定电流对应磁平衡差动 TA 的二次值。

8.1.3 电流速断保护

(1) 基本原理

多数高压电动机使用速断保护作为主保护，保护范围为开关下侧 TA 至电动机接线盒，当保护范围内的电缆、电缆终端头、电动机接线盒发生相间短路故障会引起速断保护动作。

(2) 整定计算方法

① 电流速断保护动作电流 I_{op} 按躲过电动机最大启动电流整定，即：

$$I_{op} = K_{rel} K_{st} I_e \tag{8-2}$$

式中　K_{rel}——可靠系数，取 1.5；

　　　K_{st}——电动机启动电流倍数（5~8），应按实测值计算，如无实测值可取 7；

　　　I_e——电动机二次额定电流。

② 部分电动机综合保护装置的电流速断保护分高低定值，电动机启动时按高定值动作，启动结束后按低定值动作，意在提高保护灵敏度。低定值按躲过电动机自启动电流和区外出口短路时最大电动机反馈电流计算，在实际整定计算中，电流速断保护低定值 $I_{op.1}$ 可取 $(0.8~1)I_{op}$，不宜过低，否则当电动机所在母线上其他设备发生短路故障时，电动机会因为反馈电流达到低定值而跳闸。

③ 灵敏系数按电动机接线盒处最小两相短路能可靠动作校验，K_{sen} 计算公式为：

$$K_{sen} = 0.866 I_{k.min} / (I_{op} n_a) \tag{8-3}$$

式中　$I_{k.min}$——电动机接线盒处最小三相短路电流一次值；

　　　I_{op}——电流速断保护动作电流；

　　　n_a——电流互感器变比。

要求 $K_{sen} \geqslant 2$。

8.1.4　过负荷保护

(1) 基本原理

过负荷保护起到保护电动机本体的作用，防止长时间过电流使绕组过热损坏绝缘。过负荷有的是因为生产工艺调整造成的，也有的是机械故障造成的。电动机绕组匝间短路、缺相运行和低电压运行也可能引起过负荷保护动作。

过负荷保护等效于定时限过流保护。有的电动机综合保护装置用过流保护来实现过负荷，过流保护分定时限和反时限，推荐使用一般反时限，能更有效保护电动机绕组。

(2) 整定计算方法

① 过负荷保护动作电流 I_{op} 按躲过电动机额定电流计算，即：

$$I_{op} = K_{rel} I_e / K_r \tag{8-4}$$

式中　K_{rel}——可靠系数，取 1.05~1.10，定时限建议取 1.10，反时限建议

　　取 1.05；

　　　K_r——返回系数，综合保护装置取 0.95；

　　　I_e——电动机二次额定电流。

　　② 定时限动作时限取 1.1 倍最长启动时间。一般初次运行时，泵和压缩机类负荷动作时限取 9s，风机类负荷取 15s，带软启动装置的取 30s，经过实际启动后，通过综合保护装置的启动记录查看实际启动时间。

　　③ 一般反时限的公式为：

$$t = \frac{0.14}{(I/I_p)^{0.02} - 1} t_p \tag{8-5}$$

非常反时限的公式为：

$$t = \frac{13.5}{(I/I_p) - 1} t_p \tag{8-6}$$

极端反时限的公式为：

$$t = \frac{80}{(I/I_p)^2 - 1} t_p \tag{8-7}$$

式中　I——保护安装处的电流值；

　　　I_p——反时限过流定值；

　　　t——保护动作时限；

　　　t_p——时间常数。

　　反时限的时间常数按躲过电动机启动时间计算，令启机电流为 I，启机时间为 t，代入一般反时限公式后可求得时间常数。

　　④ 出口方式：电动机的过负荷保护动作于跳闸。

（3）定时限与反时限的配合

　　有的保护装置只能选择定时限或反时限过流保护，建议选择反时限过流保护，并且选择一般反时限特性。有的保护器既有反时限过流保护，也有过负荷保护，可以两种保护都投用。定时限和不同特性反时限配合关系见图 8-3，图中曲线为反时限特性曲线，折线为定时限特性曲线，纵坐标为动作时限，横坐标为额定电流倍数。速断值按 7 倍额定电流乘以可靠系数 1.5 等于 10.5 额定电流计算，反时限按 9s 躲过 7 倍额定电流计算，从图中可以看出一般反时限和定时限特性比较接近，可以取代定时限，非常反时限和极端反时限在过流倍数较低时动作时限过长，但在 7 倍额定电流和速断值 10.5 倍额定电流区间动作时限较快。从保护电动机的角度看定时限和极端反时限配合较好，动作区面积最大。

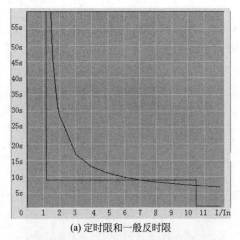

(a) 定时限和一般反时限

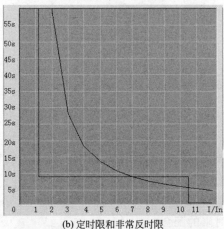

(b) 定时限和非常反时限

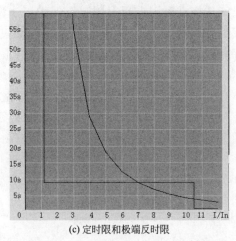

(c) 定时限和极端反时限

图 8-3　定时限和不同特性反时限配合关系

8.1.5 热过载保护

(1) 基本原理

热过载保护是通过内部程序模拟电动机发热和散热过程,当发热大于散热且热量累积到保护值时热过载保护动作。各保护装置厂家产品的热过载保护模型不尽相同,多采用基于 GB/T 14598.15—1998 的热过负荷模型,具体的整定计算方法可参考厂家技术说明书。

热过载保护模型公式为:

$$t = \tau \ln \frac{I_{\text{eq}}^2 - I_{\text{p}}^2}{I_{\text{eq}}^2 - (kI_{\text{B}})^2} \tag{8-8}$$

式中　t——热过载保护动作时限;

　　　τ——时间常数,反映电动机的过负荷能力;

　　　I_{B}——额定电流;

　　　k——常数,该常数乘以基本电流表示最小动作电流准确度有关的电流值;

　　　I_{p}——热过载前电动机发热状态的等效电流,若电动机热过载前处于冷状态(如电动机启动时),则 $I_{\text{p}} = 0$;

　　　I_{eq}——引起发热的等效电流,计算公式为:

$$I_{\text{eq}} = \sqrt{K_1 I_1^2 + K_2 I_2^2} \tag{8-9}$$

式中　I_1——电动机的正序电流;

　　　I_2——电动机的负序电流;

　　　K_1——正序电流发热系数,电动机启动过程中可取 0.5,电动机启动结束后可取 1.0;

　　　K_2——负序电流发热系数。

(2) 整定计算方法

① 基本电流 I_{B} 的整定范围为 0.8～1.1 倍额定电流,可直接取额定电流。

② 常数 k 的取值范围为 1.0～1.3,推荐取 1.05。

③ 负序电流发热系数 K_2 可取 6。

④ 发热时间常数 τ 应由电动机厂家提供,如厂家未提供,按下述方法之一进行估算。

根据厂家提供的电动机热限曲线或过负荷能力数据进行计算,计算公式为:

$$\tau = \frac{t}{\ln \left[\dfrac{I^2}{I^2 - (kI_{\text{B}})^2} \right]} \tag{8-10}$$

式中　I——过负荷电流值;

　　　t——过负荷允许时间。

根据堵转电流和堵转允许时间进行计算，计算公式为：

$$\tau = \frac{t}{\ln\left[\dfrac{I_{\text{stop}}^{2}}{I_{\text{stop}}^{2} - (kI_{\text{B}}^{2})}\right]} \tag{8-11}$$

式中　I_{stop}——堵转电流值；

　　　t——堵转允许时间。

根据启动电流下的定子温升进行计算，计算公式为：

$$\tau = \theta_{\text{e}} K^{2} T_{\text{start}} / \theta_{0} \tag{8-12}$$

式中　θ_{e}——电动机的额定温升；

　　　K——电动机启动电流倍数；

　　　θ_{0}——电动机启动时的温升；

　　　T_{start}——电动机启动时间。

⑤ 散热时间倍数，可取 4。

⑥ 过热报警系数，可取 0.7～0.8。

8.1.6　零序过流保护

(1) 基本原理

高压电动机单相接地故障较为常见，在中性点经消弧线圈接地电力系统中，电动机回路发生接地后，允许继续运行一段时间，需要先启动备用电动机后再停故障电动机。系统接地故障的查找以小电流接地选线装置为主，零序过流报警为辅。

零序过流保护的电流取自零序电流互感器，一般安装在开关柜底部，电动机电缆在零序电流互感器中穿过。当本回路发生接地故障时，外部经消弧线圈补偿后的电容电流会流过零序电流互感器，当本回路外部发生接地故障时，本回路的电容电流会流过零序电流互感器，由于补偿后的电容电流值不确定，零序过流保护只动作于信号。

(2) 整定计算方法

① 动作电流 $I_{\text{op.0}}$ 按躲过外部发生接地时，流过零序电流互感器的本回路电容电流整定，即：

$$I_{\text{op.0}} = K_{\text{rel}} I_{\text{k}} / n_{\text{a0}} \tag{8-13}$$

式中　K_{rel}——可靠系数，动作于信号时取 2.0～2.5；

　　　I_{k}——单相接地时本回路供给短路点的单相接地电流一次值；

　　　n_{a0}——零序电流互感器变比。

② 动作时限取 0.5～2.0s。

③ 动作出口报警，因补偿后的系统电容电流值不确定，不校验灵敏度。

8.1.7 低电压保护

(1) 基本原理

高压电动机的供电由高压开关柜控制，电力系统低电压和失电不会影响开关状态，当长时间失电后恢复供电，高压电动机的自启动会对人身和设备安全构成威胁，正常的过程是当电力系统失电 5~9s 时，高压电动机应跳闸，等来电恢复生产时，按操作规程依次启动高压电动机。

高压配电所某段进线失电时分段开关会自投，另一段进线除了带本段负荷，还要承受失电段高压电动机自启动电流，过大的自启动电流会造成系统低电压甚至进线过流跳闸，如果可能参与自启动高压电动机容量之和过大，可以考虑将部分相对不重要的高压电动机在分段开关备自投之前先跳开。

为防止 TV 断线造成高压电动机低电压保护跳闸，多数综合保护装置的低电压保护直接或间接投入了有流闭锁功能，有流闭锁的低电压保护相当于失压保护。对于电动机回路，只要有电压就会有电流，并且电压低到一定程度时电动机会堵转，电流反而会增大，有流闭锁可避免 TV 三相断线时低电压保护误动，高压配电所某一段母线所有回路共用一组 TV，检修过程造成 TV 三相断线的概率较大，建议投入有流闭锁功能。

(2) 整定计算方法

① 动作电压

$$U_{op} = (0.4 \sim 0.5)U_n \qquad (8\text{-}14)$$

式中 U_n——母线二次额定电压值，一般为 100V。

② 动作时限 参与自启动的动作时限取 5~9s，不参与自启动的动作时限取分段备自投时间减去 0.5s。

③ 有流闭锁 有流闭锁电流值要小于电动机空载运行电流，一般按额定二次电流的 0.1~0.2 倍整定。

8.1.8 堵转保护

(1) 基本原理

堵转保护多用于增安型防爆电动机，增安型防爆电动机有个参数：t_e 时间，该参数的意义为：电动机运行一段时间后，定子绕组、转子绕组温度上升到一定程度，发热和散热达到平衡，此时如果电动机发生堵转或者热启动，时间超过 t_e 时间，则定子绕组、转子绕组温度会继续上升到电动机无法防爆。

增安型防爆电动机的堵转保护首要功能是防爆，并不是简单的防止绕组过热烧毁，其他类型电动机发生堵转时过负荷保护会动作。堵转保护内含电动机启动判定，启动完成后才投入，对于堵转和自启动有效，如果增安型电动机启动时间大于 t_e 时间，应避免连续启动。增安电动机冷态启动时间建议不要超过 1.7 倍 t_e 时间。

(2) 整定计算方法

① 堵转保护动作电流 I_{op} 计算方法：

$$I_{op} = K_{rel} I_e \tag{8-15}$$

式中 K_{rel}——可靠系数，取 $1.3 \sim 2$；

I_e——电动机二次额定电流。

② 动作时限一般取：$t = 0.8 t_e$。

动作时限要躲过自启动时间，堵转保护在电动机自启动时是起作用的。

③ 出口方式　电动机的堵转保护动作于跳闸。

8.1.9　负序过流保护

(1) 基本原理

负序过流保护主要响应缺相故障，常见的有电动机绕组引线断线、电动机接线盒故障和真空开关接触不良、操作机构损坏引起的缺相故障。当电动机三相电流有较大不对称，出现较大的负序电流，而负序电流将在转子中产生 2 倍工频的电流，使转子附加发热大大增加，危及电动机的安全运行。

负序过流保护与过负荷保护相比，具有灵敏度高、动作时限短的特性，但是负序过流保护易受外部故障干扰、易误动，所以在企业一般不投负序过流保护，即使投也是不跳闸仅发信号。

(2) 整定计算方法

① 负序过流保护动作电流 $I_{op.2}$ 计算方法：

$$I_{op.2} = (0.4 \sim 0.6) I_e \tag{8-16}$$

式中 I_e——电动机二次额定电流。

② 动作时限一般取：$t = 4s$。

③ 出口方式：电动机的负序过流保护动作于信号。

8.2　电动机保护装置工作原理

8.2.1　ISA-347G 电动机保护装置

(1) 保护功能

• 带独立的相电流越限记录元件；

- 限时电流速断保护；
- 可选择极度、非常、一般动作特性的反时限过流保护；
- 不平衡保护（负序电流保护）；
- 过负荷保护；
- 过热保护；
- 不接地零序方向过流保护；
- 带有流闭锁的母线失压保护；
- 两路可选择延时跳闸的非电量保护，非电量 1 可延时 99s，非电量 2 可延时 99min；
- 控制回路断线告警；
- 差动保护，包括差动速断保护、比率差动保护、TA 断线判断、磁平衡差动保护。

（2）保护原理

① 相电流越限记录元件　相电流越限电流定值一般整定为电动机额定电流，各相电流发生越限情况时产生独立的相电流越限记录，包括各相的越限起始时刻、越限持续时间、越限的最大电流。该记录仅用于扰动分析，可分析出电动机启动过程的最大启动电流和启动时间，用于保护定值的优化调整。

② 限时电流速断保护　限时电流速断保护主要用于电动机内部及进线的短路保护，逻辑图见图 8-4。该保护有高、低定值，在电动机启动过程中使用高定值，启动结束后自动恢复到低定值，这个功能意义不大，限时电流速断保护高定值按照躲启动电流整定，低定值要躲过外部故障时电动机提供的瞬时短路电流整定，这个值和电动机启动电流比较接近，现在实际使用中低定值和高定值设成相同值，保护动作时限设为 0s。

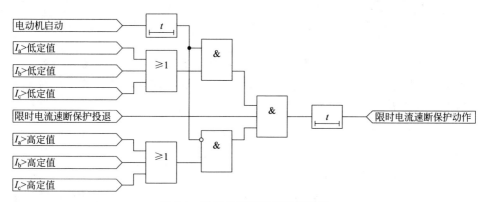

图 8-4　限时电流速断保护逻辑图

③ 反时限过流保护 反时限过流保护提供一般反时限、非常反时限和极度反时限3种动作特性供选择，逻辑图见图8-5。对于电动机负荷，可选择一般反时限。

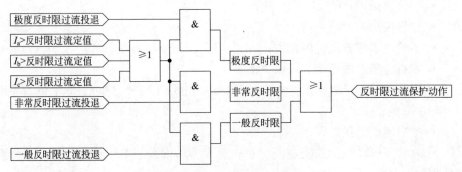

图 8-5 反时限过流保护逻辑图

④ 负序过流保护 负序过流保护用于对电动机断相、匝间短路以及较严重的电压不对称等异常运行工况提供保护。由于负序电流的计算方法与电流互感器有关，故对于只装 A、C 相电流互感器的情况，需将控制字"二相式 TA 投退"整定为"投入"。

⑤ 过负荷保护 过负荷保护逻辑图见图 8-6，电动机的过负荷保护投跳闸，在反时限过流保护投入的情况下过负荷保护可以不投。

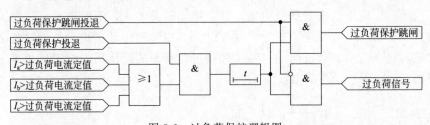

图 8-6 过负荷保护逻辑图

⑥ 过热保护 过热保护主要为了防止电动机过热，因此在装置中设置了一个模拟电动机发热的模型，综合计及电动机正序和负序电流的热效应，引入了等值发热电流 I_{eq}，其表达式为：

$$I_{eq} = \sqrt{K_1 I_1^2 + K_2 I_2^2} \tag{8-17}$$

式中 I_1——电动机的正序电流；

     I_2——电动机的负序电流；

     K_1——正序电流发热系数，电动机启动过程中可取 0.5，电动机启动结束后可取 1.0；

     K_2——负序电流发热系数，取值范围为 3~10(一般可取为 6)。

过热保护的动作方程为

$$[(I_{eq}/I_e)^2 - (1.05)^2] \times t \geqslant \tau \tag{8-18}$$

式中　t——热过载保护动作时限；

　　τ——时间常数，代表电动机的热累积效应；

　　I_e——额定电流。

当热积累值达到发热时间常数时过热保护发跳闸信号，装置还设置过热告警水平定值，以百分比形式表示，当计算热积累值达到过热水平时发告警信号。该值还作为模拟电动机在被过热保护动作跳闸后允许再次启动的温度限值，即电动机在跳开后应散热到该水平才允许再次启动。在需要将电动机紧急启动的情况下，可进入装置强制将热模型恢复到"冷态"。

⑦ 零序方向过流保护　对于不接地系统发生单相接地时，装置采用零序方向过流保护，动作于告警或跳闸，其中方向元件可投退。零序方向元件投入时，若发生 TV 断线可由控制字选择闭锁零序方向过流保护。不接地系统零序方向过流保护逻辑图见图 8-7。

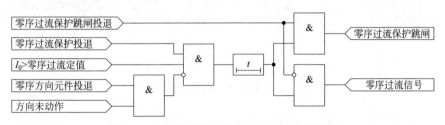

图 8-7　不接地系统零序方向过流保护逻辑图

⑧ 母线失压保护　母线失压保护逻辑图见图 8-8，失压保护以三相均失压为判据，可防止 TV 单相或两相断线导致失压保护误动。有流闭锁可避免 TV 三相断线时失压保护误动。

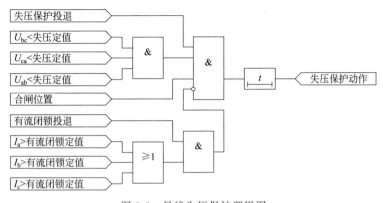

图 8-8　母线失压保护逻辑图

⑨ 非电量保护　电动机非电量保护多用于工艺联锁跳闸，逻辑图见图 8-9，非电量保护在断路器合位时有效，可由控制字选择发信号或跳闸。

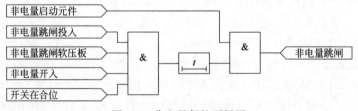

图 8-9　非电量保护逻辑图

⑩ 控制回路断线告警　控制回路断线告警逻辑图见图 8-10，装置以开入量方式(闭合为1，断开为 0) 接入断路器双位置，除其他用途外，还用于控制回路异常情况检查。控制回路断线检查延时 10s 告警。

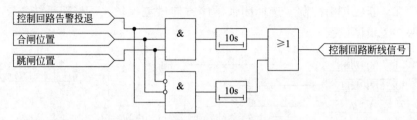

图 8-10　控制回路断线告警逻辑图

⑪差动保护　电动机纵差保护是大型电动机相间短路和匝间短路的主保护。为实现该保护，需引入机端三相电流 I_{a1}、I_{b1}、I_{c1} 和中性点侧三相电流 I_{a2}、I_{b2}、I_{c2}。若现场电动机两侧只具备各两相 TA，则 I_{b1}、I_{b2} 不需接入。

差流速断保护在电动机内部严重故障时快速动作，TA 断线不闭锁该保护。定值按躲过电动机启动电流整定。比率差动保护动作特性见图 8-11。

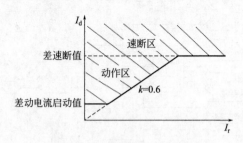

图 8-11　比率差动保护动作特性

比率差动保护动作方程为

$$I_d \geqslant I_{set}$$
$$I_d \geqslant k \cdot I_r$$

$$(8-19)$$

式中 $I_\mathrm{d} = |\dot{I}_1 - \dot{I}_2|$ $I_\mathrm{r} = \dfrac{|\dot{I}_1 + \dot{I}_2|}{2}$

$\dot{I}_1$——电动机机端电流；

$\dot{I}_2$——中性点电流；

k——比率制动系数定值，一般取 0.6；

I_set——差动电流启动定值，用以躲过电动机正常运行时的最大不平衡差流。

当投入 TA 断线闭锁差动而任一侧 TA 断线时，比率差动将被瞬时闭锁，TA 断线检测原理如下：

电动机内部发生不对称故障时，机端 TA 和中性点 TA 会同时出现负序电流，故 TA 断线以仅一侧出现负序电流为主判据。三相短路时可能因 TA 误差仅一侧出现负序电流，但考虑 TA 的 10% 误差特性，三相电流的不平衡度不会大于 $\sqrt{3}/2$。为此，要求出现负序电流的那一侧三相电流不平衡度大于 $\sqrt{3}/2$，即三相电流中最小值与最大值之比小于 $\sqrt{3}/2$。不考虑两侧或一侧三相 TA 同时断线的情况。要求 TA 断线负序电流定值小于差动电流启动值，以保证 TA 断线时可靠闭锁比率差动。

⑫磁平衡差动保护   磁平衡差动保护又称"小差动保护"，磁平衡差动保护的电流应从装置中性点侧电流回路输入，过流定值取比率差动电流定值。当电动机安装磁平衡式电流互感器时，可将磁平衡差动投入，此时差流速断保护、比率差动保护、TA 断线判别功能应整定为退出；若未装设磁平衡式电流互感器，但装置所引入的电流已经是差动电流，其整定原则相同。

8.2.2   PCS-9627D 电动机保护装置

(1) 保护功能

- 电流纵差保护/磁平衡差动保护；
- 三段定时限过流保护；
- 负序过流保护；
- 过负荷保护；
- 过热保护；
- 零序过流保护；
- 低电压保护；
- 非电量保护；
- 异常告警功能。

(2) 保护原理

① 装置启动元件   装置启动板设有不同的启动元件，启动后开放出口正电

源。只有启动板的启动元件动作，同时主 CPU 板的保护元件动作后才能跳闸出口，否则无法跳闸。

② 比率差动保护　比率差动保护能保证外部短路不动作，内部故障时有较高的灵敏度。比率差动保护内部固有二次谐波和三次谐波闭锁功能，TA 断线闭锁功能可选择投退，TA 断线报警或闭锁功能在差动保护启动后进行判别。为防止 TA 断线的误闭锁，满足下述任一条件不进行 TA 断线判别：

　　a. 启动前各侧最大相电流小于 $0.08I_n$；

　　b. 启动后最大相电流大于 $1.2I_e$；

　　c. 启动后电流比启动前增加。

机端、末端(中性点)的两侧六路电流同时满足下列条件认为是 TA 断线：

　　a. 一侧 TA 的一相电流减小至差动保护启动值以下；

　　b. 其余各路电流不变。

③ 磁平衡差动保护　磁平衡差动保护要求电动机安装磁平衡式电流互感器，互感器二次电流从装置中性点侧电流回路输入。

④ 定时限过流保护　保护装置设三段定时限过流保护。Ⅰ段相当于速断段，电流按躲过启动电流整定，时限可整定为速断或带极短的时限，该段主要对电动机短路提供保护；Ⅱ段是定时限过流段，在电动机启动完毕后自动投入，可作为增安型防爆电动机的 t_E 时间保护。过流Ⅱ段逻辑图见图 8-12。

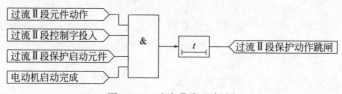

图 8-12　过流Ⅱ段逻辑图

⑤ 负序过流保护　装置设置两段定时限负序过流保护，其中负序过流Ⅱ段作为灵敏的不平衡电流保护，可选择采用定时限或是反时限，可以选择作为报警输出。由于负序电流的计算方法与电流互感器有关，故对于只装 A、C 相电流互感器的情况，"机端 AC 两相 TA 接线"须整定为"1"。

⑥ 过负荷保护　过负荷保护反映定子电流的大小，装置设置了一段定时限段，可通过控制字选择投报警或跳闸。

⑦ 过热保护　装置提供了以负荷电流为模型的热过负荷保护，热过负荷模型基于 IEC60255-8。

⑧ 零序过流保护　反映电动机定子接地的零序过流保护，可通过控制字选择投报警或跳闸，以供不同场合使用。

⑨ 低电压保护　三个线电压均小于低电压保护定值，时间超过整定时间时，

低电压保护动作。低电压保护经 TWJ 位置闭锁。当装置有"TV 断线"或"瞬时 TV 断线"报警时闭锁低电压保护。

TV 断线投入控制字为 1 时，一正序电压小于 30V，而机端任一相电流大于 $0.04I_n$；二负序电压大于 8V。满足上述任一条件后延时 10s 报母线 TV 断线，发出运行异常告警信号，待电压恢复正常后装置延时 1.25sTV 断线报警返回。TV 断线投入控制字为 1 且低电压保护投入，正序电压小于 5.77V 且最大相电流大于瞬时 TV 断线电流定值时立即报警并闭锁低电压保护，恢复正常后立刻返回。

低电压保护本身没有有流闭锁功能，但是 TV 断线有有流闭锁功能，相当于低电压保护具备了有流闭锁功能。

⑩ 非电量保护　装置设有三路非电量保护，两路可以通过控制字选择跳闸或报警，一路直接跳闸。第一、二路非电量保护延时可到 100s，第三路非电量保护延时可到 4000s。

⑪禁止再启动出口　当保护元件动作需要禁止再启动，此时通过"禁止再启动出口"定值整定，元件动作后出口带保持功能，需通过重启、后台或就地复归来实现复归。

8.3 电动机保护整定算例

8.3.1 一般电动机算例

(1) 基础资料

回路名称：1♯原油泵；

电动机功率：315kW；

额定电流：36.5A；

TA 变比：75A/5A；

零序 TA 变比：100A/1A；

TV 变比：6000V/100V；

电动机电缆终端处最小三相短路电流：7609A；

保护装置：ISA-347G；

其他：分段备自投时间为 2s，工艺要求有自启动功能。

(2) 计算过程

① 电流速断保护　动作电流 I_{op} 按躲过电动机最大启动电流整定，即：

$I_{op} = K_{rel}K_{st}I_e = 1.5 \times 7 \times 2.43 = 25.52(A)$，保留一位小数取 25.6A

说明：动作电流整定计算保留小数位时一般不采取"4 舍 5 入"，而是非 0 全入。

式中 K_{rel}——可靠系数，取 1.5；

$\quad\quad K_{st}$——电动机启动电流倍数，取 7；

$\quad\quad I_e$——电动机二次额定电流：$I_e=36.5/15=2.43(A)$。

校验：灵敏系数按电动机接线盒处最小两相短路能可靠动作校验：

$$K_{sen}=0.866I_{k.min}/(I_{op}n_a)=0.866\times7609/(25.6\times15)=17.2\geqslant2$$

校验合格

式中 $I_{k.min}$——电动机接线盒处最小三相短路电流一次值，7609A；

$\quad\quad I_{op}$——电流速断保护动作电流，25.6A；

$\quad\quad n_a$——电流互感器变比，15。

②过负荷保护 动作电流 I_{op} 按躲过电动机额定电流计算，即：

$$I_{op}=K_{rel}I_e/K_r=1.1\times2.43/0.95=2.9(A)$$

式中 K_{rel}——可靠系数，取 1.1；

$\quad\quad K_r$——返回系数，取 0.95。

定时限动作时限取 $t=9s$。

③反时限过流保护 动作电流 I_{op} 按躲过电动机额定电流计算，即：

$$I_{op}=K_{rel}I_e/K_r=1.05\times2.43/0.95=2.7(A)$$

式中 K_{rel}——可靠系数，取 1.05；

$\quad\quad K_r$——返回系数，取 0.95。

IEC 一般反时限特性方程：$t=\dfrac{0.14}{(I/I_p)^{0.02}-1}t_p$

式中，$I_p=I_{op}=2.7(A)$，按 $t=9s$ 躲过 7 倍额定电流 $I=7\times2.43=17(A)$ 代入方程，求得 $t_p=2.4$。

④低电压保护 动作电压：$U_{op}=0.4U_n=0.4\times100=40(V)$，式中 U_n 取 100V。

因该电动机参与自启动，低电压保护动作时限 $t=5s$。

有流闭锁电流值：$I_{op}=0.2I_e=0.2\times2.43=0.5(A)$。

⑤零序过流保护 零序过流保护以小电流接地选线装置为主，按零序一次电流达到 5A 报警整定：

$$I_{op}=5/100=0.05(A)\quad\quad t=2s\text{ 报警}$$

(3) 继电保护定值表

根据计算结果结合继电保护装置填写继电保护定值表，见表 8-1。

表 8-1 1♯原油泵继电保护定值表

保护元件	ISA 规约编号	含 义	整定范围及步长	出厂定值	整定值
相电流越限记录	d797	相电流越限电流定值	$0.2I_n\sim20I_n$,0.01A	$20I_n$	2.7A

续表

保护元件	ISA 规约编号	含 义	整定范围及步长	出厂定值	整定值
限时电流速断保护	* d010	限时电流速断保护投退	退出/投入	退出	投入
	d000	限时速断电流定值(低)	$0.2I_n \sim 20I_n, 0.01A$	$20I_n$	25.6A
	d001	限时电流速断保护时限	$0 \sim 99.99s, 0.01s$	99.99s	0s
	d424	限时速断电流定值(高)	$0.2I_n \sim 20I_n, 0.01A$	$20I_n$	25.6A
反时限过流保护	* d149	极度反时限过流投退	退出/投入	退出	退出
	* d475	非常反时限过流投退	退出/投入	退出	退出
	* d474	一般反时限过流投退	退出/投入	退出	投入
	d150	反时限过流保护启动定值	$0.2I_n \sim 20I_n, 0.01A$	$20I_n$	2.7A
	d151	反时限过流保护时间常数	$0.00 \sim 9.999s, 0.001s$	9.999s	2.4s
过负荷保护	* d059	过负荷保护投退	退出/投入	退出	投入
	* d131	过负荷保护跳闸投退	退出/投入	退出	投入
	d060	过负荷电流定值	$0.08I_n \sim 20I_n, 0.01A$	$20I_n$	2.9A
	d061	过负荷时限定值	$0.10 \sim 99.99s, 0.01s$	99.99s	9s
零序方向过流告警	* d018	零序过流告警投退	退出/投入	退出	投入
	* d129	零序方向元件投退	退出/投入	退出	退出
	* d130	零序过流跳闸投退	退出/投入	退出	退出
	d008	零序过流告警定值	$0.03 \sim 3.99A, 0.01A$	3.99A	0.05A
	d009	零序过流告警时限	$0 \sim 99.99s, 0.01s$	99.99s	2s
有流闭锁失压	* d730	失压保护投退	退出/投入	退出	投入
	d728	失压保护定值	$5 \sim 99.99V, 0.01V$	99.99V	40V
	d729	失压保护时限定值	$0.2 \sim 99.99s, 0.01s$	99.99s	5s
	* d119	失压保护有流闭锁投退	退出/投入	退出	投入
	d118	有流闭锁有流定值	$0.02I_n \sim 2I_n, 0.01A$	$2I_n$	0.5A
TV 断线告警	* d098	TV 断线告警投退	退出/投入	退出	投入
控回断线告警	* d146	控制回路断线告警投退	退出/投入	退出	投入

8.3.2 增安型防爆电动机算例

(1) 基础资料

回路名称：2♯压缩机；

电动机功率：3100kW；

额定电流：327A；

TA 变比：500A/5A；

自平衡差动 TA 变比：50A/5A；

零序 TA 变比：100A/1A；

TV 变比：6000V/100V；

电动机电缆终端处最小三相短路电流：6302A；

保护装置：PCS-9627D；

启动电流倍数：$I_a/I_n=4.95$；

增安型防爆电动机：$t_e=11.8s$。

其他：电源为上级主变电所直配，不涉及分段备自投后自启动问题。该电动机是同步电动机。

(2) 计算过程

① 磁平衡差动保护　动作电流 I_{op} 取 $0.05I_e$，即：$I_{op}=0.05I_e=0.05 \times 32.7=1.7(A)$。

式中　I_e——电动机折算到磁平衡 TA 二次额定电流，$I_e=327/10=32.7(A)$。

② 电流速断保护　动作电流 I_{op} 按躲过电动机最大启动电流整定，即：

$$I_{op}=K_{rel}K_{st}I_e=1.5 \times 4.95 \times 3.27=24.3(A)$$

式中　K_{rel}——可靠系数，取 1.5；

K_{st}——电动机启动电流倍数，取 4.95；

I_e——电动机二次额定电流，$I_e=327/100=3.27(A)$。

校验：灵敏系数按电动机接线盒处最小两相短路能可靠动作校验：

$$K_{sen}=0.866I_{k.min}/(I_{op}n_a)=0.866 \times 6302/(24.3 \times 100)=2.3 \geqslant 2 \quad 校验合格$$

式中　$I_{k.min}$——电动机接线盒处最小三相短路电流一次值，6302A；

I_{op}——电流速断保护动作电流，24.3A；

n_a——电流互感器变比，100。

③ 过负荷保护　动作电流 I_{op} 按躲过电动机额定电流计算，即：

$$I_{op}=K_{rel}I_e/K_r=1.1 \times 3.27/0.95=3.8(A)$$

式中　K_{rel}——可靠系数，取 1.1；

K_r——返回系数，取 0.95。

定时限动作时限取 $t=9s$。

④ 过流 Ⅱ 段作为堵转保护　动作电流 I_{op} 按躲过电动机额定电流计算，即：

$$I_{op}=K_{rel}I_e=1.3 \times 3.27=4.3(A)$$

式中　K_{rel}——可靠系数，取 1.3。

堵转保护动作时限取 $t=6s < 0.8t_e$。

⑤ 低电压保护　动作电压 $U_{op} = 0.4U_n = 0.4 \times 100 = 40(\text{V})$

式中　U_n——母线二次额定电压值，取 100V。

低电压保护动作时限取 $t = 3\text{s}$。

投入控制字"TV 断线监测投入"，低电压保护具有有流闭锁功能。

⑥ 零序过流保护　零序过流保护以小电流接地选线装置为主，按零序一次电流达到 5A 报警整定：

$$I_{op} = 5/100 = 0.05(\text{A}) \qquad t = 2\text{s} \text{ 报警}$$

(3) 继电保护定值表

根据计算结果结合继电保护装置形成继电保护定值表，见表 8-2。

表 8-2　加氢改质 2♯ 压缩机继电保护定值表

	定值选项	整定范围	整定值	备注
控制字	磁平衡差动投入	0(退出),1(投入)	1	
	过流 I 段投入	0(退出),1(投入)	1	按速断整定
	过流 II 段投入	0(退出),1(投入)	1	按过流整定
	过负荷保护投入	0(退出),1(投入)	1	
	零序过流投入	0(退出),1(投入)	0	零序报警
	低电压投入	0(退出),1(投入)	1	
	非电量 1 保护投入	0(退出),1(投入)	1	工艺联锁
	非电量 2 保护投入	0(退出),1(投入)	1	励磁故障
	两相式保护 TA	0(退出),1(投入)	1	
	TV 断线检测投入	0(退出),1(投入)	1	
保护定值	磁平衡差动定值	0.5~4A	1.7A	
	过流 I 段定值	0.05~100A	24.3A	
	过流 I 段时间	0.0~100.0s	0s	
	过流 II 段定值	0.05~100A	4.3A	
	过流 II 段时间	0.0~100.0s	6s	
	过负荷保护定值	0.05~15A	3.8A	
	过负荷保护时间	0.0~100.0s	9s	
	零序过流段定值	0.02~15A	0.05A	
	零序过流段时间	0.0~100.0s	2s	
	低电压定值	10~90V	40V	
	低电压时间	0.02~100.0s	3s	

8.3.3 大机组电动机算例

(1) 基础资料

回路名称：四空 1# 机；

电动机功率：2700kW；

额定电流：306.6A；

TA 变比：500A/5A；

中性点差动 TA 变比：500A/5A；

零序 TA 变比：100A/1A；

TV 变比：6000V/100V；

电动机电缆终端处最小三相短路电流：6481A；

保护装置：PCS-9626D；

其他：电源为上级主变电所直配，不涉及分段备自投后自启动问题。

(2) 计算过程

① 差动保护 动作电流 I_{op} 取 $0.4I_e$，即：$I_{op}=0.4I_e=0.4\times3.07=1.3(A)$。

差动速断保护动作电流 I_{op} 取 $6I_e$，即：$I_{op}=6I_e=6\times3.07=18.5(A)$。

式中 I_e——电动机二次额定电流：$I_e=306.6/100=3.07(A)$。

② 电流速断保护 动作电流 I_{op} 按躲过电动机最大启动电流整定，即：$I_{op}=K_{rel}K_{st}I_e=1.5\times5\times3.07=23(A)$

式中 K_{rel}——可靠系数，取 1.5；

K_{st}——电动机启动电流倍数，取 5。

校验：灵敏系数按电动机接线盒处最小两相短路能可靠动作校验：

$K_{sen}=0.866I_{k.min}/(I_{op}n_a)=0.866\times6481/(23\times100)=2.4\geqslant2$ 校验合格

式中 $I_{k.min}$——电动机接线盒处最小三相短路电流一次值：6481A；

I_{op}——电流速断保护动作电流：23A；

n_a——电流互感器变比：100。

③ 过负荷保护 动作电流 I_{op} 按躲过电动机额定电流计算，即：$I_{op}=K_{rel}I_e/K_r=1.1\times3.07/0.95=3.6(A)$

式中 K_{rel}——可靠系数，取 1.1；

K_r——返回系数，取 0.95。

定时限动作时限取 $t=9s$。

④ 过流 II 段作为堵转保护 动作电流 I_{op} 按躲过电动机额定电流计算，即：$I_{op}=K_{rel}I_e=1.3\times3.07=4.0(A)$

式中 K_{rel}——可靠系数，取 1.3。

堵转保护动作时限取 $t=6s$。

⑤ 低电压保护 动作电压：$U_{op}=0.4U_n=0.4\times100=40(V)$

式中 U_n——母线二次额定电压值，取 100V。

低电压保护动作时限取 $t=3s$。

投入控制字"TV 断线监测投入"，低电压保护具有有流闭锁功能。

⑥ 零序过流保护 零序过流保护以小电流接地选线装置为主，按零序一次电流达到 5A 报警整定：

$$I_{op}=5/100=0.05(A)\quad t=2s\ 报警$$

(3) 继电保护定值单

根据计算结果结合继电保护装置形成继电保护定值表，见表 8-3。

表 8-3 四空 1♯ 机继电保护定值表

	定值选项	整定范围	整定值	备注
控制字	差动速断投入	0(退出),1(投入)	1	
	比率差动投入	0(退出),1(投入)	1	
	过流Ⅰ段投入	0(退出),1(投入)	1	按速断整定
	过流Ⅱ段投入	0(退出),1(投入)	1	按过流整定
	过负荷保护投入	0(退出),1(投入)	1	
	零序过流投入	0(退出),1(投入)	0	零序报警
	低电压投入	0(退出),1(投入)	1	
	非电量 1 保护投入	0(退出),1(投入)	1	工艺联锁
	两相式保护 TA	0(退出),1(投入)	1	
	TV 断线检测投入	0(退出),1(投入)	1	
保护定值	差动速断定值	0.5~40A	18.5A	
	差动电流启动定值	0.1~4A	1.3A	
	比率制动系数	0.2~0.75	0.4	
	过流Ⅰ段定值	0.05~100A	23A	
	过流Ⅰ段时间	0.0~100.0s	0s	
	过流Ⅱ段定值	0.05~100A	4.0A	
	过流Ⅱ段时间	0.0~100.0s	6s	
	过负荷保护定值	0.05~15A	3.6A	
	过负荷保护时间	0.0~100.0s	9s	
	零序过流段定值	0.02~15A	0.05A	
	零序过流段时间	0.0~100.0s	2s	
	低电压定值	10~90V	40V	
	低电压时间	0.02~100.0s	3s	

第**9**章　高压电容器组保护整定计算

高压电容器作为无功补偿器件广泛用于高压配电所，为了实现动态补偿，高压电容器多分组使用，主回路有保护装置，各分支电容器组还有保护装置。主回路的保护装置一般配置速断保护、过流保护、零序过流保护、过电压和低电压保护，分支回路的保护装置一般配置过流保护、过电压保护和不平衡保护。

9.1 保护配置及其整定计算方法

9.1.1 电容器组主接线

电容器组主接线及保护配置示意图见图 9-1，每段母线有个主开关，下侧再接多组电容器组，高压配电所每段有 2~3 组电容器组，主变的低压母线每段会有 10 组左右的电容器组。分支开关的主要作用是投切电容，一般短路容量不足以开断短路电流，当分支开关保护装置的速断保护动作时，速断保护出口并不跳分支开关，而是跳主开关。同样原因，分支回路的保险一定要布置在电抗器下侧，有的厂家布置在电抗器上侧，结果电抗器上侧短路后，因保险短路容量

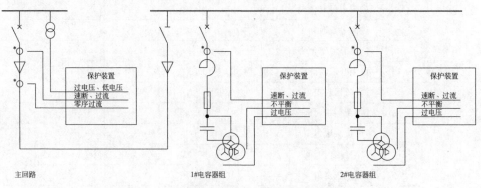

图 9-1　电容器组主接线及保护配置示意图

不足发生炸裂。电容器的串联电抗器阻抗一般按电容器阻抗的 6％选取，起到限制短路电流、限制谐波电流和送电时冲击电流的作用，其上侧短路电流和母线短路电流接近，能达到几千安到上万安，下侧短路时则只有几百安的短路电流。电容器组的 TV 一次侧必须与电容器并联，它的作用不只是取得保护用的电压值，还起到电容器停运后的放电作用。

9.1.2　主回路整定计算方法

(1) 速断保护

速断保护的保护范围一直到电容器串联电抗器上侧，当主开关下侧电缆短路、电容器组母线或分支线路短路时，速断保护会动作。主开关送电时不带电容负荷，根据系统无功补偿需求，手动或自动投切分支开关带电容负荷。

① 电流速断保护动作电流 I_{op} 按躲过最大容量电容器组投入的瞬时极端冲击电流加上其余电容器组额定电流之和整定，即：

$$I_{op} = K_{rel}(K_{st}I_{E1} + I_{E2})/n_a \tag{9-1}$$

式中　K_{rel}——可靠系数，取 1.3；

$\quad\quad K_{st}$——电容器组投入时冲击电流倍数，取 5～7；

$\quad\quad I_{E1}$——最大容量分支电容器额定电流；

$\quad\quad I_{E2}$——其余分支电容器额定电流之和；

$\quad\quad n_a$——电流互感器变比。

② 保护出口动作于跳闸，时限 0s。

③ 灵敏系数按串联电抗器上侧最小两相短路能可靠动作校验，K_{sen} 计算公式为：

$$K_{sen} = 0.866 I_{k.min}/(I_{op}n_a) \tag{9-2}$$

式中　$I_{k.min}$——串联电抗器上侧最小三相短路电流一次值，乘以 0.866 是两相短路电流一次值；

$\quad\quad I_{op}$——电流速断保护动作电流；

$\quad\quad n_a$——电流互感器变比。

要求 $K_{sen} \geq 2$。

(2) 过流保护

过流保护是分支回路保护的后备保护，当分支回路电容器、TV 及其引线短路时，如果分支回路保护拒动，主开关的过流保护会动作。

① 过流保护动作电流 I_{op} 按电容器组额定电流之和整定，即：

$$I_{op} = K_{rel}I_e/K_r \tag{9-3}$$

式中　K_{rel}——可靠系数，取 1.5～2.0；

$\quad\quad K_r$——返回系数，综合保护装置取 0.95；

I_e——电容器组额定电流二次值。

② 保护出口动作于跳闸，动作时限与分支回路过流保护动作时限配合，取 0.5s。

③ 灵敏系数按电容器上侧最小两相短路能可靠动作校验，K_{sen} 计算公式为：

$$K_{sen} = 0.866 I_{k.min} / (I_{op} n_a) \tag{9-4}$$

式中 $I_{k.min}$——电容器上侧最小三相短路电流一次值，乘以 0.866 是两相短路电流一次值；

I_{op}——过流保护动作电流；

n_a——电流互感器变比。

要求 $K_{sen} \geqslant 1.2$。

(3) 零序过流保护

电容器回路不属于重要回路，为防止发生严重故障，零序过流保护投跳闸，并且动作时限为 0。

动作电流 $I_{op.0}$ 按躲过外部发生接地时，流过零序电流互感器的本回路电容电流整定，即：

$$I_{op.0} = K_{rel} I_k / n_{a0} \tag{9-5}$$

式中 K_{rel}——可靠系数，动作于信号时取 2.0~2.5；

I_k——单相接地时本回路供给短路点的单相接地电流一次值；

n_{a0}——零序电流互感器变比。

(4) 过电压保护

主回路电压保护的电压取自母线 TV，为防止系统电压过高时电容器绝缘击穿，当母线电压高于过保护定值时，过电压保护动作跳闸。

① 动作电压

$$U_{op} = (1.1 \sim 1.2) U_n \tag{9-6}$$

式中 U_n——母线二次额定电压值，一般为 100V。

② 动作时限 取 7~9s。

(5) 低电压保护

电容器存储的电荷停电后不会立即释放完毕，为防止电容器存有电荷时来电造成电压叠加损坏电容器绝缘，当系统电压波动时利用低电压保护先断开电容器回路。

① 动作电压

$$U_{op} = (0.3 \sim 0.5) U_n \tag{9-7}$$

式中 U_n——母线二次额定电压值，一般为 100V。

② 动作时限 取分段备自投时间减去 0.5s。

9.1.3　分支回路整定计算方法

(1) 速断保护

分支开关的速断保护范围同主开关，分支开关的速断保护可以不投，如果投用，其动作出口去跳主开关，原因是分支开关一般无法开断电抗器上侧短路电流。

① 电流速断保护动作电流 I_{op} 按躲过电容器组投入时的冲击电流整定，即：

$$I_{op} = K_{rel} K_{st} I_e \tag{9-8}$$

式中　K_{rel}——可靠系数，取 1.3；

　　　K_{st}——电容器组投入时冲击电流倍数，取 5～7；

　　　I_e——电容器组额定电流二次值。

② 保护出口跳主开关，动作时限 0s。

③ 灵敏系数按串联电抗器上侧最小两相短路能可靠动作校验，K_{sen} 计算公式为：

$$K_{sen} = 0.866 I_{k.min} / (I_{op} n_a) \tag{9-9}$$

式中　$I_{k.min}$——串联电抗器上侧最小三相短路电流一次值，乘以 0.866 是两相短路电流一次值；

　　　I_{op}——电流速断保护动作电流；

　　　n_a——电流互感器变比。

要求 $K_{sen} \geqslant 2$。

(2) 过流保护

过流保护的保护范围延伸到串联电抗器下侧，当分支回路电容器、TV 及其引线短路时，过流保护会动作跳闸。

① 过流保护动作电流 I_{op} 按电容器组额定电流整定，即：

$$I_{op} = K_{rel} I_e / K_r \tag{9-10}$$

式中　K_{rel}——可靠系数，取 1.5～2.0；

　　　K_r——返回系数，综合保护装置取 0.95；

　　　I_e——电容器组额定电流。

② 保护出口动作于跳闸，动作时限按躲过电容器投入时冲击电流持续时间整定，取 0.3s。

③ 灵敏系数按电容器上侧最小两相短路能可靠动作校验，K_{sen} 计算公式为：

$$K_{sen} = 0.866 I_{k.min} / (I_{op} n_a) \tag{9-11}$$

式中　$I_{k.min}$——电容器上侧最小三相短路电流一次值，乘以 0.866 是两相短路电流一次值；

　　　I_{op}——过流保护动作电流；

n_a——电流互感器变比。

要求 $K_{sen} \geq 1.5$ 。

(3) 过电压保护

分支回路电压保护的电压取自放电 TV，直接反映电容器的电压。由于串联电抗器的阻抗和电容器的阻抗是相反方向，电容器的端电压会比母线电压高出 6%。高压电容器是由耐压较低的电容器串联组成，当电容器局部绝缘击穿时，电容器容量会变大，电容电流变大，由于串联电抗器的作用其端电压会升高，此时即使母线电压不高，分支回路过电压保护也可能动作。

① 动作电压

$$U_{op} = (1.0 \sim 1.1)U_n \tag{9-12}$$

式中　U_n——放电 TV 二次额定电压值，一般为 100V，多数放电 TV 一次额定电压比母线额定电压要高，6kV 系统电容器放电 TV 一次额定电压为 6.6kV 时可靠系数取 1.1，一次额定电压为 7.2kV 时可靠系数取 1.0。

② 动作时限　取 7~9s。

(4) 不平衡保护

当电容器局部绝缘击穿时，电容器容量会发生变化，由于串联电抗器的作用其端电压会发生变化，TV 开口三角会输出不平衡电压，超过保护定值时分支回路不平衡保护动作跳闸。

动作电压 U_{op} 取 5~10V，动作时限按躲过电容器投入时或系统其他故障造成的瞬时不平衡电压持续时间整定，取 0.1~0.2s。

9.2 电容器保护装置工作原理

9.2.1 PCS-9631D 电容器保护装置

(1) 保护功能

- 两段定时限过流保护和一段反时限过流保护；
- 两段零序过流保护/小电流接地选线和零序过流反时限保护；
- 过电压保护；
- 低电压保护；
- 不平衡电压保护；
- 不平衡电流保护；
- 非电量保护。

（2）保护原理

① 过流保护　保护装置设两段过流保护和一段反时限保护，各段有独立的电流定值和时间定值以及控制字。过流Ⅰ段和过流Ⅱ段固定为定时限保护，图9-2 为过流Ⅰ段保护逻辑图，过流Ⅱ段保护逻辑与过流Ⅰ段类似。过流反时限保护可以经"过流反时限投入"控制字投入，电容器故障没必要用较大延时切除，一般不用反时限来保护。

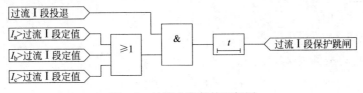

图 9-2　过流Ⅰ段保护逻辑图

② 零序保护（接地保护）　当装置用于小电流接地系统，接地故障时的零序电流很小时，可以用接地试跳的功能来隔离故障。这种情况要求零序电流由外部专用的零序 TA 引入，不能够用软件自产。

当装置用于小电阻接地系统，接地零序电流相对较大时，可以用直接跳闸方法来隔离故障。相应地，本装置提供了两段零序过流保护以及一段零序过流反时限保护，反时限特性和过流反时限特性相同。零序Ⅱ段还可经控制字选择是跳闸还是报警。

当零序电流作跳闸和报警用时，其既可以由外部专用的零序 TA 引入，也可用软件自产（辅助参数定值中有"零序电流自产"控制字）。

③ 过电压保护　为防止系统稳态过电压造成电容器损坏，设置过电压保护。过电压保护逻辑图见图9-3。

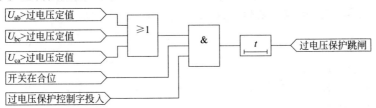

图 9-3　过电压保护逻辑图

④ 低电压保护　电容器组失电后，若在其放电完成之前重新带电，可能会使电容器组承受合闸过电压，本装置为此设置了低电压保护。装置提供了"投低电压保护"压板以方便运行人员投退低电压保护。低电压保护逻辑图见图9-4。

低电压保护可经控制字选择是否经电流闭锁，以防止 TV 断线时低电压保护误动，此功能需要计算低电压定值时对应的电容电流作为电流闭锁定值，由于电容器回路误动对电气系统影响不大，一般不使用有流闭锁低电压保护功能。

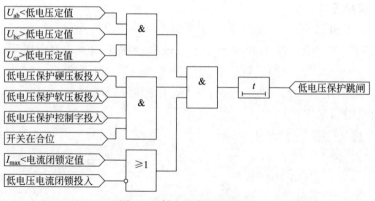

图 9-4 低电压保护逻辑图

⑤ 不平衡保护 保护装置设置不平衡电压保护与不平衡电流保护，主要反映电容器组的内部故障。

三路不平衡电压保护元件亦可供不平衡差压保护用。此情况下 A、B、C 三相不平衡差压分别对应不平衡电压 1、不平衡电压 2、不平衡电压 3，其保护定值及控制字分别为对应的不平衡电压保护的保护定值及控制字。A、B、C 三相不平衡差压模拟量输入也为对应的三路不平衡电压模拟量输入端子。

⑥ 非电量保护 保护装置可接入如下非电量：重瓦斯开入、轻瓦斯开入、超温开入。其中重瓦斯可通过控制字选择是否跳闸；轻瓦斯的报警功能固定投入；超温通过控制字可选择报警或跳闸。

非电量保护主要用于油浸式串联电抗器和电容器一体的补偿电容器，目前使用较少，多采用干式串联电抗器。

9.2.2 CSC-221A 电容器保护装置

(1) 保护功能
- 两段式过流保护(定/反时限)；
- 两段定时限零序过流保护；
- 低电压保护；
- 过电压保护；
- 不平衡电压保护；
- 自动投切功能。

(2) 保护原理
① 过流保护 保护装置设两段定时限过流保护，各段电流及时间定值可独立整定，通过反时限功能控制字可切换到反时限。动作条件：

a. 任一相电流大于过流定值；

b. 过流保护软压板投入；

c. 延时时间到。

② 零序过流保护　两段式零序过流元件的实现方式与过流元件相似，各段电流及时间定值可独立整定，动作出口可投跳闸或信号。

③ 过电压保护　当任一线电压超过过电压保护的整定值时，过电压保护启动，动作条件：

a. 任一线电压大于过电压定值；

b. 断路器在合位；

c. 过电压保护软压板投入；

d. 延时时间到。

④ 低电压保护　低电压保护动作条件：

a. 三个线电压均低于低电压定值；

b. 断路器在合位；

c. 本线路三相电流均小于有流整定值；

d. 线电压有压超过 2s，即电压下降沿动作；

e. 延时时间到。

⑤ 不平衡保护　不平衡保护用来保护电容器内部故障，动作条件如下：

a. 不平衡电压大于不平衡整定值；

b. 断路器在合位；

c. 不平衡保护软压板投入；

d. 延时时间到。

⑥ 自投切功能　依据系统电压自动投切，电压低于自投低压整定值但要大于 64V 时自动投入，电压大于自切过压定值时自动切除。实际很少使用该功能，多用功率因数自动控制装置来实现自动投切，保证高压配电所进线功率因数在设定范围内。

9.3 电容器组保护整定算例

9.3.1 主回路算例

(1) 基础资料

回路名称：干粉配电所 1♯电容器组；

额定容量：270kvar＋2×540kvar（1♯分支：270kvar，2♯分支：540kvar，3♯分支：540kvar）；

额定电流：23.6＋2×47.2＝118A；

TA 变比：200A/5A；

零序 TA 变比：100A/1A；

母线 TV 变比：6000V/100V；

电容器组母线最小三相短路电流：8867A；

1♯分支电容器上侧最小三相短路电流：394A；

2♯、3♯分支电容器上侧最小三相短路电流：755A；

主回路保护装置：PCS-9631D。

(2) 计算过程

① 电流速断保护动作电流 I_{op} 按躲过最大容量电容器组投入的瞬时极端冲击电流加上其余电容器组额定电流之和整定，即：

$$I_{op} = K_{rel}(K_{st}I_{e1} + I_{e2})/n_a = 1.3 \times (5 \times 47.2 + 70.8)/40 = 10(A)$$

式中　K_{rel}——可靠系数，取 1.3；

　　　K_{st}——电容器组投入时冲击电流倍数，取 5；

　　　I_{e1}——最大容量电容器组额定电流，47.2A；

　　　I_{e2}——其余电容器组额定电流之和，23.6A+47.2A=70.8A；

　　　n_a——电流互感器变比。

保护出口动作于跳闸，时限 0s。

灵敏系数按串联电抗器上侧最小两相短路能可靠动作校验，即：

$$K_{sen} = 0.866I_{k.min}/(I_{op}n_a) = 0.866 \times 8867/(10 \times 40) = 19 > 2 \quad 校验合格$$

式中　$I_{k.min}$——串联电抗器上侧最小三相短路电流一次值，乘以 0.866 是两相短路电流一次值；

　　　I_{op}——电流速断保护动作电流；

　　　n_a——电流互感器变比。

② 过流保护　过流保护动作电流 I_{op} 按电容器组额定电流之和整定，即：

$$I_{op} = K_{rel}I_e/(K_r n_a) = 1.5 \times 118/(0.95 \times 40) = 4.7(A)$$

式中　K_{rel}——可靠系数，取 1.5；

　　　K_r——返回系数，综合保护装置取 0.95；

　　　I_e——各电容器组额定电流之和。

保护出口动作于跳闸，动作时限与分支回路过流保护动作时限配合，取 0.5s。

灵敏系数按电容器上侧最小两相短路能可靠动作校验，K_{sen} 计算公式为：

$$K_{sen} = 0.866I_{k.min}/(I_{op}n_a) = 0.866 \times 394/(4.7 \times 40) = 1.8 > 1.2 \quad 校验合格$$

式中　$I_{k.min}$——电容器上侧最小三相短路电流一次值，394A；

　　　I_{op}——过流保护动作电流，4.7A；

　　　n_a——电流互感器变比，40。

要求 $K_{sen} \geq 1.2$。

③ 零序过流保护　零序过流保护按零序一次电流达到 5A 整定：

$$I_{op} = 5/100 = 0.05(A)$$

保护出口：0s 跳闸。

④ 过电压保护　动作电压：$U_{op} = 1.15U_n = 1.15 \times 100 = 115(V)$；过电压保护动作时限取 $t = 9s$，保护出口跳闸。

⑤ 低电压保护　动作电压 $U_{op} = 0.4U_n = 0.4 \times 100 = 40(V)$；分段备自投时间为 2s，低电压保护动作时限取 $t = 1.5s$。

(3) 继电保护定值表

根据计算结果结合继电保护装置形成继电保护定值表，见表 9-1。

表 9-1　干粉 1♯ 电容器组继电保护定值表

	定值选项	整定范围	整定值	备注
控制字	过流Ⅰ段投入	0(退出)，1(投入)	1	按速断整定
	过流Ⅱ段投入	0(退出)，1(投入)	1	按过流整定
	零序过流Ⅰ段投入	0(退出)，1(投入)	1	
	过电压投入	0(报警)，1(跳闸)	1	
	低电压投入	0(退出)，1(投入)	1	
	低电压电流闭锁投入	0(退出)，1(投入)	0	
	不平衡电压投入	0(退出)，1(投入)	0	
保护定值	过流Ⅰ段定值	$(0.05 \sim 30)I_n$	10A	
	过流Ⅰ段时间	$0.0 \sim 100.0s$	0s	
	过流Ⅱ段定值	$(0.05 \sim 30)I_n$	4.7A	
	过流Ⅱ段时间	$0.0 \sim 100.0s$	0.5s	
	零序过流段定值	$0.02 \sim 30A$	0.05A	
	零序过流段时间	$0.0 \sim 100.0s$	0s	
	过电压定值	$100 \sim 200V$	115V	
	过电压时间	$0.0 \sim 100.0s$	9s	
	低电压定值	$2 \sim 100V$	40V	
	低电压时间	$0.02 \sim 100.0s$	1.5s	

9.3.2　分支回路算例

(1) 基础资料

分支回路保护装置：CSC-221A；

1♯分支回路 TA 变比：50A/1A；

电容放电 TV 变比：7200V/100V。

(2) 计算过程

① 电流速断保护　主回路速断保护灵敏度校验合格，分支回路速断保护可不投用。

② 过流保护　过流保护动作电流 I_{op} 按分支电容器额定电流整定，即：
$$I_{op}=K_{rel}I_e/K_r=1.5\times23.6/(0.95\times50)=0.75(A)$$
式中　K_{rel}——可靠系数，取 1.5；

　　　K_r——返回系数，综合保护装置取 0.95；

　　　I_e——电容器组额定电流二次值。

保护出口动作于跳闸，动作时限取 0.3s。

灵敏系数按电容器上侧最小两相短路能可靠动作校验，K_{sen} 计算公式为：
$$K_{sen}=0.866I_{k.min}/(I_{op}n_a)=0.866\times394/(0.75\times50)=9.1>1.5\quad 校验合格$$
式中　$I_{k.min}$——电容器上侧最小三相短路电流一次值，394A；

　　　I_{op}——过流保护动作电流，1.0A；

　　　n_a——电流互感器变比，50。

③ 过电压保护　动作电压 $U_{op}=1.0U_n=1.0\times100=100(V)$；动作时限取 $t=7s$，保护出口跳闸。

④ 不平衡保护　动作电压：取 $U_{op}=7V$；保护动作时限取 $t=0.2s$。

(3) 继电保护定值表

根据计算结果结合继电保护装置形成继电保护定值表，见表 9-2。

表 9-2　干粉 1♯电容器组 1♯分支继电保护定值表

定值选项		整定范围	整定值
控制字	D14：TA 额定电流选择	0(5A)，1(1A)	1
	D13：保护时限选择	0(定时限)，1(反时限)	0
	D12：自投切选择	0(退出)，1(投入)	0
	D6：不平衡出口	0(跳闸)，1(报警)	0
	D5：过电压出口	0(跳闸)，1(报警)	0
	D1：控制回路断线	0(投入)，1(退出)	0
软压板	电流Ⅱ段	退出/投入	投入
	过压	退出/投入	投入
	不平衡	退出/投入	投入

定值选项		整定范围	整定值
保护定值	过流Ⅱ段电流	$0.05 \sim 20A (I_n = 1A)$	1A
	过流Ⅱ段时间	$0.1 \sim 32.0s$	0.3s
	过电压定值	$70 \sim 130V$	100V
	过电压时间	$0.0 \sim 100.0s$	7s
	不平衡电压定值	$0.5 \sim 100V$	7V
	不平衡电压时间	$0.0 \sim 32.0s$	0.2s

第10章 发电机保护的整定计算

一些企业都有动力厂(站),主要是为了给生产装置提供蒸汽,为了充分利用热能,一般安装有背压式或抽气式汽轮发电机组,运行原则为"以热定电",负荷调整和机组启停较为频繁。发电机的保护主要有差动保护、复合电压闭锁过流保护、定子接地保护、转子接地保护和非电量保护。

10.1 保护配置及其整定计算方法

10.1.1 差动保护

(1) 基本原理

发电机差动保护示意图见图 10-1,其保护范围为开关 TA 至发电机中性点 TA,当保护范围内的电缆、电缆终端头、机端母线等部位发生相间短路时差动保护动作。

一般小机组的励磁变容量不大,对差动电流影响不大时其 TA 可不引入差动保护装置,此时保护范围反而更大,当励磁变故障严重时差动保护也会动作。

(2) 整定计算方法

① 比率差动按躲过正常发电机额定负载时的最大不平衡电流整定,可取 $(0.3 \sim 0.6)I_e$, I_e 为发电机二次额定电流。

② 差动速断电流定值按躲过机组非同期合闸产生的最大不平衡电流计算,可取 $(3 \sim 4)I_e$。

③ 比率系数等参数参考具体保护装置整定。

10.1.2 复合电压闭锁过流保护

(1) 基本原理

复合电压闭锁过流保护属于发电机后备保护。当发电机机端母线或电缆相间短路时,如果差动保护没有动作则复合电压闭锁过流保护动作切除故障点。

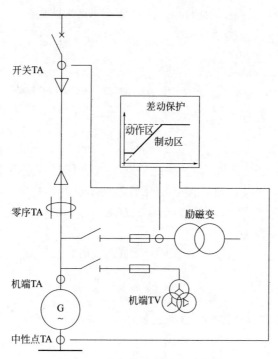

图 10-1　发电机差动保护示意图

当外部短路时，如果外部开关没有及时切除故障点，发电机不能长时间提供短路电流，复合电压闭锁过流保护动作，防止发电机长时间过流发热损坏绝缘。

（2）整定计算方法

① 复合电压闭锁过流保护动作电流 I_{op} 按躲过发电机额定电流整定，即：

$$I_{op} = K_{rel}I_e/K_r \qquad (10\text{-}1)$$

式中　K_{rel}——可靠系数，取 1.3；

　　　K_r——返回系数，综合保护装置取 0.95；

　　　I_e——发电机额定电流二次值。

② 低电压元件取线电压，动作电压 U_{op} 可按下式整定：

对于汽轮发电机：$U_{op} = 0.6U_n$ $\qquad (10\text{-}2)$

③ 负序电压应按躲过正常运行时出现的不平衡电压整定，一般可取：

$$U_{op.2} = (0.06 \sim 0.08)U_n \qquad (10\text{-}3)$$

④ 动力厂（站）高压配电所正常运行方式为分列运行，保护动作于解列，如果所在母线两段并列运行，可以先跳分段开关，再延时解列。

保护动作时限大于上级母线配出回路过流时限。

⑤ 灵敏系数按机端两相短路时，保护能可靠动作校验：

$$K_{sen} = 0.866I_{k.min}/(I_{op}n_a) \qquad (10\text{-}4)$$

式中 $I_{k.min}$——机端两相短路时，发电机提供三相短路电流；

I_{op}——过流保护动作电流；

n_a——电流互感器变比。

要求 $K_{sen} \geqslant 1.5$。

10.1.3 定子接地保护

(1) 基本原理

发电机中性点经消弧线圈接地时，用零序电流保护实现定子绕组接地保护，接地保护带时限动作于信号，但当消弧线圈退出运行或由于其他原因使残余电流大于接地电流允许值时，应换为动作于停机。

(2) 整定计算方法

动作电流按躲过外部单相接地时发电机稳态电容电流整定。一般可取：

$$I_{op.0} = K_{rel} I_k / n_{a0} \qquad (10-5)$$

式中 K_{rel}——可靠系数，取 $3 \sim 4$；

I_k——外部单相接地时发电机稳态电容电流；

n_{a0}——零序电流互感器变比。

10.1.4 转子接地保护

(1) 基本原理

汽轮发电机通用技术条件规定：对于空冷的汽轮发电机，励磁绕组的冷态绝缘电阻不小于 $1M\Omega$。转子一点接地后延时动作于信号，此时发电机可继续运行，但要投入转子两点接地保护压板，转子两点接地保护动作于发电机解列。

(2) 整定计算方法

① 转子一点接地定值：对于空冷汽轮发电机，一般整定 $20k\Omega$，转子一点接地延时 2s 动作于信号。

② 转子两点接地一般无需整定，在转子一点接地稳定后投入压板，保护动作后延时 1.5s 解列发电机。

10.1.5 过负荷保护

(1) 基本原理

发电机负荷一般由汽轮机调速装置来调整，过负荷时发出信号提醒运行人员及时调整负荷。即使没有真正过负荷，如果励磁电流过大，发电机无功输出过多时，运行电流也会超出额定电流而发出过负荷信号。具体过负荷原因可参考有功功率、无功功率和功率因数确定。

（2）整定计算方法

① 过负荷保护动作电流 I_{op} 按发电机长期允许的负荷电流下能可靠返回的条件整定，即：

$$I_{op} = K_{rel} I_e / K_r \qquad (10\text{-}6)$$

式中　K_{rel}——可靠系数，取 1.05；

　　　K_r——返回系数，综合保护装置取 0.95；

　　　I_e——发电机额定电流二次值。

② 保护延时按躲过后备保护的最大延时整定，动作于信号。

10.1.6　过电压保护

（1）基本原理

发电机正常并网运行时基本不会出现过电压，一般是在并网前调整励磁升压过程中易出现过电压，过电压保护应根据电机制造厂提供的允许过电压能力或定子绕组的绝缘状况整定。

（2）整定计算方法

① 动作电压

$$U_{op} = 1.3 U_n \qquad (10\text{-}7)$$

式中　U_n——发电机额定电压二次值。

② 动作时限　延时 0.5s 动作于解列灭磁。

10.1.7　低频保护

（1）基本原理

企业多装有快切装置和分段备自投装置，出现过当电力系统故障时由于自备发电机脱网运行造成分段备自投装置误动作及快切装置不能正确动作的情况。企业要求自备发电机投入低频保护，自备发电机一旦脱网运行，无法带大负荷，频率降低，低频保护动作，发电机解列。

（2）整定计算方法

① 动作频率　$f_{op} = 47\sim48.5\mathrm{Hz}$。

② 动作时限　延时 0s，直接动作于解列灭磁。

10.1.8　非电量保护

非电量保护是由外部输入的开关量信号组成的保护，包括热工事故、励磁事故。其中热工事故信号由汽轮机仪表保护系统发来，励磁事故信号由励磁装置发来。热工事故、励磁事故保护动作后发电机直接跳闸。

10.2 发电机保护装置工作原理

10.2.1 MGT102/122 发电机保护装置

(1) 保护功能

MGT102 发电机主保护装置包括纵联电流差动、单元件横差、定子回路接地、励磁回路接地等多种反映发电机内部短路为主的保护功能，作为发电机组的主保护。

MGT122 发电机后备保护装置包括复合电压闭锁过电流、低励（失磁）保护、低频保护、逆功率保护、过负荷保护、过、欠电压保护等反映故障和异常运行方式的保护功能和电流、电压、功率、频率、电度等多种测量仪表功能以及同期检定合闸等控制功能，作为发电机组的后备保护和测控单元。

(2) 保护原理

① 纵联电流差动保护　MGT102 采用由四段折线组成的纵联电流比率差动保护和差电流速断保护，动作特性见图 10-2，因而具有轻载或内部故障时灵敏度高，外部故障时稳定可靠的特点。MGT102 的纵联电流差动保护具有"三相差动元件中两相动作才出口/三相差动元件中一相动作就出口"的比率差动出口选择、二次谐波制动判据选择、电流互感器（TA）二次回路断线（零序电流原理）闭锁选择和各侧电流分别平衡和 Y/△折算的功能。

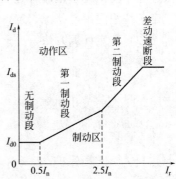

图 10-2　纵联电流差动保护特性

② 定子接地保护　MGT102 采用了零序过电流（零序过电流/零序过电压）继电器作为 95％范围的定子接地保护，根据机组的主接线和互感器的配置方案的不同作相应选择。采用了三次谐波电压判据作为近中性点附近的接地保护，与零序过电压一起构成 100％范围的定子接地保护。

③ 转子接地保护　MGT102 采用了乒乓（切换）采样式原理测量励磁回路（转子）对地电阻值，当发生一点接地时，测出接地点距负极滑环的电气距离，当发生两点接地时，该距离发生了变化，当变化值大于整定值时，两点接地保护动作出口。

④ 复合电压闭锁过流保护　MGT122 采用复合电压闭锁过流保护作为发电机组内部短路故障和区外短路故障的后备保护。电流元件取自发电机中性点三相中最大相的电流，复合电压元件由相间低电压元件和负序过电压元件组成，

电压一般取自机端电压互感器，如果在发-变组内应用时以变压器外部故障的后
备保护作为重点，可取自系统侧电压互感器。

⑤ 失磁保护　MGT122 中采用失磁阻抗继电器作为机组失磁的主判据，阻
抗特性为圆特性。对于汽轮机组，失磁后允许一段时间异步运行，从电网吸收
无功功率，发出有功功率。

10.2.2　RCS-985RS/SS 发电机保护装置

(1) 保护功能

发电机一般配置主保护(RCS-985RS)和后备保护(RCS-985SS)两套保护装
置，每个装置均有独立的出口跳闸回路。其中 RCS-985RS 含有 3 路非电量保
护，RCS-985SS 含有一个操作回路。

RCS-985RS 保护功能：
- 变斜率比率差动保护；
- 差动速断保护；
- 转子一点接地保护；
- 转子两点接地保护；
- 定子定时限过负荷保护；
- 定、反时限负序过负荷保护；
- 励磁过流保护；
- 轴电流保护；
- 大电流选跳功能；
- 非电量保护(3 路)。

RCS-985SS 保护功能：
- 纵向零序电压匝间保护；
- 横差保护；
- 工频变化量负序方向匝间保护；
- 复合电压闭锁过流保护；
- 基波零序电压定子接地保护；
- 零序电流定子接地保护；
- 三次谐波比率定子接地保护；
- 失磁保护。

其他功能：
- 逆功率保护；
- 电压异常保护；
- 频率异常保护。

(2) 保护原理

① 比率差动保护 比率差动逻辑框图见图 10-3,保护功能含差动速断、高值比率差动和比率差动,当保护范围内发生短路故障时,如果差动电流较小,比率差动元件动作,如果差动电流较大,高值比率差动元件动作,高值比率差动曲线斜率更大些,制动电流相对偏大,如果差动电流达到差动速断定值,差动速断元件动作。

差动速断保护定值较大,灵敏度相对比率差动低,但在 TA 断线时比率差动会被闭锁,只能靠差动速断来保护。差动气动元件当三相差动电流大于差动电流启动整定值时,启动元件动作。保护装置有区外故障引起 TA 饱和的判别元件,当差流为 TA 饱和引起时闭锁比率差动保护。

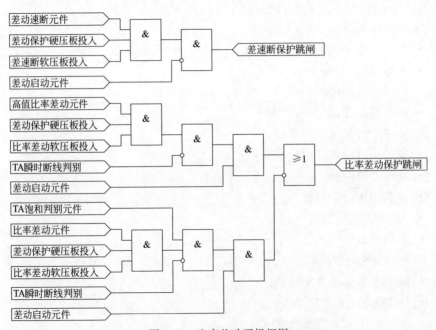

图 10-3 比率差动逻辑框图

② 复合电压过流保护 复合电压过流保护逻辑框图见图 10-4,复合电压过流保护作为发电机、高压母线和相邻线路故障的后备保护,一般设两段定值,先延时动作于跳分段开关或其他开关,再延时动作于停机。

复合电压元件由相间低电压和负序电压或门构成,通过控制字选择投退复合电压闭锁。自并励发电机在短路故障后电流衰减变小,故障电流在过流保护动作出口前可能已小于过流定值,因此,复合电压过流保护启动后,过流元件需带记忆功能,使保护能可靠动作出口。TV 断线保护投退原则投入后,TV 断线会闭锁复合电压元件。

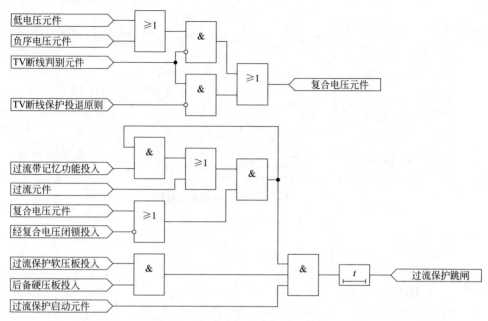

图 10-4　复合电压过流保护逻辑框图

③ 定子接地保护　与母线直接相连的发电机，当单相接地故障电流(不考虑消弧线圈的补偿作用) 大于允许值时，应装设有选择性的接地保护装置。零序过流可动作于信号也可动作于跳闸。零序过流定子接地保护逻辑框图见图 10-5。

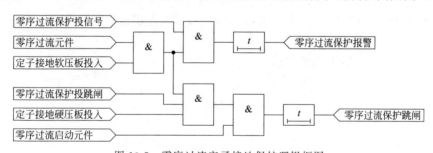

图 10-5　零序过流定子接地保护逻辑框图

④ 转子接地保护　转子接地保护采用切换采样原理(乒乓式)。转子一点接地保护反映发电机转子对大轴绝缘电阻的下降，转子一点接地保护逻辑框图见图 10-6，图中 R_g 表示转子接地电阻。

若转子一点接地保护动作于报警方式，当转子接地电阻 R_g 小于普通段整定值，转子一点接地保护动作后，经延时手动投入转子两点接地保护，当接地位置改变达一定值时判为转子两点接地，动作于跳闸，转子两点接地保护逻辑框图见图 10-7。

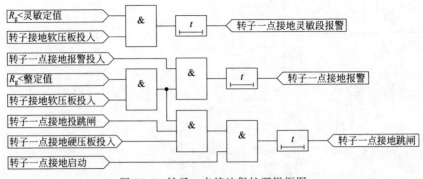

图 10-6　转子一点接地保护逻辑框图

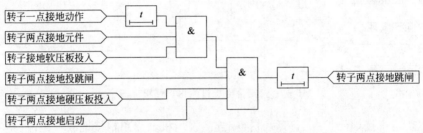

图 10-7　转子两点接地保护逻辑框图

⑤ 过负荷保护　过负荷保护反映发电机定子绕组的平均发热状况。保护动作量同时取发电机机端、中性点定子电流。过负荷保护逻辑框图见图 10-8。

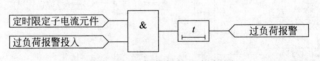

图 10-8　过负荷保护逻辑框图

⑥ 过电压保护　过电压保护用于保护发电机各种运行情况下引起的定子过电压。发电机电压保护所用电压量的计算不受频率变化影响。过电压保护反映机端相间电压的最大值，动作于跳闸出口。过电压保护逻辑框图见图 10-9，图中 U_{ppmax} 为相间电压最大值。

⑦ 逆功率保护　由于各种原因导致失去原动力，发电机变为电动机运行，此时，为防汽轮机叶片、燃气轮机齿轮损坏，需配置逆功率保护。逆功率保护设两段时限，可通过控制字投退。Ⅰ段延时动作于信号，Ⅱ段延时动作于停机出口。逆功率保护定值范围 $(0.5\% \sim 10\%)P_n$，P_n 为发电机额定有功功率。延时范围：信号 $0.1 \sim 25s$，跳闸 $0.1 \sim 600s$。逆功率保护逻辑框图见图 10-10。

⑧ 频率保护　大型汽轮发电机运行中允许其频率变化的范围为 48.5 ～

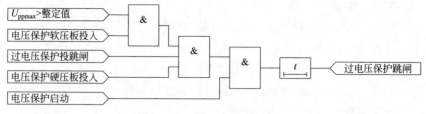

图 10-9　过电压保护逻辑框图

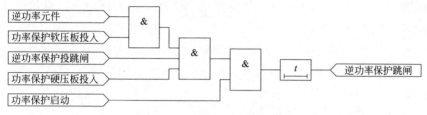

图 10-10　逆功率保护逻辑框图

50.5Hz，如超出范围，频率保护会动作于信号或跳闸。保护设两段定值，为持续运行低频保护。频率保护逻辑框图见图 10-11，图中闭锁元件指频率保护经无流标志闭锁。

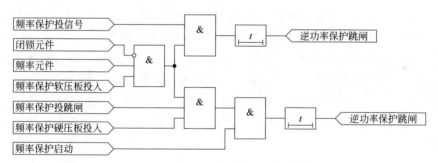

图 10-11　频率保护逻辑框图

10.3 发电机保护整定算例

（1）基础资料

回路名称：动力站 1♯ 发电机；

额定容量：6000kW；

额定电流：688A；

功率因数：0.8；

额定电压：6300V；

　　TV 变比：6000V/100V；

　　TA 变比：1000A/5A（开关下侧、机端、中性点均相同）；

　　零序 TA 变比：100A/5A；

　　机端三相短路时发电机提供电流：5304A；

　　保护装置：主保护 MGT102，后备保护 MGT122。

(2) 计算过程

　　① 差动保护　如果差动保护两侧电流互感器变比不同，可通过软件的平衡系数调整，达到平衡。机端侧和中性点侧电流互感器的额定一次电流值 I_{TA1}、I_{TA2} 相同，都是 1000A。

　　机端侧平衡系数：$K_1 = I_N / I_{TA1} = 688/1000 = 0.688$

　　中性点侧平衡系数：$K_2 = I_N / I_{TA2} = 688/1000 = 0.688$

式中　K_1──开关下侧平衡系数；

　　　K_2──中性点侧平衡系数；

　　　I_N──发电机额定电流，688A。

　　I_{d0} 为差动保护的起始动作电流，即最小动作电流值，应按躲过发电机正常额定负荷时的最大不平衡电流选定。建议取 $(0.3 \sim 0.6) I_e$，其中 I_e 为发电机额定电流二次值。

$$I_{d0} = 0.4 \, I_e = 0.4 \times 3.44 = 1.4(A)$$

　　制动特性段的斜率可选取第二斜率 $S_1 = 0.4$，第二斜率 $S_2 = 0.7$。

　　差动速断段的动作电流 I_{ds} 按避越穿越性故障或发电机非同期合闸冲击所产生的最大不平衡电流选定，一般取 $(3 \sim 4)$ 倍发电机的额定电流：

$$取 \ I_{ds} = 4 I_e = 4 \times 3.44 = 13.8(A)$$

　　② 定子接地保护　动作电流 I_{op} 应躲过外部单相接地时，发电机供出的电容电流，即

$$I_{op} = K_{rel} I_c / n_{a0} = 3 \times 0.17/20 = 0.03(A)$$

式中　K_{rel}──可靠系数，取 3；

　　　I_c──1# 发电机单相接地电容电流，0.17A；

　　　n_{a0}──零序 TA 变比，100A/5A = 20。

　　保护延时 5s 动作于发电机跳闸解列。

　　③ 转子接地保护定值　转子一点接地的对地电阻设定值越高，接地保护越灵敏，但动作可靠性相对便差一些。为此，转子对地电阻整定值取 20kΩ。

　　在转子一点接地已测出接地故障点离负极端的电气距离值为 L_0，将其保存起来以作比较。以后不断测得新的电气距离值 L_1，两者差的绝对值 $|L_1 - L_0|$ 达到整定值（取 5%），即为发生两点接地。

　　④ 复合电压闭锁过电流保护　动作电流 I_{op} 按躲过发电机额定电流整

定，即：
$$I_{op}=K_{rel}I_e/K_r=1.3\times3.44/0.95=4.7(A)$$
式中　K_{rel}——可靠系数，取 1.3；

　　　K_r——返回系数，综合保护装置取 0.95；

　　　I_e——发电机额定电流二次值，3.44A。

低电压元件取线电压，动作电压 U_{op} 可按下式整定：
$$对于汽轮发电机\quad U_{op}=0.6U_n=0.6\times100=60(V)$$
式中　U_n——TV 二次额定值，100V。

负序电压应按躲过正常运行时出现的不平衡电压整定，一般可取：
$$U_{op.2}=0.06U_n=0.06\times100=6(V)$$

动力站高压配电所正常运行方式为分列运行，保护动作于解列，保护动作时限大于上级母线配出回路后备保护时限（1.1s），取 $t=1.5s$。当上级母线配出到其他高压配电所回路出现短路故障时，发电机会提供短路电流，该故障最长切除时间为 1.1s，故障可能会启动发电机过电流保护，但由于时间不到 1.5s，所以不会造成发电机跳闸解列。

灵敏系数按机端两相短路时，保护能能可靠动作校验：
$$K_{sen}=0.866I_{k.min}/(I_{op}n_a)=0.866\times5304/(4.7\times200)=4.9>1.5\quad校验合格$$
式中　$I_{k.min}$——机端两相短路时，发电机提供三相短路电流，5304A；

　　　I_{op}——过流保护动作电流，4.7A；

　　　n_a——电流互感器变比，1000A/5A=200。

⑤ 过负荷保护　动作电流 I_{op} 按发电机长期允许的负荷电流下能可靠返回的条件整定，即：
$$I_{op}=K_{rel}I_e/K_r=1.05\times3.44/0.95=3.8(A)$$
式中　K_{rel}——可靠系数，取 1.05；

　　　K_r——返回系数，综合保护装置取 0.95；

　　　I_e——发电机额定电流二次值，3.44A。

保护延时 9s 动作于信号。

⑥ 过电压保护　动作电压 U_{op} 取：
$$U_{op}=1.3U_n=1.3\times100=130(V)$$
式中　U_n——TV 二次额定值，100V。

保护延时 0.5s 动作于解列灭磁。

⑦ 低频保护　动作频率 f_{op} 取 48Hz，保护延时 0s，直接动作于解列灭磁。

⑧ 非电量保护　非电量保护是由外部输入的开关量信号组成的保护，包括热工事故和励磁事故。其中热工事故信号由汽轮机仪表保护系统发来，励磁事故信号由励磁装置发来。热工事故、励磁事故保护动作后发电机直接跳闸。

(3) 继电保护定值单

根据计算结果结合继电保护装置形成继电保护定值单，表 10-1 是主保护定值单，表 10-2 是后备保护装置定值单。

表 10-1 动力站 1♯发电机主保护继电保护定值单

装设地点：	2 号动力站	回路名称：		1♯发电机 02611 主保护	
保护装置：	MGT102	定值单号：		作废单号：	
额定容量：	6000kW	额定电流：	688A	二次电流：	3.44A
TV 变比：	6000V/100V	TA 变比：	1000A/5A	零序 TA 变比：	100A/5A

主保护
纵联电流差动定值
保护形式选择:发电机保护
机端侧平衡系数:0.688
中性点侧平衡系数:0.688
比差整定值:1.4A
第一斜率:0.4
第二斜率:0.7
差动速断整定值:13.8A
比率差动出口压板:投入
差动速断出口压板:投入
TA 断线闭锁压板:投入
定子接地定值
零序电流:30mA
零序过流延时:5s
零序过流出口压板:投入
转子接地定值
转子对地电阻:20kΩ
两点接地距离:5%
转子一点接地压板:投入
转子两点接地压板:退出(发生转子一点接地故障后才能投入)
非电量:
　　热工事故出口压板:投入
　　励磁事故出口压板:投入
注意
　　其他未整定的保护功能全部退出
运行注意事项
　　① 当发电机运行时,应退出 6kV 分段备自投装置
　　② 转子两点接地压板正常运行时退出,当发生转子一点接地故障后投入

编制：		审核：		批准：	

表 10-2　动力站 1♯发电机后备保护继电保护定值单

装设地点：	2 号动力站	回路名称：	1♯发电机 02611 后备保护		
保护装置：	MGT122	定值单号：		作废单号：	
额定容量：	6000kW	额定电流：	688A	二次电流：	3.44A
TV 变比：	6000V/100V	TA 变比：	1000A/5A	零序 TA 变比：	100A/5A

后备保护
复合电压闭锁过流定值
过电流定值:4.7A
低电压整定值:60V
负序电压整定值:6V
过流 I 段时间整定值:1.5s
过流 I 段出口压板:投入
复序电压闭锁投退压板:投入
电流记忆回路投退压板:投入
过负荷保护定值
过负荷电流定值:3.8A
过负荷延时定值:9s
过负荷出口压板:投入
电压保护定值
过电压定值:130V
过电压延时定值:0.5s
过电压动作出口压板:投入
频率保护定值:
低周频率定值:48Hz
低周延时定值:0s
低周动作出口压板:投入

注意
　　其他未整定的保护功能全部退出

运行注意事项
　　当发电机运行时,应退出 6kV 分段备自投装置

编制：	审核：	批准：

第11章 低压配电所继电保护整定计算

低压配电所进线开关和分段开关多使用框架式断路器，断路器电子脱扣器的主要保护功能有速断保护、短延时保护和长延时保护（过载保护）。低压配电所配出到二级低压配电所的开关也多使用框架式断路器，配出到负荷的开关则多使用塑壳断路器，主要保护功能有短路保护和过载保护。

11.1 低压进线和分段保护

11.1.1 整定计算原则

低压配电所的主要运行方式为分列运行或一段进线带两段运行，不考虑进线开关和分段开关的保护配合关系，分段开关按进线开关定值整定。

（1）速断保护

低压进线断路器速断保护无法和低压配出回路配合，为防止出现越级跳闸，速断保护应退出，不能退出的按照最大值整定。

（2）短延时过流保护

① 整定原则与配电变压器定时限过流保护类似，短延时过流值 I_{op} 可按下述方法计算，并取最大值：

a. 按躲单进线带低压配电所最大负荷再启动最大 1 台电动机的电流之和整定：

$$I_{op} = K_{rel}(I_{max} + K_{st}I_e) \tag{11-1}$$

式中　K_{rel}——可靠系数，可取 1.15～1.2；

I_{max}——低压配电所最大负荷按带低压两段负荷计算，无最大负荷数据时可取 0.9 倍变压器低压侧额定电流；

K_{st}——电动机启动电流倍数，范围 6～8；

I_e——最大电动机额定电流。

b. 按躲过已带一段负荷，再投入另一段低压电动机自启动整定：

$$I_{op} = K_{rel} K_{zq} I_e \tag{11-2}$$

式中　K_{rel}——可靠系数，可取 $1.1 \sim 1.2$；

　　　I_e——变压器低压侧额定电流；

　　　K_{zq}——需要自启动的全部电动机在自启动时的过电流倍数：

$$K_{zq} = \cfrac{1}{\cfrac{U_k\%}{100} + \cfrac{0.7 S_{T.N}}{1.2 K_{st.\Sigma} S_{M.\Sigma}} \left(\cfrac{U_{M.N}}{U_{T.N}}\right)^2} \tag{11-3}$$

式中　$U_k\%$——变压器的阻抗电压百分值；

　　　$K_{st.\Sigma}$——电动机启动电流倍数，可取 5；

　　　$S_{T.N}$——变压器额定容量；

　　　$S_{M.\Sigma}$——需要自启动电动机额定视在功率之和；

　　　$U_{M.N}$——电动机额定电压；

　　　$U_{T.N}$——低压母线额定电压。

② 短延时过流保护动作时限与低压配出回路速断保护配合，一般取 0.3s。

③ 灵敏度按低压母线两相短路能可靠动作校验，灵敏系数 K_{sen} 计算公式为：

$$K_{sen} = 0.866 I_{k.min} / I_{op} \tag{11-4}$$

式中　$I_{k.min}$——最小运行方式下，低压母线三相短路电流值；

　　　I_{op}——短延时电流整定值。

要求 $K_{sen} \geqslant 2$。

④ 计算时最大功率电动机和自启动电动机不考虑始终是变频运行的电动机。

（3）长延时过流保护

① 长延时过电流定值 I_{op} 按变压器低压侧额定电流整定：

$$I_{op} = K_{rel} I_e / K_r \tag{11-5}$$

式中　K_{rel}——可靠系数，可取 $1.1 \sim 1.2$；

　　　I_e——变压器低压侧额定电流；

　　　K_r——返回系数，取 0.95。

② 定时限过流动作时限按低压最大电动机启动时间整定，一般取 10s；

③ 反时限时间常数按短延时过流值时，动作时限为 $10 \sim 15s$ 整定；

④ 如果配出回路有二级低压配电所，动作时限可以比下级多 1s。

（4）失压保护

一些框架式低压断路器具有失压保护，应该用拆除低压脱扣装置的方式退出低电压保护。

11.1.2 框架式断路器电子脱扣器

(1) 西门子框架式断路器

西门子 SENTRON 3WL 系列低压断路器按短路分断能力分三种框架规格，每种框架规格又分不同的额定电流规格，额定电流范围从 630～6300A。西门子 SENTRON 3WL 断路器有多种电子脱扣器可供选择，西门子电子脱扣器基本保护功能见表 11-1，除了 ETU15B，其他几种电子脱扣器的基本保护功能是相同的，只是增加了些附加功能，增加了液晶显示。

ETU25B 电子脱扣器面板示意图见图 11-1，定值的设定通过旋转开关位置到指定位置来完成，ETU76B 电子脱扣器面板示意图见图 11-2，定值的设定通过液晶显示菜单和控制键来完成。

表 11-1 西门子电子脱扣器基本保护功能

脱扣器型号	短路瞬时保护	短延时保护	过载保护
ETU15B	电流范围($2\sim 8$)I_n	无	电流范围($0.5\sim 1.0$)I_n I2t 特性曲线,6 倍设定值时动作时限 10s
ETU25B	$20I_n$ 或 50kA 可选	电流范围： $1.25/1.5/2/2.5/3/4/5/6/8/10/12\times I_n$ 延时范围： $0/0.02/0.1/0.2/0.3/0.4$s	电流范围： $0.4/0.45/0.5/0.55/0.6/0.65/0.7/0.8/0.9/1.0\times I_n$ I2t 特性曲线,6 倍设定值时动作时限 10s

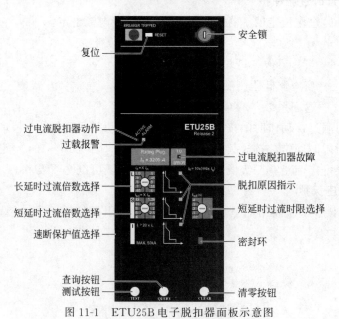

图 11-1 ETU25B 电子脱扣器面板示意图

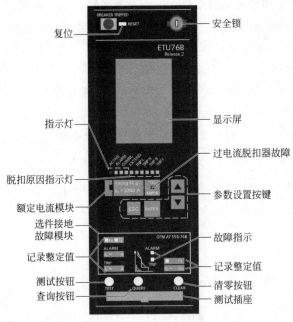

图 11-2　ETU76B 电子脱扣器面板示意图

（2）ABB 框架式断路器

ABB Emax 系列断路器提供 PR121/P、PR122/P 和 PR123/P 三种电子脱扣器，其中 PR121/P 为基本型，提供整套的标准保护功能和一个完善友好的用户界面，依靠 LED 显示器能区别故障脱扣的种类。PR122/P 和 PR123/P 采用了新的模块化结构概念，根据设计和用户的要求，可实现一套完整的保护、准确的测量、信号指示或对话功能为一体的断路器。

① PR121/P 电子脱扣器　PR121/P 电子脱扣器按保护功能分 LI、LSI 和 LSIG 三种类型，L 代表长延时(过载) 保护功能，S 代表短延时保护，I 代表瞬时短路保护功能，G 代表接地保护。PR121/P LSI 电子脱扣器面板示意图见图 11-3，用 DIP 开关的组合来设定电流倍数和动作时限，用 LED 指示灯指示设定挡位。

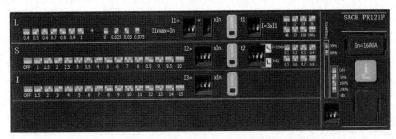

图 11-3　PR121/P LSI 电子脱扣器面板示意图

PR121/P 电子脱扣器的过载保护（L）为反时限长延时特性，有 25 个电流挡位可选择，动作时限有 8 挡，表示 3 倍设定电流值时的脱扣时间；选择性短路保护（S）可设为定时限或反时限，有 15 个电流设定值和 8 个时间挡位，反时限时间表示 10 倍额定电流时的脱扣时间；瞬时短路保护（I）提供 15 个电流挡位，同时亦可设定将本功能关闭，将 DIP 开关置于"OFF"位置。PR121/P 电子脱扣器挡位明细见表 11-2。

表 11-2　PR121/P 电子脱扣器挡位

保护类型	电流挡位	时间挡位	备注
过载保护（L）	$I_1 = 0.4/0.425/0.45/0.475/0.5/$ $0.525/0.55/0.575/0.6/0.625/0.62/$ $0.675/0.7/0.725/0.75/0.775/0.8/$ $0.825/0.85/0.875/0.9/0.925/0.95/$ $0.975/1 \times I_n$ 在设定挡位的 1.05～1.2 之间脱扣	电流 $I = 3 \times I_1$ $t_1 = 3/12/24/36/48/$ $72/108/144s$	反时限特性，不可关闭
选择性短路保护（S）	$I_2 = 1/1.5/2/2.5/3/3.5/4/5/6/7/$ $8/8.5/9/9.5/10 \times I_n$	$t_2 = 0.1/0.2/0.3/0.4/$ $0.5/0.6/0.7/0.8s$	① 定时限按时间动作 ② 反时限时间对应 10 倍额定电流时的脱扣时间 ③ 可选择定时限或反时限，也可全部关闭
短路瞬时保护（I）	$I_3 = 1.5/2/3/4/5/6/77/8/9/10/11/$ $12/13/14/15 \times I_n$	$\leqslant 30ms$	可关闭

② PR122/P 电子脱扣器　PR122/P 脱扣器除了提供过载保护（L）、选择性短路保护（S）和瞬时短路保护（I），还有接地保护、相不平衡保护、超温自我保护、L 和 S 的热记忆等功能。PR122/P 电子脱扣器使用液晶屏和按钮作为人机界面，通过菜单进行保护功能设置，设置时需要密码，默认密码为"0001"。PR122/P 电子脱扣器面板示意图见图 11-4。

③ 区域选择功能　PR122/P 电子脱扣器的选择性短路保护（S）具有区域选择功能，适合应用到多级线路供电的情况。区域选择功能示意图见图 11-5，每个断路器各有 1 个输入端和输出端，当选择性短路保护启动后，输出信号给上级断路器，输入端则接收下级发来的保护启动信号，断路器选择性保护动作时限分长延时和短延时，当断路器保护启动后未收到下级断路器发来的闭锁信号，说明短路点在本断路器和下级断路器之间，保护动作时限按短延时执行，快速切除故障，当断路器保护启动后收到下级断路器发来的闭锁信号，说明短路点在下级断路器保护范围内，保护动作时限按长延时执行，作为下级断路器的后备保护，仅当下级断路器拒动后才动作。

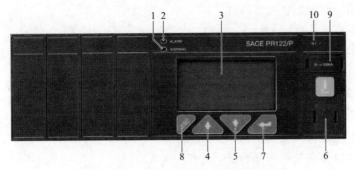

图 11-4　PR122/P 电子脱扣器面板示意图
1—LED 预报警指示；2—LED 报警指示；3—液晶屏；4—光标上移按钮；
5—光标下移按钮；6—外部装置接口；7—输入数据确认或页面切换；
8—退出次级菜单或取消操作（ESC）；9—额定电流插件；10—脱扣器编码

多级线路供电如果靠时差配合，上级的动作时限会偏长，区域选择功能能解决这一问题，使得各级断路器都能以最短时限切除故障点。

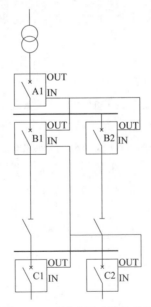

图 11-5　区域选择功能示意图

11.1.3　整定计算算例

（1）基础资料

某低压配电所，两台变压器带两段低压母线分列运行，基础资料如下：

变压器容量：1250kV・A；

变压器短路阻抗：4.55%；

低压侧额定电流：1719A；

低压侧三相短路电流：30kA；

断路器型号：西门子 SENTRON 3WL；

断路器电子脱扣器：ETU25B；

断路器额定电流：2000A；

低压配电所最大电动机功率：160kW；

参与自启动电动机容量合计：400kV·A。

（2）计算过程

① 速断保护 速断保护应该退出，但 ETU25B 电子脱扣器速断保护没有 OFF 挡位，只有 $20I_n$ 或 50kA 挡位，$20I_n$ 对应 $20×2000A=40kA$，取速断保护挡位为 50kA，大于低压侧三相短路电流 30kA，速断保护不会动作，相当于退出。

② 短延时过流保护

a. 按躲单进线带低压配电所最大负荷再启动最大 1 台电动机的电流之和整定：

$$I_{op}=K_{rel}(I_{max}+K_{st}I_e)=1.15×(0.9×1719+7×320)=4355(A)$$

式中　K_{rel}——可靠系数，可取 1.15；

　　　I_{max}——低压配电所最大负荷取 0.9 倍变压器低压侧额定电流；

　　　K_{st}——电动机启动电流倍数，取 7；

　　　I_e——最大电动机额定电流，$160×2=320(A)$。

b. 按已带一段低压负荷，再带另一段低压电动机自启动整定：

$$I_{op}=K_{rel}K_{zq}I_e=1.1×2.67×1719=5049(A)$$

式中　K_{rel}——可靠系数取 1.1；

　　　I_e——变压器低压侧额定电流，1719A；

　　　K_{zq}——需要自启动的全部电动机在自启动时的过电流倍数，公式为：

$$K_{zq}=\cfrac{1}{\cfrac{U_k\%}{100}+\cfrac{0.7S_{T.N}}{1.2K_{st.\Sigma}S_{M.\Sigma}}\left(\cfrac{U_{M.N}}{U_{T.N}}\right)^2}=\cfrac{1}{\cfrac{4.55}{100}+\cfrac{0.7×1250}{1.2×5×400}\left(\cfrac{380}{400}\right)^2}=2.67$$

式中　$U_k\%$——变压器的阻抗电压百分值：4.55%；

　　　$K_{st.\Sigma}$——电动机启动电流倍数取 5；

　　　$S_{T.N}$——变压器额定容量：1250kV·A；

　　　$S_{M.\Sigma}$——需要自启动电动机额定视在功率之和：400kV·A；

　　　$U_{M.N}$——电动机额定电压：380V；

　　　$U_{T.N}$——低压母线额定电压：400V。

短延时过流保护动作电流取 5049A，是断路器额定电流 2000A 的 2.52 倍，选择短延时过流保护动作电流挡位为 3，实际过流保护动作值为 $3 \times 2000 = 6000(A)$。

c. 短延时过流保护动作时限取 0.3s。

d. 灵敏度按低压母线两相短路能可靠动作校验，灵敏系数 K_{sen} 计算公式为：

$$K_{sen} = 0.866 I_{k.min} / I_{op} = 0.866 \times 30000 / 6000 = 4.3 \geqslant 2 \quad 校验合格$$

式中　$I_{k.min}$——低压母线三相短路电流值；

　　　I_{op}——短延时电流整定值。

③ 长延时过流保护

a. 长延时过电流定值 I_{op} 按变压器低压侧额定电流整定：

$$I_{op} = K_{rel} I_e / K_r = 1.1 \times 1719 / 0.95 = 1990(A)$$

式中　K_{rel}——可靠系数，取 1.1；

　　　I_e——变压器低压侧额定电流；

　　　K_r——返回系数，取 0.95。

长延时过流保护动作电流取 1990A，是断路器额定电流 2000A 的 0.99 倍，选择长延时过流保护动作电流挡位为 1，实际过流保护动作值为 2000A。

b. 动作时限为反时限 $I^2 t$ 特性曲线，固定为 6 倍设定值时动作时限 10s，不可调。

(3) 继电保护定值单

一循低压配电所进线和分段继电保护定值单见表 11-3，其中长延时的动作曲线是固定的，但其动作时限与电流挡位和实际电流值有关，通过适当调整电流挡位可间接调整动作时限。

表 11-3　一循低压配电所进线和分段继电保护定值单

装设地点：	一循低压配电所	回路名称：	进线和分段	
断路器型号：	SENTRON 3WL	定值单号：		作废单号：
脱扣器型号：	ETU25B	额定电流：	2000A	
短路瞬时保护 　电流挡位:50kA 短延时过流保护 　电流挡位:$3 \times I_n$ 　延时挡位:0.3s 长延时过流保护 　电流挡位:$1 \times I_n$ 　延时挡位:固定为反时限,6倍电流设定值时动作时限 10s				
编制：		审核：		批准：

11.2 低压备自投

11.2.1 低压备自投整定原则

(1) 有压
有压指电源三相电压均大于有压定值，有压定值取 0.7 倍额定电压。

(2) 无压
无压指电源三相电压均小于无压定值，无压定值取 0.3 倍额定电压。

(3) 备自投时限
备自投时限指符合备自投动作条件后延时跳闸时间，低压分段备自投时限一般取 1s，也可考虑与高压分段备自投时限配合整定。如果备自投时限比高压备自投时限长，当高压系统波动时，高压侧分段备自投成功，低压备自投就不会动作，可省去后期恢复正常运行方式时的倒闸操作。

(4) 进线过流闭锁备自投
为避免备自投到故障点，要求备自投装置具备进线过流闭锁功能。

11.2.2 低压备自投装置 PMC-6830

(1) 基本功能
PMC-6830 装置内部逻辑可编程，有 4 种接线形式，具有进线备自投、分段备自投和运行监视等功能。PMC-6830 装置的电压回路既可用于二次值为 100V 的场合，也可直接用于低压 380V 系统。

PMC-6830 装置的 4 种接线方式见图 11-6，"接线方式"的定义主要是使默认界面上显示与实际接线一致，不影响备自投方式的选择，常用的分段备自投选接线方式 2，进线备自投选接线方式 4，也可选接线方式 3，只是需多接入 1 组电压。

(2) 运行监视功能
① 8 路模拟量输入　装置有 8 路模拟量输入，按照接线方式设定，显示进线电流、母线电压等信息。

② 10 路开关量输入　装置有 10 路开关量输入，前 4 路分别接 1#断路器状态、2#断路器状态、分段断路器状态和备自投压板，其余开关量输入可编程，实现闭锁备自投功能。

③ 进线断路器状态监视　当进线有电流($0.02I_n$)，断路器状态为分闸时，装置判断"断路器状态异常"。

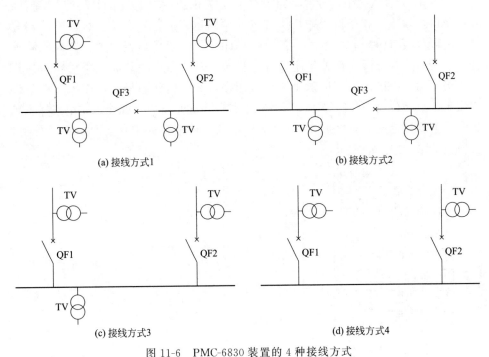

　　(a) 接线方式1　　　　　　　　　　　　　(b) 接线方式2

　　(c) 接线方式3　　　　　　　　　　　　　(d) 接线方式4

图 11-6　PMC-6830 装置的 4 种接线方式

　　④ 两段母线的 TV 回路监视　　当进线有流($0.02I_n$)，而对应母线无压（$0.2U_e$）或任意两线电压之差大于 $0.2U_e$ 时，经 5s 延时，判断为"TV 断线"。当线电压最小值大于 $0.9U_e$ 时，TV 断线复归。

　　⑤ 全所失压监视　　当两条进线电压、两段母线电压均小于失压定值，经延时后，报"全所失压"。

　　⑥ 过载闭锁备自投　　过载闭锁投入后，当两条进线电流之和（相量和的幅值）大于定值，经延时后报"过载闭锁"。

（3）分段备自投

　　备自投工作过程包括两个阶段：备自投充电和备自投启动。投入备自投后，充电条件都满足，进入充电延时过程，延时时间到且如无放电及闭锁条件则充电完成。在备自投充电的情况下发生进线失电，备自投启动，延时跳开失压进线断路器，合分段断路器，完成备自投过程。

　　备自投的充电、放电概念来自早期由分立元件组成的继电保护装置，用经电阻对电容的充电过程来实现延时动作，用三极管等电子开关对电容直接放电来实现立即返回，现在基本不用由分立元件组成的继电保护装置了，但这种概念流传下来了。所谓备自投充电可以理解为备自投装置具备了备自投启动的前期条件，也可称之为备自投就绪。所谓备自投放电可以理解为备自投闭锁，防止备自投误动作。

① 分段备自投充电　分段备自投充电、放电逻辑框图见图 11-7。充电条件：分段备自投软压板和备自投硬压板投入、两路进线断路器合位、分段断路器分位、两段母线有压。放电条件：备自投总闭锁、分段备自投退出、分段断路器合位、备自投合分段、开关量闭锁分段自投，其中备自投总闭锁条件：备自投总压板退出、备自投硬压板退出、过载闭锁、断路器状态异常。充电所有条件都满足，且无放电条件时经 15s 延时充电过程完成，备自投就绪；充电条件不满足时，备自投就绪标志经 t_o 时间展宽后返回。放电条件中只要有一个动作时，备自投就绪标志立即复位。

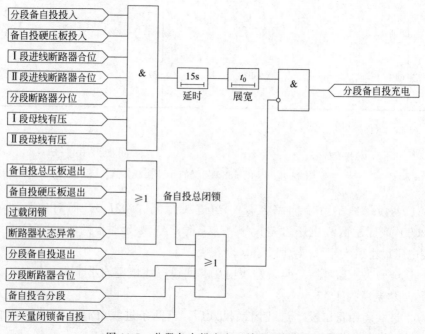

图 11-7　分段备自投充电、放电逻辑框图

② 分段备自投动作　Ⅰ 段母线失压备自投动作逻辑框图见图 11-8，Ⅱ 段母线失压备自投动作逻辑框图与此类似。备自投就绪后，当某段母线失压时，在满足进线无流，另一段母线有压的情况下延时跳开失压母线进线断路器，当失压进线被跳开且对侧母线有压时，经延时后装置发合分段命令。

分段自投动作，经 2s 延时后如分段断路器为合闸状态，则判备自投成功。母线失电或分段自投动作，经延时后如分段断路器为分闸状态，则判备自投失败。

(4) 进线备自投

进线备自投指两路进线一运一备，当运行进线失压时，如果备用进线有压，

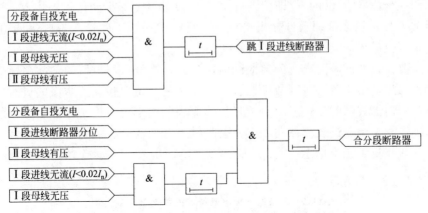

图 11-8　Ⅰ段母线失压备自投动作逻辑框图

则延时跳开运行进线开关，合上备用进线开关。

① 进线备自投充电　充电条件：备用进线备自投投入、备自投硬压板投入、备用进线分位、工作进线合位、两路进线均有压；当接线方式为 1 时，分段断路器状态必须为合位。

放电条件：备自投总闭锁、备用进线备自投退出、备用进线合位、备自投合备用进线、开关量闭锁备用进线自投。

充电条件满足，且无放电条件时经 15s 延时充电过程完成，充电标志置位；充电条件不满足时，充电标志经 t_0 时间展宽后返回。放电条件动作时，充电标志立刻复位。

② 进线备自投动作　自投充电完成后，当工作进线失电时，装置根据进线失电跳闸检对侧有压的控制字及对侧电压决定是否发跳闸命令。当工作进线被跳开且备用进线有压时，装置发备用进线合闸命令。

11.2.3　低压备自投整定实例

仍以一循低压配电所为例，有关资料如下。

长延时过流定值：2000A；

进线电流互感器：2000A/5A；

母线电压互感器：无，取 380V 电压。

一循低压配电所备自投装置整定参数表见表 11-4，参数按实际填写，接线方式选择"2"，"分段自投"投入，"进线自投"退出，"进线失电跳闸检对侧有压"投入，闭锁分段取"110000"，其他采用默认值。

"进线失电跳闸检对侧有压"选项选择"投入"，如果选择"退出"，当系统失电时两段进线可能会都跳闸，系统恢复供电后需要倒闸操作送电，影响恢复供电时间。

闭锁分段取"110000"，即用开关量 IN5 接进线 1 保护动作输出接点，用开关量 IN6 接进线 2 保护动作输出接点，并且要求保护动作接点带自保持功能，需保护复位后才能复归，用于闭锁备自投。

备自投只在低压配电所外部故障时起作用，当低压配电所内部故障时需要闭锁备自投，防止备自投到故障点引起全所失压。备自投装置本身的过载闭锁无法起到内部故障时闭锁备自投的功能，原因是当配电所内部故障引起进线跳闸后，进线无流，过载会自动复归，同时进线合位变分位需要经过充电标志展宽时间才能复归充电标志，而这个时间又大于备自投时间，无法闭锁备自投的动作。

表 11-4　一循低压配电所备自投装置整定参数表

	参数	单位	整定范围	步长	默认值	整定值
系统参数	一次额定电压	V	380～250000	1	10000	380
	二次额定电压	V	100/380	二取一	100	380
	进线 1 一次额定电流	A	5～5000	1	500	2000
	进线 2 一次额定电流	A	5～5000	1	500	2000
	二次额定电流	A	5A/1A	二取一	5	5
接线方式	接线方式	整数	1/2/3/4	1	1	2
	分段自投		退出/投入	二取一	退出	投入
	进线 1 自投		退出/投入	二取一	退出	退出
	进线 2 自投		退出/投入	二取一	退出	退出
进线失电跳闸	进线失电跳闸检对侧有压投退		退出/投入	二取一	退出	投入
	充电标志展宽时间	s	2.00～10.00	0.01	10.00	10.00
电压鉴定元件定值	有压定值	V	50～380	1	70	70
	无压定值	V	20～300	1	30	30
分段自投时间定值	分段自投失电跳闸时间	s	0.50～5.00	0.01	1.00	1.00
	分段自投电源投入时间	s	0.10～1.00	0.01	0.30	0.30
过载闭锁	过载闭锁投退		退出/投入	二取一	退出	退出
	过载闭锁	A	0.50～15.00(5A)	0.01	3.00	3.00
			0.10～3.00(1A)	0.01	3.00	3.00
	过载闭锁时间定值	s	0.10～9.99	0.01	0.50	0.50

续表

参数		单位	整定范围	步长	默认值	整定值
全所失压	全所失压投退		退出/投入	二取一	退出	退出
	全所失压	V	20~300	1	30	30
	全所失压时间定值	s	0.10~9.99	0.01	0.50	0.50
TV 断线	Ⅰ段 TV 断线		退出/投入	二取一	退出	退出
	Ⅱ段 TV 断线		退出/投入	二取一	退出	退出
开关量闭锁自投整定	接点方式		000000~111111	1	111111	111111
	闭锁分段		000000~111111	1	000000	110000
	闭锁进线 1		000000~111111	1	000000	000000
	闭锁进线 2		000000~111111	1	000000	000000
开关量去抖时间	IN5	s	0.02~1.00	0.01	0.02	0.02
	IN6	s	0.02~1.00	0.01	0.02	0.02
	IN7	s	0.02~1.00	0.01	0.02	0.02
	IN8	s	0.02~1.00	0.01	0.02	0.02
	IN9	s	0.02~1.00	0.01	0.02	0.02
	IN10	s	0.02~1.00	0.01	0.02	0.02
出口脉宽	OUT1	s	0.20~2.00	0.01	1.00	1.00
	OUT2	s	0.20~2.00	0.01	1.00	1.00
	OUT3	s	0.20~2.00	0.01	1.00	1.00
	OUT4	s	0.20~2.00	0.01	1.00	1.00
	OUT5	s	0.20~2.00	0.01	1.00	1.00
	OUT6	s	0.20~2.00	0.01	1.00	1.00
备自投总压板			退出/投入	二取一	投入	投入

11.3 低压配电所配出回路

11.3.1 低压馈线保护

低压馈线包括 PC-PC 联络线、PC-MCC 线路和 MCC-MCC 联络线(PC 是动力中心,MCC 是电动机控制中心),重要馈线使用框架式断路器,电子脱扣器保护整定计算方法如下。

（1）短延时过流保护

① 短延时过流值 I_{op} 可按下述方法计算，并取最大值：

a. 与下级瞬时或短延时保护最大动作电流 $I_{op.max}$ 配合，即：

$$I_{op} = K_{co} I_{op.max} \tag{11-6}$$

式中　K_{co}——配合系数，取 1.15～1.2；

　　　$I_{op.max}$——下级瞬时或短延时保护最大动作电流一次值。

b. 按躲过所带电动机最大自启动电流 I_{ast} 整定，即：

$$I_{op} = K_{rel} I_{ast} \tag{11-7}$$

式中　K_{rel}——可靠系数，可取 1.1～1.2；

　　　I_{ast}——所带电动机最大自启动电流一次值。

② 短延时过流保护动作时限与低压配出回路速断保护配合，一般取 0.2s。

③ 灵敏度校验。馈线末端两相短路灵敏系数不低于 2。

（2）长延时过流保护

① 长延时过电流定值 I_{op} 按躲过馈线最大负荷电流整定，即：

$$I_{op} = K_{rel} I_E / K_r \tag{11-8}$$

式中　K_{rel}——可靠系数，可取 1.1～1.2；

　　　I_E——馈线最大负荷电流一次值；

　　　K_r——返回系数，取 0.95。

② 定时限过流动作时限按低压最大电动机启动时间整定，一般取 10s。

③ 反时限时间常数按短延时过流值时，动作时限为 10s 整定。

11.3.2　低压电动机保护

早期低压电动机主回路由塑壳断路器、接触器和热元件组成，其中塑壳断路器有速断和过载保护功能，接触器有低电压保护功能，热元件的过载保护比塑壳断路器的过载保护精确些，能调节还有自保持功能。现在更多是采用低压电动机保护控制器来替代热元件实现低压电动机的保护功能，低压电动机保护控制器一般只需输入电动机额定电流，保护定值采用与额定电流值相关联的默认值。

（1）速断保护

塑壳断路器额定电流按比电动机额定电流稍高的挡位选择，电动机保护用的塑壳断路器瞬时动作电流为额定电流的 12 倍。

低压综合保护装置带速断功能的，不能直接跳接触器，因为接触器无法开断短路电流。速断出口需接到电源断路器脱扣线圈回路，速断保护直接跳电源断路器，保护定值按使用的低压综合保护装置说明整定。

(2) 过负荷保护

① 动作电流 I_{op} 按躲过电动机额定电流计算，即：

$$I_{op} = K_{rel} I_E \tag{11-9}$$

式中 K_{rel}——可靠系数，取 $1.15\sim1.2$；

I_E——电动机一次额定电流。

② 定时限过流动作时限按躲过电动机启动时间整定。反时限时间常数按 7 倍额定电流时时，动作时限为 10s 整定。有些风机类负荷启动时间会长些，可按实际启动时间乘以 1.2 整定。

(3) 其他保护

① 其他保护参照保护装置厂家说明书整定。

② 为防止保护误动，如果有负序过流保护则只投信号不跳闸。

③ 交流接触器固有低电压保护，释放电压$(0.5\sim0.6)U_n$，动作时限 20ms。

④ 有变频器的电动机，保护功能由变频器实现。

11.3.3 低压电动机抗晃电措施

用交流接触器控制的电动机回路，低电压保护动作时限接近 0s 且不可调，当电力系统波动时，有些低压电动机停运会联锁高压电动机停运甚至是装置停运，造成严重经济损失，危及安全生产，这些重要的低压电动机控制回路会采取抗晃电措施。

(1) 用联锁实现抗晃电

① 接触器辅助接点联锁　重要机泵一般采取一运一备的运行方式，并且电源取自不同低压母线，当其中一台失电或因故障保护跳闸时接触器释放，接触器的常闭接点会经联锁开关启动另一台电动机，当电力系统失电时备用泵当时不会启动，但当电力系统恢复供电后备用泵会自启动。两套机泵互为备用需要各自工艺管线出口装有止回阀，如果出入口有电动阀，电动机运行时联锁电动阀打开，电动机停止时联锁电动阀关闭。

两套机泵互为备用的优点是不仅在电力系统晃电时起作用，运行机泵本身出故障时也能切换到备用机泵。缺点是多个联锁开关，操作复杂，备用泵的联锁开关需要在运行泵启动后投入，在运行泵停止前以及备用泵启动后退出。

② 工艺联锁　采用工艺的仪表信号联锁，用压力、液位等仪表的越限电接点信号经联锁开关启动备用机泵。

(2) 应用抗晃电装置

① 抗晃电模块　抗晃电模块能检测系统电压波动和接触器释放，当电压恢复正常时，通过继电器接点重新启动接触器。技术先进的抗晃电模块还可设定来电后延时自启动，实现分批自启动，增加配电变压器的自启动容量。

② 抗晃电接触器　将抗晃电模块和接触器结合到一起的一种接触器，具有来电自启动功能。

③ 低压综保抗晃电功能　有些低压综合保护装置集成了来电自启动功能，投入后具有抗晃电作用。

(3) 低压变频器抗晃电

低压变频器的低电压保护值约为 0.8 倍额定电压，比接触器 0.5 倍额定电压高很多，更容易受电力系统波动影响。抗晃电措施需要根据具体的变频器制定，如有的变频器可以调节低电压设定值，有的本身就有来电自启动功能，通过参数设定就能达到抗晃电目的，本身没有这些功能的就需要增加外部设施了，如直流支撑技术即在变频器直流侧加不间断直流电源提高变频器的低电压跨越能力，变频器专用抗晃电模块可在变频器低电压跳闸后再来电时复位变频器故障，重新启动变频器。

11.3.4　其他负荷保护

低压配电所配出回路除了电动机回路，一般还有补偿电容、照明、电加热、临时动力箱等回路，较多采用断路器来实现保护，并且在设计时已选定断路器的额定电流，不需要用户进行保护整定。

建议即使不是电动机回路也要使用低压线路保护测控装置，可提高保护的可靠性和灵敏度。低压线路保护测控装置要配有 RS485 通信接口，支持 MODBUS 通信规约，方便组建远程监控网络。

室外照明回路一般采用断路器加接触器的形式，用断路器实现保护，用控制装置控制接触器实现照明的自动控制，可以定时控制或远程控制。

临时动力箱配出回路采用带漏电保护的断路器，接负载时注意零线不能和其他回路混用，零线和地线也不能接到一起，不能接变频器负载，否则会引起断路器跳闸。

11.3.5　低压配出回路整定算例

(1) 低压电动机回路

① 基础资料　某配电所 22kW 的油泵回路，使用的保护控制器型号为 PMC-550A，其控制原理图见图 11-9，保护控制器电压回路未经电压互感器直接取自 380V 主回路，电流回路使用与保护控制器配套的 100A 电流互感器。

PMC-550A 使用开关量控制油泵的启动和停止，就地控制指由油泵现场操作柱或操作箱上按钮来控制，远程控制接点来自 PLC 或 DCS 等自动控制系统。开关量输入 DI1 接转换开关 SA，用于就地控制和远程控制的切换，开关量输入

DI2 接就地控制启动按钮 SB1，当 SA 断开时，SB1 闭合启动油泵，开关量输入 DI4 接远程启动接点，当 SA 闭合时允许远程控制启动油泵，开关量输入 DI3 接停止按钮和远程停止控制接点，表示停泵不区分远程控制和就地控制，始终都有效。开关量输出有 2 组用于控制接触器，实现油泵的启停操作和过载保护跳闸功能，单独有 1 组用于短路故障跳断路器用。

PMC-550A 的保护功能有启动超时保护、过载保护（反时限）、阻塞保护、接地保护、断相保护、不平衡保护、欠功率保护、短路保护、欠压保护、过压保护、欠载保护、t_E 时间保护、过负荷保护（定时限）、工艺联锁（外部故障）保护、温度保护（TVC/NTC）、电压断线告警、相序保护、合闸异常保护、接触器（分断能力）保护、紧急停车告警、过热预告警、剩余电流保护。保护功能很全面，多数功能默认是退出的，根据实际需要选择需要投入的保护，并不是投入保护越多越好，保护多了误动的概率会增大。

PMC-550A 的抗晃电功能有欠压重启动功能和上电自启动功能，其中欠压重启动功能在电压不低于 88V（装置工作电源最低电压）时起作用，上电自启动功能在失压情况下起作用，装置能记忆失电前运行状态，如果失电前电动机在运行状态，则恢复送电后电动机会自启动。

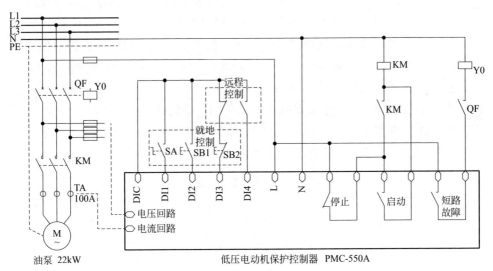

图 11-9　油泵控制回路原理图

② 保护整定计算

a. 短路保护　与高压电动机相比，低压电动机线路阻抗较大，短路后对系统影响不大，但是要尽快切除故障点，避免越级跳闸造成低压母线失电。短路保护按躲过电动机的启动电流整定，PMC-550A 具有启动过程短路保护定值自动加倍功能，短路保护定值默认取 $7.5I_e$，低压电动机线路阻抗大，低压母线短路时反馈电流弱，达不到 $7.5I_e$，不会引起电动机保护误动。

b. 过载保护（反时限）　PMC-550A 的过载保护动作曲线公式如下：

$$t = \frac{80T_{ov}}{K_1(I/I_{ov})^2 - 1.05^2} \qquad (11\text{-}10)$$

式中　K_1——冷态过程 $K_1 = 0.5$，热态过程 $K_1 = 1$；

$\quad I$——保护装置运行电流值；

$\quad I_{ov}$——反时限过流定值；

$\quad t$——保护动作时限；

$\quad T_{ov}$——时间常数。

保护动作后，当选择散热模式为方程散热模式时，装置会计算并显示剩余冷却时间，并将闭锁合闸，使电动机在一段时间内不能立即合闸，待散热后，闭锁自动解除，防止频繁重启烧毁电动机。

过载保护定值默认为 $1.00I_e$，可整定为 $1.05I_e$，按 $K_1 = 1$、$I = 7I_e$、$t = 10$ 代入过载保护动作曲线公式，$T_{ov} = 5.4$。

c. 接触器保护　一般接触器的允许分断能力为额定电流的 8 倍，若电动机回路故障电流超过接触器的分断能力时，接触器仍去断开故障电流，将导致接触器主触点烧死或拉弧现象，导致事故的进一步扩大。接触器保护默认值为 $8.0I_e$，短路故障发生时，若故障电流小于接触器最大分断电流，保护动作后通过断开接触器主触点来断开故障回路；若故障电流大于接触器最大分断电流，则通过驱动断路器的分励线圈来断开故障回路，从而实现更可靠的保护。

d. 欠压重启动和上电自启动投入，其他参数使用默认值。

③ 保护控制装置参数设定　保护控制装置参数设定表见表 11-5，由于参数较多，只列出主要参数，其他参数采用默认值，不需改动。

表 11-5　保护控制装置参数设定表

参数		说明	整定范围	默认值	整定值
系统参数	MTA 规格	配套电流互感器规格	1/5/10/15/25/50/ 75/100/150/200/ 300/400/800	200A	100A
	额定电流	电动机额定电流	0.2~6000.0A	140.0A	44A
过载保护	配置	保护出口选择	告警/跳闸/告警＋ 跳闸/退出	告警＋跳闸	告警＋跳闸
	电流定值	过载保护电流定值	$1.00I_e$~$6.00I_e$	$1.00I_e$	$1.05I_e$
	时间因子	过载保护时间因子	0.1~99.9s	2.0s	5.4s
	散热方式	过载保护散热方式选择	方程/立即	方程	方程

续表

参数		说明	整定范围	默认值	整定值
短路保护	配置	保护出口选择	告警/跳闸/告警＋跳闸/退出	告警＋跳闸	告警＋跳闸
	电流定值	短路保护电流定值	$3.0I_e \sim 10.0I_e$	$7.5I_e$	$7.5I_e$
	时间定值	短路保护报警延时时间	$0.0 \sim 99.9s$	$0.0s$	$0.0s$
	启动加倍	启动过程电流定值加倍	$1.00 \sim 2.00$	2.00	2.00
接触器保护	配置	功能选择	投入/退出	投入	投入
	电流定值	接触器分段电流设置	$4.0I_e \sim 10.0I_e$	$8.0I_e$	$8.0I_e$
欠压重启动	配置	功能选择	投入/退出	退出	投入
	立即启动	电动机立即启动时间	$0.5 \sim 9.9s$	$2.5s$	$2.5s$
	失电允许	超过时间不再启动	$0.5 \sim 99.9s$	$20.0s$	$20.0s$
	启动延时	电动机延时再启动	$0.1 \sim 99.9s$	$0.1s$	$0.1s$
	失压定值	电动机失压值	$0.30U_e \sim 0.95U_e$	$0.45U_e$	$0.45U_e$
	恢复电压	电动机再启动电压值	$0.80U_e \sim 1.60U_e$	$0.80U_e$	$0.80U_e$
上电自启动	配置	功能选择	投入/退出	退出	投入
	自启动模式	自启动功能模式	启动/恢复	恢复	恢复
	时间定值	上电自启动延时	$0.1 \sim 99.9s$	$0.1s$	$0.1s$

（2）电加热回路

① 基础资料　某配电所配出的 16kW 机身油池电加热回路，负荷额定电流 25A，使用的低压馈线综合保护装置为 BDF100-C＋，其控制原理图见图 11-10，电流回路使用与保护控制器配套的 BDTAAD 电流互感器（额定电流 40A）和 SDTAL 零序电流互感器（额定电流 40A），主回路断路器带脱扣线圈，受低压馈线综合保护装置控制。主回路没有接触器，在加热器现场附近有温度控制箱，内部有温度控制电路控制加热器的启停和自动恒温控制。

② 保护整定计算

a. 速断保护　速断保护按躲过电加热器冷态启动电流整定，启动电流倍数根据电加热形式选择，电阻丝发热的启动电流倍数可取 $(1.5 \sim 3)I_n$（I_n 为额定电流），TVC 发热和自限温电伴热的启动电流倍数可取 $(3 \sim 5)I_n$。本电路中采用的是电阻丝加热方式，速断保护电流倍数取 3，速断延时时间取 0s。

b. 反时限过流保护　反时限过流保护模型：

$$t = \frac{8}{(I_{eq}/I_p)^2 - 1}T_p \tag{11-11}$$

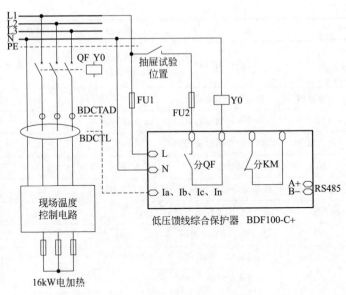

图 11-10 电加热控制回路原理图

式中 I_{eq} ——运行电流；

$\qquad I_p$ ——等于线路额定电流 I_n；

$\qquad t$ ——保护动作时限；

$\qquad T_p$ ——时间常数。

当 $I_{eq}/I_p \geqslant 1.1$ 时保护启动。T_p 为时间整定值，可以理解为 3 倍线路额定电流时，最大允许持续时间，此处整定为 $T_p = 10$。

c. 漏电流保护　电加热装置漏电易产生火花引起火灾，建议投入漏电保护功能。漏电流动作值范围为 0.2～1.6A，可整定为 0.5A，动作延时 2s。

③ 保护装置参数设定　保护装置参数设定表见表 11-6，额定电流整定值为 25/40＝63%（计算公式：线路额定电流值/TA 额定电流值），保护功能按表 11-7 整定，选"速断保护"＋"反时限过流保护"＋"漏电保护"，则整定值＝1＋32＋128＝161。

表 11-6　保护装置参数设定表

参数名称	BDF100-C＋系列 定值描述	整定范围	整定值
额定电流 I_n	根据 TA 额定电流设置线路的额定电流	40%～100%	63%
TA 变比 R_t	与 I_n 配合使用来显示一次侧电流值	1～5000	40
速断保护倍数	速断电流动作倍数	1.0～10.0	3.0
速断延时时间 t_s	速断跳闸的延时时间	0～1.0s	0s

续表

参数名称	BDF100-C＋系列 定值描述	整定范围	整定值
反时限过流延时	反时限过流延时	0.1～25.5s	10
反时限过流复位延时	过流跳闸后出口复位的延时,级差 1min	0～30min	10min
漏电保护	漏电流动作倍数	0.2～1.6A	0.5A
漏电延时	漏电动作延时	1～60s	2s
保护投退	见表 11-7,(0 退,1 投)	0～511	161

表 11-7 保护投退设定表

序号	保护名称	输入数值
D0	速断保护	1
D1	定时限过流二段保护	2
D2	定时限过流一段保护	4
D3	零序过流一段保护	8
D4	零序过流二段保护	16
D5	反时限过流保护	32
D6	工艺联锁	64
D7	漏电保护	128
D8	零序过流三段保护	256

第12章 企业用电继电保护整定计算实例

本章以某聚丙烯生产装置配套的建新变电力系统继电保护整定计算为实例，全面展示继电保护整定计算过程。建新变电力系统包括110kV主变电所及其配出的聚丙烯(一期)、聚丙烯二期、循环水和空分空压4个高压配电所，计算实例选择了有代表性的110kV主变电所和聚丙烯二期高压配电所，其他高压配电所整定计算过程和聚丙烯二期配电所类似。

12.1 基础资料

12.1.1 一次系统接线图

110kV建新变一次系统图见图12-1，聚丙烯二期高压配电所一次系统图见图12-2。

12.1.2 设备参数表

110kV建新变设备参数表见表12-1，聚丙烯二期配电所设备参数表见表12-2。

表 12-1 110kV 建新变设备参数表

序号	回路名称	保护装置	TA 变比	额定容量	额定电流	其他
1	110kV 分段	CSC-122M	600A/5A			备自投装置：CSC-246A
2	1#主变	CSC-326FA	高压侧：300A/5A 低压侧：3000A/5A 中性点：100A/5A	31.5MV・A	165A	短路阻抗：18.45%
3	2#主变	CSC-326FA	高压侧：300A/5A 低压侧：3000A/5A 中性点：100A/5A	31.5MV・A	165A	短路阻抗：18.43%

续表

序号	回路名称	保护装置	TA 变比	额定容量	额定电流	其他
4	3#主变	CSC-326FA	高压侧:300A/5A 低压侧:2000A/5A 中性点:100A/5A	25MV・A	131A	短路阻抗:10.31%
5	4#主变	CSC-326FA	高压侧:300A/5A 低压侧:2000A/5A 中性点:100A/5A	25MV・A	131A	短路阻抗:9%
6	1#所用变	CSC-241C	100A/5A	630kV・A	57.7A	短路阻抗:5.84%
7	2#所用变	CSC-241C	100A/5A	630kV・A	57.7A	短路阻抗:5.84%
8	1#电容器组	CSC-221	700A/5A	6000kvar	525A	分支容量:1000kvar 串联电抗器:87.5A 6%
9	2#电容器组	CSC-221	700A/5A	6000kvar	525A	
10	聚丙烯甲线	CSC-211	2000A/5A			电抗器:2000A 8% 电缆:1.2km,5 根并联
11	聚丙烯乙线	CSC-211	2000A/5A			
12	循环水甲线	CSC-211	800A/5A			电抗器:750A 6% 电缆:1.3km,2 根并联
13	循环水乙线	CSC-211	800A/5A			
14	空分空压甲线	CSC-211	1000A/5A			电抗器:1000A 6% 电缆:1.1km,2 根并联
15	空分空压乙线	CSC-211	1000A/5A			
16	聚丙烯二期甲线	CSC-211	2000A/5A			电抗器:1000A 6% 电缆:1.6km,4 根并联
17	聚丙烯二期乙线	CSC-211	2000A/5A			
18	循环气压缩机	CSC-211	800A/5A			电抗器:800A 6% 电缆:1.6km,2 根并联
19	聚丙烯二期造粒机	CSC-211	1200A/5A			电缆:1.6km,3 根并联
20	聚丙烯一期造粒机	CSC-211	1200A/5A			电缆:1.25km,3 根并联
21	6kV 分段		3000A/5A			快切:MFC5103A

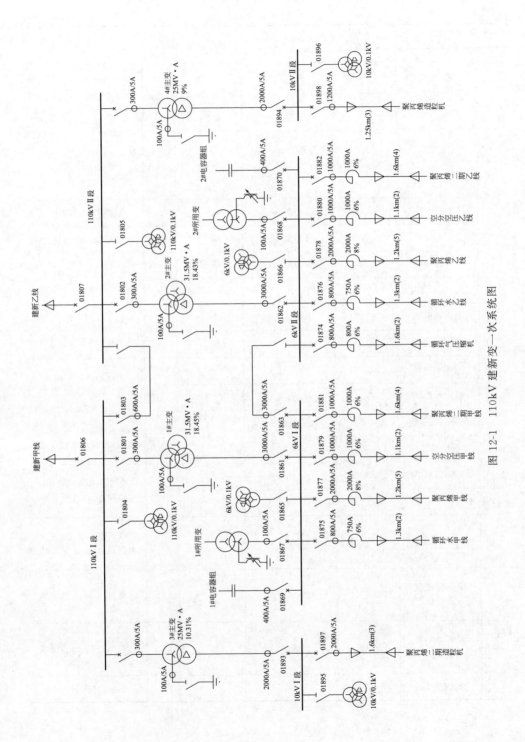

图 12-1　110kV 建新变一次系统图

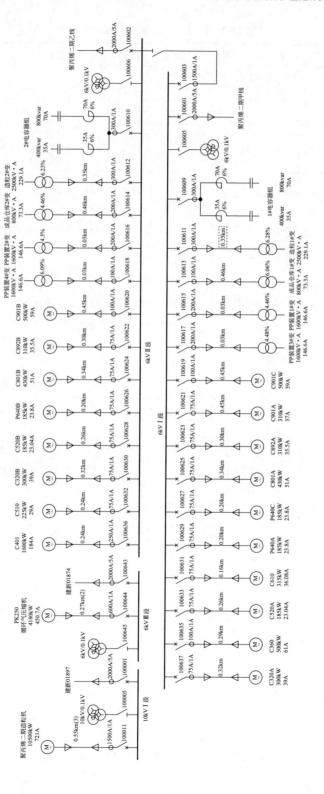

图 12-2　聚丙烯二期高压配电所一次系统图

表 12-2 聚丙烯二期配电所设备参数表

序号	回路名称	保护装置	TA变比	额定容量	额定电流	其他
1	聚丙烯二期甲线	REF615	2000A/5A			光差:ISA-353G
2	聚丙烯二期乙线	REF615	2000A/5A			
3	6KV 分段	REF615	1500A/1A			快切:SUE3000
4	PP 装置 1#变	REF615	200A/1A	1.6MV·A	146.6A	短路阻抗:4.46% 电缆:0.03km
5	PP 装置 2#变	REF615	200A/1A	1.6MV·A	146.6A	短路阻抗:4.46% 电缆:0.03km
6	PP 装置 3#变	REF615	200A/1A	1.6MV·A	146.6A	短路阻抗:4.48% 电缆:0.03km
7	PP 装置 4#变	REF615	200A/1A	1.6MV·A	146.6A	短路阻抗:4.5% 电缆:0.03km
8	造粒 1#变	REF615	300A/1A	2.5MV·A	229.1A	短路阻抗:6.28% 电缆:0.35km
9	造粒 2#变	REF615	300A/1A	2.5MV·A	229.1A	短路阻抗:6.23% 电缆:0.35km
10	成品仓库 1#变	REF615	100A/1A	0.8MV·A	73.3A	短路阻抗:6.09% 电缆:0.46km
11	成品仓库 2#变	REF615	100A/1A	0.8MV·A	73.3A	短路阻抗:6.06% 电缆:0.46km
12	C901A	REM615	75A/1A	310kW	37A	电缆:0.45km
13	C901B	REM615	100A/1A	500kW	59A	电缆:0.45km
14	C901C	REM615	100A/1A	500kW	59A	电缆:0.45km
15	C892A	REM615	75A/1A	310kW	35.5A	电缆:0.30km
16	C892B	REM615	75A/1A	310kW	35.5A	电缆:0.30km
17	C801A	REM615	75A/1A	430kW	51A	电缆:0.34km
18	C801B	REM615	75A/1A	430kW	51A	电缆:0.34km
19	P640A	REM615	75A/1A	185kW	24A	电缆:0.20km
20	P640B	REM615	75A/1A	185kW	24A	电缆:0.20km
21	P640C	REM615	75A/1A	185kW	24A	电缆:0.20km
22	C520A	REM615	75A/1A	185kW	23A	电缆:0.26km
23	C520B	REM615	75A/1A	185kW	23A	电缆:0.26km
24	C360	REM615	100A/1A	500kW	61A	电缆:0.29km
25	C320A	REM615	75A/1A	300kW	39A	电缆:0.32km

序号	回路名称	保护装置	TA变比	额定容量	额定电流	其他
26	C320B	REM615	75A/1A	300kW	39A	电缆：0.32km
27	C510	REM615	75A/1A	225kW	29A	电缆：0.24km
28	C610	REM615	75A/1A	315kW	35A	电缆：0.16km
29	C401	REM615	250A/1A	1600kW	184A	电缆：0.24km
30	1#电容	REF615	300A/1A	1200kvar	105A	分支容量：(400+800)kvar
31	2#电容	REF615	300A/1A	1200kvar	105A	串联电抗器：6%
32	循环气压缩机	REF615	600A/1A	4180kW	451A	电缆：0.27km，2根并联
33	聚丙烯二期造粒机	REF615	1500A/1A	10500kW	721A	电缆：0.55km，3根并联

12.1.3　短路电流计算

(1) 建新变各元件标幺值计算

取系统基准容量 $S_b=100MV \cdot A$，计算各元件标幺值如下：

① 110kV 母线处系统阻抗由上级供电部门提供，最大运行方式下 $X_{max}=0.048$，最小运行方式下 $X_{min}=0.131$。

② 1#主变：$S_n=31.5MV \cdot A$，$U_k\%=17.75\%$

$X_1=(U_k\%/100)\times(S_b/S_n)=(17.75/100)\times(100/31.5)=0.564$

③ 2#主变：$S_n=31.5MV \cdot A$，$U_k\%=17.9\%$

$X_2=(U_k\%/100)\times(S_b/S_n)=(17.9/100)\times(100/31.5)=0.568$

④ 3#主变：$S_n=25MV \cdot A$，$U_k\%=10.31\%$

$X_3=(U_k\%/100)\times(S_b/S_n)=(10.31/100)\times(100/25)=0.412$

⑤ 4#主变：$S_n=25MV \cdot A$，$U_k\%=9\%$

$X_4=(U_k\%/100)\times(S_b/S_n)=(9/100)\times(100/25)=0.36$

⑥ 1#、2#所用变：$S_n=0.63MV \cdot A$，$U_k\%=5.84\%$

$X_5=X_6=(U_k\%/100)\times(S_b/S_n)=(5.84/100)\times(100/0.63)=9.27$

⑦ 1#、2#电容器分支电容器串联电抗器：$I_n=87.5A$　$X_L\%=6\%$

$X_7=X_8=(X_L\%/100)\times(U_n/1.732I_n)\times(S_b/U_b^2)=(6/100)\times(6/(1.732\times0.0875))\times(100/6.3^2)=5.985$

⑧ 循环水甲、乙线：电缆长度 1.3km，2 根并联使用

$X_9=X_{10}=X_0\times L\times S_b/U_b^2/2=0.08\times1.3\times100/6.3^2/2=0.131$

电抗器：$I_n=750A$　$X_L\%=6\%$

$X_{11}=X_{12}=(X_L\%/100)\times(U_n/1.732I_n)\times(S_b/U_b^2)=(6/100)\times(6/(1.732$

$\times 0.75)) \times (100/6.3^2) = 0.698$

⑨ 聚丙烯甲、乙线：电缆长度 1.2km，5 根并联使用

$X_{13} = X_{14} = X_0 \times L \times S_b/U_b^2/5 = 0.08 \times 1.2 \times 100/6.3^2/5 = 0.048$

电抗器：$I_n = 2000A$　$X_L\% = 8\%$

$X_{15} = X_{16} = (X_L\%/100) \times (U_n/1.732I_n) \times (S_b/U_b^2) = (8/100) \times (6/(1.732 \times 2)) \times (100/6.3^2) = 0.349$

⑩ 空分空压甲、乙线：电缆长度 1.1km，2 根并联使用

$X_{17} = X_{18} = X_0 \times L \times S_b/U_b^2/2 = 0.08 \times 1.1 \times 100/6.3^2/2 = 0.111$

电抗器：$I_n = 1000A$　$X_L\% = 6\%$

$X_{19} = X_{20} = (X_L\%/100) \times (U_n/1.732I_n) \times (S_b/U_b^2) = (6/100) \times (6/(1.732 \times 1)) \times (100/6.3^2) = 0.524$

⑪ 聚丙烯二期甲、乙线：电缆长度 1.6km，4 根并联使用

$X_{21} = X_{22} = X_0 \times L \times S_b/U_b^2/4 = 0.08 \times 1.6 \times 100/6.3^2/4 = 0.081$

电抗器：$I_n = 1000A$　$X_L\% = 6\%$

$X_{23} = X_{24} = (X_L\%/100) \times (U_n/1.732I_n) \times (S_b/U_b^2) = (6/100) \times (6/(1.732 \times 1)) \times (100/6.3^2) = 0.524$

⑫ 循环气压缩机：电缆长度 1.6km，2 根并联使用

$X_{25} = X_0 \times L \times S_b/U_b^2/2 = 0.08 \times 1.6 \times 100/6.3^2/2 = 0.161$

电抗器：$I_n = 800A$　$X_L\% = 6\%$

$X_{26} = (X_L\%/100) \times (U_n/1.732I_n) \times (S_b/U_b^2) = (6/100) \times (6/(1.732 \times 0.8)) \times (100/6.3^2) = 0.655$

⑬ 聚丙烯二期造粒机：电缆长度 1.6km，3 根并联使用

$X_{27} = X_0 \times L \times S_b/U_b^2/4 = 0.08 \times 1.6 \times 100/10.5^2/3 = 0.039$

⑭ 聚丙烯一期造粒机：电缆长度 1.25km，3 根并联使用

$X_{28} = X_0 \times L \times S_b/U_b^2/4 = 0.08 \times 1.25 \times 100/10.5^2/3 = 0.03$

(2) 建新变阻抗图

根据建新变各元件标幺值计算结果画出 110kV 建新变阻抗图，见图 12-3。

(3) 建新变短路电流计算结果表

建新变系统结构简单，各回路短路阻抗只需从上到下各级阻抗相加即可得到结果，根据短路阻抗可计算出各回路短路电流。建新变短路电流计算结果表见表 12-4，建新变 110kV 母线最大运行方式下短路电流：502/0.048 = 10458（A），最小运行方式下短路电流：502/0.131 = 3832（A），建新变 6kV 母线正常运行方式为分列运行，检修时会出现 1#主变或 2#主变带 6kV 两段母线运行的情况，所以 6kV 母线处最大运行方式下短路阻抗：0.048 + 0.564 = 0.612，短路电流：9160/0.612 = 14967（A），最小运行方式下阻抗：0.131 + 0.568 = 0.699，

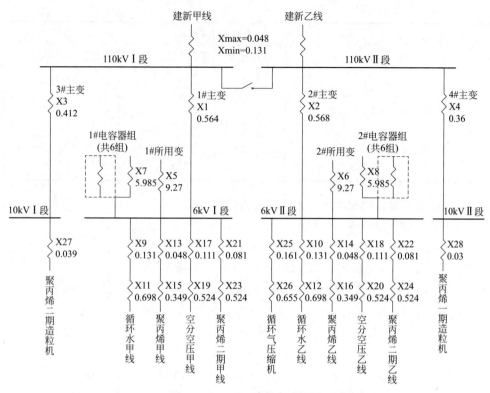

图 12-3　110kV 建新变阻抗图

短路电流：9160/0.699＝13104（A），其他各处短路电流计算以此类推。

表 12-3　建新变短路电流计算结果表

序号	短路点	最大运行方式下		最小运行方式下	
		短路阻抗	短路电流/A	短路阻抗	短路电流/A
1	110kV 母线	0.048	10458	0.131	3832
2	6kV 母线	0.612	14967	0.699	13104
3	1#、2#所变低压侧(6kV 侧电流)	9.882	927	9.969	919
4	分支电容电抗器下侧	6.597	1389	6.684	1370
5	循环水甲、乙线末端	1.441	6357	1.528	5995
6	聚丙烯甲、乙线末端	1.009	9078	1.096	8358
7	空分空压甲、乙线末端	1.247	7346	1.334	6867
8	聚丙烯二期甲、乙线末端	1.217	7527	1.304	7025
9	循环气压缩机	1.428	6415	1.515	6046

序号	短路点	最大运行方式下		最小运行方式下	
		短路阻抗	短路电流/A	短路阻抗	短路电流/A
10	10kVⅠ段母线	0.46	11957	0.543	10129
11	聚丙烯二期造粒机线路末端	0.499	11022	0.582	9450
12	10kVⅡ段母线	0.408	13480	0.491	10202
13	聚丙烯一期造粒机线路末端	0.438	12557	0.521	10557

(4) 聚丙烯二期配电所各元件标幺值计算

取系统基准容量 $S_b = 100MV \cdot A$，计算各元件标幺值如下：

① 6kV 母线处短路阻抗等于上级主变电所配出回路末端短路阻抗，最大运行方式下 $X_{max} = 1.217$，最小运行方式下 $X_{min} = 1.304$。

② PP 装置 1#变：电缆长度 0.03km，$S_n = 1.6MV \cdot A$，$U_k\% = 4.46\%$

电缆阻抗：$X_1 = X_0 \times L \times S_b / U_b^2 = 0.08 \times 0.03 \times 100/6.3^2 = 0.006$

变压器阻抗：$X_2 = (U_k\%/100) \times (S_b/S_n) = (4.46/100) \times (100/1.6) = 2.788$

③ PP 装置 2#变：电缆长度 0.03km，$S_n = 1.6MV \cdot A$，$U_k\% = 4.46\%$

电缆阻抗：$X_3 = X_0 \times L \times S_b / U_b^2 = 0.08 \times 0.03 \times 100/6.3^2 = 0.006$

变压器阻抗：$X_4 = (U_k\%/100) \times (S_b/S_n) = (4.46/100) \times (100/1.6) = 2.788$

④ PP 装置 3#变：电缆长度 0.03km，$S_n = 1.6MV \cdot A$，$U_k\% = 4.48\%$

电缆阻抗：$X_5 = X_0 \times L \times S_b / U_b^2 = 0.08 \times 0.03 \times 100/6.3^2 = 0.006$

变压器阻抗：$X_6 = (U_k\%/100) \times (S_b/S_n) = (4.48/100) \times (100/1.6) = 2.8$

⑤ PP 装置 4#变：电缆长度 0.03km，$S_n = 1.6MV \cdot A$，$U_k\% = 4.5\%$

电缆阻抗：$X_7 = X_0 \times L \times S_b / U_b^2 = 0.08 \times 0.03 \times 100/6.3^2 = 0.006$

变压器阻抗：$X_8 = (U_k\%/100) \times (S_b/S_n) = (4.5100) \times (100/1.6) = 2.813$

⑥ 造粒 1#变：电缆长度 0.35km，$S_n = 2.5MV \cdot A$，$U_k\% = 6.28\%$

电缆阻抗：$X_9 = X_0 \times L \times S_b / U_b^2 = 0.08 \times 0.35 \times 100/6.3^2 = 0.071$

变压器阻抗：$X_{10} = (U_k\%/100) \times (S_b/S_n) = (6.28/100) \times (100/2.5) = 2.512$

⑦ 造粒 2#变：电缆长度 0.35km，$S_n = 2.5MV \cdot A$，$U_k\% = 6.23\%$

电缆阻抗：$X_{11} = X_0 \times L \times S_b / U_b^2 = 0.08 \times 0.35 \times 100/6.3^2 = 0.071$

变压器阻抗：$X_{12} = (U_k\%/100) \times (S_b/S_n) = (6.23/100) \times (100/2.5) = 2.492$

⑧ 成品仓库 1#变：电缆长度 0.46km，$S_n = 0.8MV \cdot A$，$U_k\% = 6.09\%$

电缆阻抗：$X_{13} = X_0 \times L \times S_b / U_b^2 = 0.08 \times 0.46 \times 100/6.3^2 = 0.093$

变压器阻抗：$X_{14} = (U_k\%/100) \times (S_b/S_n) = (6.09/100) \times (100/0.8) = 7.613$

⑨ 成品仓库 2#变：电缆长度 0.46km，$S_n = 0.8MV \cdot A$，$U_k\% = 6.06\%$

电缆阻抗：$X_{15}=X_0 \times L \times S_b/U_b^2=0.08 \times 0.46 \times 100/6.3^2=0.093$

变压器阻抗：$X_{16}=(U_k\%/100) \times (S_b/S_n)=(6.06/100) \times (100/0.8)=7.575$

⑩ C901A、C901B、C901C：电缆长度 0.45km

$X_{17}=X_{18}=X_{19}=X_0 \times L \times S_b/U_b^2=0.08 \times 0.45 \times 100/6.3^2=0.091$

⑪ C892A、C892B：电缆长度 0.3km

$X_{20}=X_{21}=X_0 \times L \times S_b/U_b^2=0.08 \times 0.3 \times 100/6.3^2=0.06$

⑫ C801A、C801B：电缆长度 0.34km

$X_{22}=X_{23}=X_0 \times L \times S_b/U_b^2=0.08 \times 0.34 \times 100/6.3^2=0.069$

⑬ P640A、P640B、P640C：电缆长度 0.2km

$X_{24}=X_{25}=X_{26}=X_0 \times L \times S_b/U_b^2=0.08 \times 0.2 \times 100/6.3^2=0.04$

⑭ C520A、C520B：电缆长度 0.26km

$X_{27}=X_{28}=X_0 \times L \times S_b/U_b^2=0.08 \times 0.26 \times 100/6.3^2=0.052$

⑮ C360：电缆长度 0.29km

$X_{29}=X_0 \times L \times S_b/U_b^2=0.08 \times 0.29 \times 100/6.3^2=0.058$

⑯ C320A、C320B：电缆长度 0.32km

$X_{30}=X_{31}=X_0 \times L \times S_b/U_b^2=0.08 \times 0.32 \times 100/6.3^2=0.064$

⑰ C510：电缆长度 0.24km

$X_{32}=X_0 \times L \times S_b/U_b^2=0.08 \times 0.24 \times 100/6.3^2=0.048$

⑱ C610：电缆长度 0.16km

$X_{33}=X_0 \times L \times S_b/U_b^2=0.08 \times 0.16 \times 100/6.3^2=0.032$

⑲ C401：电缆长度 0.24km

$X_{34}=X_0 \times L \times S_b/U_b^2=0.08 \times 0.24 \times 100/6.3^2=0.048$

⑳ 400kvar 电容串联电抗：$I_n=35A$　$X_L\%=6\%$

$X_{35}=X_{36}=(X_L\%/100) \times (U_n/1.732I_n) \times (S_b/U_b^2)=(6/100) \times (6/(1.732 \times 0.035)) \times (100/6.3^2)=14.963$

㉑ 800kvar 电容串联电抗：$I_n=70A$　$X_L\%=6\%$

$X_{37}=X_{38}=(X_L\%/100) \times (U_n/1.732I_n) \times (S_b/U_b^2)=(6/100) \times (6/(1.732 \times 0.07)) \times (100/6.3^2)=7.481$

㉒ 循环气压缩机：电缆长度 0.27km，2 根并联使用

$X_{39}=X_0 \times L \times S_b/U_b^2/2=0.08 \times 0.27 \times 100/6.3^2/2=0.027$

㉓ 聚丙烯二期造粒机：电缆长度 0.55km，3 根并联使用

$X_{40}=X_0 \times L \times S_b/U_b^2/3=0.08 \times 0.55 \times 100/10.5^2/3=0.013$

(5) 聚丙烯二期配电所阻抗图

聚丙烯二期配电所阻抗图见图 12-4。

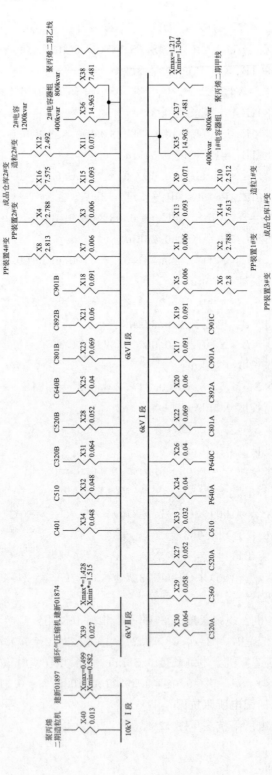

图 12-4　聚丙烯二期配电所阻抗图

(6) 聚丙烯二期配电所短路电流计算结果表

聚丙烯二期配电所短路电流计算结果表见表 12-4，表中变压器低压侧短路电流指低压侧短路时流过高压侧电流互感器的电流，用于高压侧保护定值计算，当用于低压侧保护定值计算时，需将短路电流值折算到低压侧：短路电流值×高压侧额定电压/低压侧额定电压。

表 12-4 聚丙烯二期配电所短路电流计算结果表

序号	短路点	最大运行方式下		最小运行方式下	
		短路阻抗	短路电流/A	短路阻抗	短路电流/A
1	6kV Ⅰ、Ⅱ段母线	1.217	7527	1.304	7025
2	6kV Ⅲ段母线	1.428	6415	1.515	6046
3	10kV Ⅰ段母线	0.499	11022	0.582	9450
4	PP 装置 1#～4#变高压侧	1.223	7490	1.310	6992
5	PP 装置 1#～4#变低压侧	4.011	2284	4.123	2222
6	造粒 1#、2#变高压侧	1.288	7112	1.375	6662
7	造粒 1#、2#变低压侧	3.780	2423	3.887	2357
8	成品仓库 1#、2#变高压侧	1.310	6992	1.397	6557
9	成品仓库 1#、2#变低压侧	8.885	1031	9.010	1017
10	C901A	1.308	7003	1.395	6566
11	C901B	1.308	7003	1.395	6566
12	C901C	1.308	7003	1.395	6566
13	C892A	1.277	7173	1.364	6716
14	C892B	1.277	7173	1.364	6716
15	C801A	1.286	7123	1.373	6672
16	C801B	1.286	7123	1.373	6672
17	P640A	1.257	7285	1.344	6814
18	P640B	1.257	7285	1.344	6814
19	P640C	1.257	7285	1.344	6814
20	C520A	1.269	7218	1.356	6755
21	C520B	1.269	7218	1.356	6755

序号	短路点	最大运行方式下		最小运行方式下	
		短路阻抗	短路电流/A	短路阻抗	短路电流/A
22	C360	1.275	7184	1.362	6725
23	C320A	1.281	7151	1.368	6696
24	C320B	1.281	7151	1.368	6696
25	C510	1.265	7241	1.352	6775
26	C610	1.249	7334	1.336	6856
27	C401	1.265	7241	1.352	6775
28	400kvar 电容电抗器下侧	16.180	566	16.267	563
29	800kvar 电容电抗器下侧	8.698	1053	8.785	1043
30	循环气压缩机	1.455	6296	1.542	5940
31	聚丙烯二期造粒机	0.512	10742	0.595	9244

12.1.4 运行要求

(1) 系统运行方式

建新变 110kV 母线分列运行，6kV 母线分列运行。聚丙烯二期高压配电所 6kV 母线分列运行。

(2) 电动机运行

聚丙烯二期配电所参与电动机自启动的电动机有 C892A、C892B、P640A、P640B、P640C、C520A、C520B、C360、C320A、C320B。

12.2 高压配电所继电保护计算

12.2.1 继电保护计算书

计算书内容含封面、目录和计算过程，封面含计算人、审核人等信息。为节约篇幅，仅展示继电保护计算书的计算过程，并且对数量较多的变压器回路和电动机回路选取了有代表性的部分，其他回路省略。××公司继电保护定值计算书见表 12-5~表 12-16。

表 12-5　××公司继电保护定值计算书（1）

变配电所：	100 号聚丙烯二期	回路名称：	PP 装置 1♯、2♯、3♯、4♯变压器		
保护装置：	REF615	保护功能：	电流速断、过流、零序过流、非电量		
额定容量：	1600kV・A	额定电流：	146.6A	额定电流二次值：	0.733A
TV 变比：	6000V/100V	TA 变比：	200A/1A	零序 TA 变比：	100A/1A

（1）电流速断保护

动作电流 I_{op} 按躲过变压器低压侧出口三相短路时流过保护的最大短路电流整定，即：

$$I_{op} = K_{rel} I_{k.max}/n_a = 1.2 \times 2284/200 = 13.7(A)$$

式中　K_{rel}——可靠系数，取 1.2；

　　　$I_{k.max}$——变压器低压侧三相最大短路电流，折算到高压侧的一次电流，2284A；

　　　n_a——变压器高压侧电流互感器变比：200/1＝200。

灵敏系数：$K_{sen} = 0.866 I_{k.min}/(n_a I_{op}) = 0.866 \times 6992/(200 \times 13.7) = 2.2 \geqslant 2$　校验合格

式中　$I_{k.min}$——最小运行方式下，变压器高压侧三相短路电流：6992A

（2）过流保护

变压器负荷中最大功率电动机功率为 75kW，自启动容量为 500kV・A，自启动容量较大，按变压器已带一段低压负荷，再带另一段低压电动机自启动整定：

$$I_{op} = K_{rel} K_{zq} I_e = 1.2 \times 2.62 \times 0.733 = 2.3(A)$$

式中　K_{rel}——可靠系数取 1.2；

　　　I_e——变压器额定电流二次值：146.6/200＝0.733(A)；

　　　K_{zq}——需要自启动的全部电动机在自启动时的过电流倍数，公式为：

$$K_{zq} = \cfrac{1}{\dfrac{U_k\%}{100} + \dfrac{0.7 S_{T.N}}{1.2 K_{st.\Sigma} S_{M.\Sigma}}\left(\dfrac{U_{M.N}}{U_{T.N}}\right)^2} = \cfrac{1}{\dfrac{4.46}{100} + \dfrac{0.7 \times 1600}{1.2 \times 5 \times 500}\left(\dfrac{380}{400}\right)^2} = 2.62$$

式中　$U_k\%$——变压器的阻抗电压百分值取其中较小值：4.46%；

　　　$S_{T.N}$——变压器额定容量，1600kV・A；

　　　$S_{M.\Sigma}$——需要自启动电动机额定视在功率之和，500kV・A。

灵敏系数 K_{sen} 按变压器低压侧两相短路能可靠动作校验：

$$K_{sen} = 0.866 I_{k.min}/(n_a I_{op}) = 0.866 \times 2222/(200 \times 2.3) = 4.2 \geqslant 1.5 \quad 校验合格$$

过流保护时限与低压侧开关过流保护时限为 0.3s 配合，取 0.5s。

（3）零序过流保护

以小电流接地选线装置为主，按零序一次电流达到 5A 报警整定：

$$I_{op} = 5/100 = 0.05(A)\quad 2s\ 报警$$

（4）非电量保护

重瓦斯跳闸

轻瓦斯信号

压力跳闸

超温报警

高温报警

（左栏竖排：定　值　计　算）

表 12-6　××公司继电保护定值计算书（2）

变配电所：	100 号聚丙烯二期	回路名称：	造粒 1#、2# 变压器		
保护装置：	REF615	保护功能：	电流速断、过流、零序过流、非电量		
额定容量：	2500kV·A	额定电流：	229.1A	额定电流二次值：	0.76A
TV 变比：	6000V/100V	TA 变比：	300A/1A	零序 TA 变比：	100A/1A

（1）电流速断保护

动作电流 I_{op} 按躲过变压器低压侧出口三相短路时流过保护的最大短路电流整定，即：

$$I_{op} = K_{rel} I_{k.max}/n_a = 1.2 \times 2423/300 = 9.7 \text{(A)}$$

式中　K_{rel}——可靠系数，取 1.2；

　　　$I_{k.max}$——变压器低压侧三相最大短路电流，折算到高压侧的一次电流，2423A

　　　n_a——变压器高压侧电流互感器变比，300/1＝300。

灵敏系数：$K_{sen} = 0.866 I_{k.min}/(n_a I_{op}) = 0.866 \times 6662/(300 \times 9.7) = 2.0 \geq 2$　校验合格

式中　$I_{k.min}$——最小运行方式下，变压器高压侧三相短路电流，6662A。

（2）过流保护

变压器负荷中最大功率电动机功率为 200kW，没有自启动电动机，按躲过变压器带最大负荷再启动最大 1 台电动机的电流之和整定：

$$I_{op} = K_{rel}(I_{max} + K_{st} I_e)/n_a = 1.2 \times (206 + 7 \times 26.7)/300 = 1.6 \text{(A)}$$

式中　K_{rel}——可靠系数，取 1.2；

　　　I_{max}——变压器最大负荷电流取 0.9 倍变压器额定电流，$0.9 \times 229.1 = 206$(A)；

　　　K_{st}——电动机启动电流倍数取 7；

　　　I_e——最大电动机额定电流折算到高压侧电流值：

　　　　　电动机额定电流：按功率值的 2 倍估算 $2 \times 200 = 400$(A)；

　　　　　折算到高压侧电流为 $400 \times 0.4/6 = 26.7$(A)；

　　　n_a——变压器高压侧电流互感器变比，300。

灵敏系数 K_{sen} 按变压器低压侧两相短路可靠动作校验：

$$K_{sen} = 0.866 I_{k.min}/(n_a I_{op}) = 0.866 \times 2357/(300 \times 1.6) = 4.3 \geq 1.5$$　校验合格

过流保护时限与低压侧开关过流保护时限为 0.3s 配合，取 0.5s。

（3）零序过流保护

以小电流接地选线装置为主，按零序一次电流达到 5A 报警整定：

$$I_{op} = 5/100 = 0.05 \text{(A)}　t = 2\text{s 报警}$$

（4）非电量保护

变压器超温：跳闸

变压器温度：报警

变压器高温：报警

（左侧竖排：定　值　计　算）

表 12-7 ××公司继电保护定值计算书（3）

变配电所：	100 号聚丙烯二期	回路名称：	C901A 电动机		
保护装置：	REM615	保护功能：	电流速断、过负荷、低电压、零序过流、非电量		
额定容量：	310kW	额定电流：	37A	额定电流二次值：	0.49A
TV 变比：	6000V/100V	TA 变比：	75A/1A	零序 TA 变比：	100A/1A

定值计算

(1)电流速断保护

动作电流 I_{op} 按躲过电动机最大启动电流整定，即：

$$I_{op}=K_{rel}K_{st}I_e=1.5\times7\times0.49=5.2(\text{A})$$

式中 K_{rel}——可靠系数，取 1.5；

K_{st}——电动机启动电流倍数，取 7；

I_e——电动机二次额定电流，0.49A。

灵敏系数按电动机电缆末端最小两相短路能可靠动作校验：

$$K_{sen}=0.866I_{k.min}/(n_aI_{op})=0.866\times6566/(75\times5.2)=14.6\geqslant2\quad 校验合格$$

式中 $I_{k.min}$——电动机电缆末端最小三相短路电流一次值，6566A；

I_{op}——电流速断保护动作电流：5.2A；

n_a——电流互感器变比：75。

(2)过负荷保护(反时限)

动作电流 I_{op} 按躲过电动机额定电流计算，即：

$$I_{op}=K_{rel}I_e/K_r=1.05\times0.49/0.95=0.54(\text{A})$$

式中 K_{rel}——可靠系数，取 1.05；

K_r——返回系数，取 0.95。

IEC 一般反时限特性方程：$t=\dfrac{0.14}{(I/I_p)^{0.02}-1}t_p$

公式中 $I_p=I_{op}=0.54(\text{A})$，按 $t=9\text{s}$ 躲过 7 倍额定电流 $I=7\times0.49=3.43$ 代入方程，求得 $t_p=2.4$。

(3)低电压保护

动作电压：$U_{op}=0.4U_n=0.4\times100=40(\text{V})$，式中 U_n 取 100V。

电动机不参与自启动，低电压保护动作时限取 1.5s。

(4)零序过流保护

以小电流接地选线装置为主，按零序一次电流达到 5A 报警整定：

$I_{op}=5/100=0.05(\text{A})\quad t=2\text{s}$ 报警

(5)非电量保护

DCS 分闸

SIS 分闸

表 12-8 ××公司继电保护定值计算书 (4)

变配电所:	100 号聚丙烯二期	回路名称:	C892A、C892B 电动机		
保护装置:	REM615	保护功能:	电流速断、过负荷、低电压、零序过流、非电量		
额定容量:	310kW	额定电流:	35.5A	额定电流二次值:	0.47A
TV 变比:	6000V/100V	TA 变比:	75A/1A	零序 TA 变比:	100A/1A

<table>
<tr><td rowspan="8">定

值

计

算</td><td>

(1)电流速断保护

动作电流 I_{op} 按躲过电动机最大启动电流整定,即:

$$I_{op} = K_{rel} K_{st} I_e = 1.5 \times 7 \times 0.47 = 5.0(A)$$

式中　K_{rel}——可靠系数,取 1.5;

　　　K_{st}——电动机启动电流倍数,取 7;

　　　I_e——电动机二次额定电流,0.47A。

灵敏系数按电动机电缆末端最小两相短路能可靠动作校验:

$$K_{sen} = 0.866 I_{k.min}/(n_a I_{op}) = 0.866 \times 6716/(75 \times 5) = 15.5 \geqslant 2 \quad 校验合格$$

式中　$I_{k.min}$——电动机电缆末端最小三相短路电流一次值,6716A;

　　　I_{op}——电流速断保护动作电流,5.0A;

　　　n_a——电流互感器变比,75。

(2)过负荷保护(反时限)

动作电流 I_{op} 按躲过电动机额定电流计算,即:

$$I_{op} = K_{rel} I_e/K_r = 1.05 \times 0.47/0.95 = 0.52(A)$$

式中　K_{rel}——可靠系数,取 1.05;

　　　K_r——返回系数,取 0.95。

IEC 一般反时限特性方程:$t = \dfrac{0.14}{(I/I_p)^{0.02} - 1} t_p$

公式中 $I_p = I_{op} = 0.52(A)$,按 $t = 9s$ 躲过 7 倍额定电流 $I = 7 \times 0.47 = 3.29$ 代入方程,求得 $t_p = 2.4$。

(3)低电压保护

动作电压:$U_{op} = 0.4 U_n = 0.4 \times 100 = 40(V)$,式中 U_n 取 100V。

电动机参与自启动,低电压保护动作时限取 5s。

(4)零序过流保护

以小电流接地选线装置为主,按零序一次电流达到 5A 报警整定:

$$I_{op} = 5/100 = 0.05(A) \quad t = 2s 报警$$

(5)非电量保护

DCS 分闸

SIS 分闸

</td></tr>
</table>

表 12-9　××公司继电保护定值计算书（5）

变配电所：	100 号聚丙烯二期	回路名称：		C401 电动机	
保护装置：	REM615	保护功能：		电流速断、过负荷、低电压、零序过流、非电量	
额定容量：	1600kW	额定电流：	184A	额定电流二次值：	0.74A
TV 变比：	6000V/100V	TA 变比：	250A/1A	零序 TA 变比：	100A/1A

定

值

计

算

（1）电流速断保护

动作电流 I_{op} 按躲过电动机最大启动电流整定，即：

$$I_{op}=K_{rel}K_{st}I_e=1.5\times6\times0.74=6.7(A)$$

式中　K_{rel}——可靠系数，取 1.5；

K_{st}——电动机启动电流倍数，取 6；

I_e——电动机二次额定电流，0.74A。

灵敏系数按电动机电缆末端最小两相短路能可靠动作校验：

$$K_{sen}=0.866I_{k.min}/(n_aI_{op})=0.866\times6775/(250\times6.7)=3.5\geq2　校验合格$$

式中　$I_{k.min}$——电动机电缆末端最小三相短路电流一次值，6775A；

I_{op}——电流速断保护动作电流，6.7A；

n_a——电流互感器变比，250。

（2）过负荷保护（反时限）

动作电流 I_{op} 按躲过电动机额定电流计算，即：

$$I_{op}=K_{rel}I_e/K_r=1.05\times0.74/0.95=0.82(A)$$

式中　K_{rel}——可靠系数，取 1.05；

K_r——返回系数，取 0.95；

IEC 一般反时限特性方程：$t=\dfrac{0.14}{(I/I_p)^{0.02}-1}t_p$

公式中 $I_p=I_{op}=0.82(A)$，按 $t=9s$ 躲过 6 倍额定电流 $I=6\times0.74=4.44$ 代入方程，求得 $t_p=2.2$。

（3）低电压保护

动作电压：$U_{op}=0.4U_n=0.4\times100=40(V)$，式中 U_n 取 100V。

电动机不参与自启动，低电压保护动作时限取 1.5s。

（4）零序过流保护

以小电流接地选线装置为主，按零序一次电流达到 5A 报警整定：

$$I_{op}=5/100=0.05(A)　t=2s　报警$$

（5）非电量保护

DCS 分闸

SIS 分闸

表 12-10 ××公司继电保护定值计算书 (6)

变配电所：	100 号聚丙烯二期	回路名称：	循环气压缩机		
保护装置：	REF615(磁平衡) REM615	保护功能：	磁平衡差动、电流速断、限时电流速断、过负荷、低电压、零序过流、非电量		
额定容量：	4180kW	额定电流：	451A	额定电流二次值：	0.75A
TV 变比：	6000V/100V	TA 变比：	600A/1A	零序 TA 变比：	100A/1A

<table>
<tr><td rowspan="1">定

值

计

算</td>
<td>

(1)磁平衡差动(TA 变比 50A/5A)

动作电流 I_{op} 取 $0.05I_e$，即：$I_{op}=0.05I_e=0.05\times45.1=2.3(A)$

式中　I_e——电动机折算到磁平衡 TA 二次额定电流，$I_e=451/10=45.1(A)$

(2)电流速断保护

动作电流 I_{op} 按躲过电动机最大启动电流整定，即：

$$I_{op}=K_{rel}K_{st}I_e=1.5\times4\times0.75=4.5(A)$$

式中　K_{rel}——可靠系数，取 1.5；

　　　K_{st}——电动机启动电流倍数，取 4；

　　　I_e——电动机二次额定电流，0.75A。

灵敏系数按电动机电缆末端最小两相短路能可靠动作校验：

$$K_{sen}=0.866I_{k.min}/(n_aI_{op})=0.866\times5940/(600\times4.5)=1.9<2　校验不合格$$

式中　$I_{k.min}$——电动机电缆末端最小三相短路电流一次值，5940A；

　　　I_{op}——电流速断保护动作电流，4.5A；

　　　n_a——电流互感器变比，600。

(3)限时电流速断保护

电流速断保护灵敏度不足，改用限时电流速断保护，加 40ms 延时躲过周期分量，动作电流 I_{op} 按躲过电动机启动电流整定，即：

$$I_{op}=K_{rel}K_{st}I_e=1.2\times4\times0.75=3.6(A)$$

式中　K_{rel}——可靠系数，取 1.2；

　　　K_{st}——电动机启动电流倍数，取 4；

　　　I_e——电动机二次额定电流，0.75A。

灵敏系数按电动机电缆末端最小两相短路能可靠动作校验：

$$K_{sen}=0.866I_{k.min}/(n_aI_{op})=0.866\times5940/(600\times3.6)=2.4\geqslant2　校验合格$$

式中　$I_{k.min}$——电动机电缆末端最小三相短路电流一次值，5940A；

　　　I_{op}——限时电流速断保护动作电流，3.6A；

　　　n_a——电流互感器变比，600。

(4)过负荷保护(反时限)

动作电流 I_{op} 按躲过电动机额定电流计算，即：

$$I_{op}=K_{rel}I_e/K_r=1.05\times0.75/0.95=0.83(A)$$

式中　K_{rel}——可靠系数，取 1.05；

　　　K_r——返回系数，取 0.95。

IEC 一般反时限特性方程：$t=\dfrac{0.14}{(I/I_p)^{0.02}-1}t_p$

公式中 $I_p=I_{op}=0.83(A)$，按 $t=48s$ 躲过 4 倍额定电流 $I=4\times0.75=3$ 代入方程，求得 $t_p=8.9$。

(5)低电压保护

动作电压：$U_{op}=0.4U_n=0.4\times100=40(V)$，式中 U_n 取 100V。

电动机属于上级配电所直配线路，低电压保护动作时限与自启动无关，取 3s。

(6)零序过流保护

以小电流接地选线装置为主，按零序一次电流达到 5A 报警整定：

$$I_{op}=5/100=0.05(A)　t=2s 报警$$

(7)非电量保护

紧急停机：跳闸

</td></tr>
</table>

表 12-11 ××公司继电保护定值计算书（7）

变配电所：	100 号聚丙烯二期	回路名称：	聚丙烯二期造粒机		
保护装置：	REF615（磁平衡）REM615	保护功能：	磁平衡差动、电流速断、限时电流速断、过负荷、低电压、零序过流、非电量		
额定容量：	10500kW	额定电流：	721A	额定电流二次值：	0.48A
TV 变比：	10kV/100V	TA 变比：	1500A/1A	零序 TA 变比：	100A/1A

<table>
<tr><td rowspan="5" style="writing-mode:vertical">定
值
计
算</td><td>

（1）磁平衡差动（TA 变比 50A/1A）

动作电流 I_{op} 取 $0.05I_e$，即：$I_{op}=0.05\times14.42=0.72(A)$

式中 I_e——电动机折算到磁平衡 TA 二次额定电流，$I_e=721/50=14.42(A)$

（2）电流速断保护

动作电流 I_{op} 按躲过电动机最大启动电流整定，即：

$$I_{op}=K_{rel}K_{st}I_e=1.5\times4\times0.48=2.9(A)$$

式中 K_{rel}——可靠系数，取 1.5；

K_{st}——电动机启动电流倍数，取 4；

I_e——电动机二次额定电流，0.48A。

灵敏系数按电动机电缆末端最小两相短路能可靠动作校验：

$$K_{sen}=0.866I_{k.min}/(n_aI_{op})=0.866\times9244/(1500\times2.9)=1.8<2 \quad 校验不合格$$

式中 $I_{k.min}$——电动机电缆末端最小三相短路电流一次值，9244；

I_{op}——电流速断保护动作电流，2.9A；

n_a——电流互感器变比，1500。

（3）限时电流速断保护

电流速断保护灵敏度不足，改用限时电流速断保护，加 40ms 延时躲非周期分量，动作电流 I_{op} 按躲过电动机启动电流整定，即：

$$I_{op}=K_{rel}K_{st}I_e=1.2\times4\times0.48=2.3(A)$$

式中 K_{rel}——可靠系数，取 1.2；

K_{st}——电动机启动电流倍数，取 4；

I_e——电动机二次额定电流，0.48A。

灵敏系数按电动机电缆末端最小两相短路能可靠动作校验：

$$K_{sen}=0.866I_{k.min}/(n_aI_{op})=0.866\times9244/(1500\times2.3)=2.3\geqslant2 \quad 校验合格$$

式中 $I_{k.min}$——电动机电缆末端最小三相短路电流一次值，9244；

I_{op}——限时电流速断保护动作电流，2.3A；

n_a——电流互感器变比，1500。

（4）过负荷保护（反时限）

动作电流 I_{op} 按躲过电动机额定电流计算，即：

$$I_{op}=K_{rel}I_e/K_r=1.05\times0.48/0.95=0.53(A)$$

式中 K_{rel}——可靠系数，取 1.05；

K_r——返回系数，取 0.95。

IEC 一般反时限特性方程：$t=\dfrac{0.14}{(I/I_p)^{0.02}-1}t_p$

公式中 $I_p=I_{op}=0.53(A)$，按 $t=12s$ 躲过 4 倍额定电流 $I=4\times0.48=1.92$ 代入方程，求得 $t_p=2.3$。

（5）低电压保护

动作电压：$U_{op}=0.4U_n=0.4\times100=40(V)$，式中 U_n 取 100V。

电动机属于上级配电所直配线路，低电压保护动作时限与自启动无关，取 3s。

（6）零序过流保护

以小电流接地选线装置为主，按零序一次电流达到 5A 报警整定：

$$I_{op}=5/100=0.05(A) \quad t=2s 报警。$$

（7）非电量保护

DCS 分闸

</td></tr>
</table>

表 12-12　××公司继电保护定值计算书（8）

变配电所：	100 号聚丙烯二期	回路名称：	1#、2#电容器组		
保护装置：	REF615	保护功能：	电流速断、过流、低电压、零序过流		
额定容量：	1200kvar	额定电流：	105A	额定电流二次值：	0.35A
TV 变比：	6000V/100V	TA 变比：	300A/1A	零序 TA 变比：	100A/1A

（1）电流速断保护

电流速断保护动作电流 I_{op} 按躲过最大容量电容器组投入的瞬时极端冲击电流加上其余电容器组额定电流之和整定，即：

$$I_{op}=K_{rel}(K_{st}I_{e1}+I_{e2})/n_a=1.3\times(5\times70+35)/300=1.7(A)$$

式中　　K_{rel}——可靠系数，取 1.3；

　　　　K_{st}——电容器组投入时冲击电流倍数，取 5；

　　　　I_{e1}——最大容量电容器组额定电流，70A；

　　　　I_{e2}——其余电容器组额定电流之和，35A；

　　　　n_a——电流互感器变比。

保护出口动作于跳闸，时限 0s。

灵敏系数按电容串联电抗器上侧（相当于 6kV 母线）最小两相短路能可靠动作校验：

$$K_{sen}=0.866I_{k.min}/(n_aI_{op})=0.866\times7025/(300\times1.7)=11.9\geqslant2 \quad 校验合格$$

式中　$I_{k.min}$——6kV 母线最小三相短路电流一次值，7025A；

　　　　I_{op}——电流速断保护动作电流，1.7A；

　　　　n_a——电流互感器变比，300。

（2）过流保护

过流保护动作电流 I_{op} 按电容器组额定电流之和整定，即：

$$I_{op}=K_{rel}I_e/(K_rn_a)=1.5\times105/(0.95\times300)=0.55(A)$$

式中　　K_{rel}——可靠系数，取 1.5；

　　　　K_r——返回系数，综合保护装置取 0.95；

　　　　I_e——整组电容器额定电流一次值，105A。

保护出口动作于跳闸，动作时限与分支回路过流保护动作时限配合，取 0.5s。

灵敏系数按串联电抗器下侧最小两相短路能可靠动作校验，K_{sen} 计算公式为：

$$K_{sen}=0.866I_{k.min}/(I_{op}n_a)=0.866\times563/(0.55\times300)=2.9>1.2 \quad 校验合格$$

式中　$I_{k.min}$——串联电抗器下侧最小三相短路电流一次值，563A；

　　　　I_{op}——过流保护动作电流，0.55A；

　　　　n_a——电流互感器变比，300。

（3）低电压保护

动作电压：$U_{op}=0.4U_n=0.4\times100=40(V)$

分段备自投时间为 2s，低电压保护动作时限取 $t=1.5s$。

（4）零序过流保护

按零序一次电流达到 5A 整定：

$$I_{op}=5/100=0.05(A) \quad t=0s 跳闸$$

表 12-13　××公司继电保护定值计算书（9）

变配电所：	100 号聚丙烯二期	回路名称：	400kvar 分支电容器		
保护装置：	CSC-221A	保护功能：	过流、过电压、不平衡		
额定容量：	400kvar	额定电流：	35A	额定电流二次值：	0.7A
TV 变比：	6600V/100V	TA 变比：	50A/1A		

<table>
<tr><td rowspan="6">定
值
计
算</td><td>

(1)过流保护

过流保护动作电流 I_{op} 按分支电容器额定电流整定，即：

$$I_{op} = K_{rel} I_e / K_r = 1.5 \times 0.7 / 0.95 = 1.1(A)$$

式中　K_{rel}——可靠系数，取 1.5；

　　　K_r——返回系数，综合保护装置取 0.95；

　　　I_e——分支电容额定电流二次值，0.7A。

保护出口动作于跳闸，动作时间取 0.3s。

灵敏系数按电容器上侧最小两相短路能可靠动作校验，K_{sen} 计算公式为：

$$K_{sen} = 0.866 I_{k.min} / (I_{op} n_a) = 0.866 \times 563 / (1.1 \times 50) = 8.9 > 1.5 \quad 校验合格$$

式中　$I_{k.min}$——电容器上侧最小三相短路电流一次值，563A；

　　　I_{op}——过流保护动作电流，1.1A；

　　　n_a——电流互感器变比，50。

(2)过电压保护

动作电压：$U_{op} = 1.1 U_n = 1.1 \times 100 = 110(V)$

过电压保护动作时限取 $t = 7s$，保护出口跳闸。

(3)不平衡保护

动作电压：取 $U_{op} = 7V$，保护动作时限取 $t = 0.2s$
</td></tr>
</table>

表 12-14　××公司继电保护定值计算书（10）

变配电所：	100 号聚丙烯二期	回路名称：	800kvar 分支电容器		
保护装置：	CSC-221A	保护功能：	过流、过电压、不平衡		
额定容量：	800kvar	额定电流：	70A	额定电流二次值：	0.7A
TV 变比：	6600V/100V	TA 变比：	100A/1A		

<table>
<tr><td rowspan="6">定
值
计
算</td><td>

(1)过流保护

过流保护动作电流 I_{op} 按分支电容器额定电流整定，即：

$$I_{op} = K_{rel} I_e / K_r = 1.5 \times 0.7 / 0.95 = 1.1(A)$$

式中　K_{rel}——可靠系数，取 1.5；

　　　K_r——返回系数，综合保护装置取 0.95；

　　　I_e——分支电容额定电流二次值，0.7A。

保护出口动作于跳闸，动作时间取 0.3s。

灵敏系数按电容器上侧最小两相短路能可靠动作校验，K_{sen} 计算公式为：

$$K_{sen} = 0.866 I_{k.min} / (I_{op} n_a) = 0.866 \times 1043 / (1.1 \times 100) = 8.2 > 1.5 \quad 校验合格$$

式中　$I_{k.min}$——电容器上侧最小三相短路电流一次值，1043A；

　　　I_{op}——过流保护动作电流，1.1A；

　　　n_a——电流互感器变比，100。

(2)过电压保护

动作电压：$U_{op} = 1.1 U_n = 1.1 \times 100 = 110(V)$

过电压保护动作时限取 $t = 7s$，保护出口跳闸。

(3)不平衡保护

动作电压：取 $U_{op} = 7V$，保护动作时限取 $t = 0.2s$
</td></tr>
</table>

表 12-15　××公司继电保护定值计算书（11）

变配电所：	100 号聚丙烯二期	回路名称：	聚丙烯二期甲、乙线	
保护装置：	REF615 ISA-353G	保护功能：	差动、电流速断、过流 光纤差动	
额定容量：		额定电流：		额定电流二次值：
TV 变比：	6000V/100V	TA 变比：	2000A/5A	零序 TA 变比：

<table>
<tr><td rowspan="1">定

值

计

算</td><td>

(1) 差动保护

① TA 变比调节系数的整定　线路两端 TA 变比一样，补偿系数整定为 1。

② 比率差动定值的整定

$$I_{op} = 0.4I_e = 0.4 \times 5 = 2(A)$$

(2) 电流速断保护

① 动作电流 I_{op} 按与配电所配出回路中最大速断保护动作电流配合整定，即：

$$I_{op} = K_{rel}I_{max}/n_a = 1.05 \times 2910/400 = 7.6A$$

式中　K_{rel}——可靠系数，取 1.05；

　　　I_{max}——配电所配出回路中最大速断保护动作电流一次值，造粒变 $9.7 \times 300 = 2910A$；

　　　n_a——线路保护电流互感器变比，2000A/5A=400。

② 灵敏度校验　按高压配电所母线处两相短路进行校验，灵敏系数 K_{sen}：

$$K_{sen} = 0.866I_{k.min}/(n_aI_{op}) = 0.866 \times 7025/(400 \times 7.6) = 2.0 \geqslant 2　校验合格$$

式中　$I_{k.min}$——最小运行方式下配电所高压母线处三相短路电流，7025A；

　　　n_a——线路保护电流互感器变比，2000A/5A=400。

③ 动作时限定值的整定计算　动作时限按与配电所配出回路速断保护动作时限 0s 配合整定，取 $t = 0.3s$。

(3) 过流保护

① 一路进线带全所负荷，且在最大负荷时再启动最大一台电动机时最大工作电流计算：

全所最大负荷电流 450A，最大功率电动机起机电流：$6 \times 184 = 1104(A)$

最大电流合计：450A ＋ 1104A=1554A

② 参与自启动的高压电动机的额定电流之和为 328A，运行方式为一运一备，高压电动机自启动电流为：$5 \times 328/2 = 820(A)$；

所有配电变压器低压自启动容量之和为 1000kV·A，低压电动机自启动电流为：$5 \times 1000/(1.732 \times 6) = 481(A)$；

自启动电流合计：820+481=1301(A)。

③ 动作电流 $I_{op} = K_{rel}I_{max}/(n_aK_r) = 1.2 \times 1554/(400 \times 0.95) = 4.9A$

式中　K_{rel}——可靠系数，取 1.2；

　　　K_r——返回系数，取 0.95；

　　　I_{max}——最大工作电流取①和②中较大值，1554A；

　　　n_a——线路保护电流互感器变比，2000A/5A=400。

④ 灵敏度校验　过流保护范围延伸到高压配电所配出电缆，按高压配电所配出回路最长电缆末端两相短路进行校验。

灵敏系数 $K_{sen} = 0.866I_{k.min}/(n_aI_{op}) = 0.866 \times 6557/(400 \times 4.9) = 2.9 \geqslant 1.5　校验合格$

式中　$I_{k.min}$——最小运行方式下配出回路最长电缆（成品仓库变压器）末端三相短路电流，6557A；

　　　n_a——线路保护电流互感器变比，2000A/5A=400。

对配电变压器低压侧电路进行灵敏度校验：

PP 装置变压器：$K_{sen} = 0.866I_{k.min}/(n_aI_{op}) = 0.866 \times 2222/(400 \times 4.9) = 0.98$

造粒变压器：$K_{sen} = 0.866I_{k.min}/(n_aI_{op}) = 0.866 \times 2357/(400 \times 4.9) = 1.04$

成品仓库变压器：$K_{sen} = 0.866I_{k.min}/(n_aI_{op}) = 0.866 \times 1017/(400 \times 4.9) = 0.45$

灵敏度均小于 1.2，对所有配电变压器低压侧短路均无灵敏度。

⑤ 动作时限整定计算　与配电所配出变压器回路过流保护时限 0.5s 配合，取 0.8s

</td></tr>
</table>

表 12-16　×× 公司继电保护定值计算书（12）

变配电所：	100 号聚丙烯二期	回路名称：		聚丙烯二期分段	
保护装置：	REF615 SUE3000	保护功能：		充电保护、 快切	
额定容量：		额定电流：		额定电流二次值：	
TV 变比：	6000V/100V	TA 变比：	1500A/1A	零序 TA 变比：	

<table>
<tr><td rowspan="1">定

值

计

算</td><td colspan="5">

(1) 充电保护

① 用速断保护实现充电保护，动作电流 I_{op} 按躲过母线上所有变压器励磁涌流之和整定，即：
$$I_{op} = K_m I_{sum}/n_a = 8 \times 595.6/1500 = 3.2A$$
式中　K_m——励磁涌流倍数，取 8；
　　　I_{sum}——变压器额定电流之和一次值，146.6＋146.6＋229.1＋73.3＝595.6(A)；
　　　n_a——TA 变比，1500。
② 灵敏度校验　按高压配电所母线处两相短路能可靠动作进行校验，灵敏系数 K_{sen}：
$$K_{sen} = 0.866 I_{k.min}/(n_a I_{op}) = 0.866 \times 7025/(1500 \times 3.2) = 1.3 < 2 \quad 校验不合格$$
式中　$I_{k.min}$——最小运行方式下配电所高压母线处三相短路电流，7025A；
　　　n_a——电流互感器变比，1500A/1A＝1500。
③ 改用限时电流速断保护实现充电保护，动作电流 I_{op} 按躲过合闸 0.1s 后母线上所有变压器励磁涌流之和整定，即：
$$I_{op} = K_m I_{sum}/n_a = 2 \times 595.6/1500 = 0.8A$$
式中　K_m——励磁涌流倍数，取 2；
　　　I_{sum}——变压器额定电流之和一次值，146.6＋146.6＋229.1＋73.3＝595.6(A)；
　　　n_a——TA 变比，1500。
④ 灵敏度校验　按高压配电所母线处两相短路能可靠动作进行校验，灵敏系数 K_{sen}：
$$K_{sen} = 0.866 I_{k.min}/(n_a I_{op}) = 0.866 \times 7025/(1500 \times 0.8) = 5.1 \geqslant 2 \quad 校验合格$$
式中　$I_{k.min}$——最小运行方式下配电所高压母线处三相短路电流，7025A；
　　　n_a——电流互感器变比，1500A/1A＝1500。
⑤ 动作时限定值的整定计算　动作时限按躲开变压器励磁涌流整定，取 $t = 0.1s$。

(2) 快切
① 无压定值取：$0.75 U_n = 0.75 \times 100 = 75V$；
② 有压定值取：$0.9 U_n = 0.9 \times 100 = 90V$；
③ 进线无流定值：$0.06 I_n = 0.06 \times 5 = 0.3A$；
④ 最大切换时间：2s，等效备自投

</td></tr>
</table>

12.2.2　继电保护定值单

　　根据继电保护定值计算书，结合继电保护装置，编制继电保护定值单，下发给变配电所运行管理单位和继电保护试验单位，按保护定值单调整定值并进行试验。

　　ABB 综合保护装置的定值菜单用代码表示保护功能，常用保护功能代码表见表 12-17，代码类型可通过菜单调节，习惯上使用易于记忆的 IEC60617 类型。×× 公司继电保护定值单见表 12-18～表 12-30。

表 12-17　常用保护功能代码表

保护功能	IEC61850 代码	IEC60617 代码	IEC-ANSI 代码
三相无方向过流保护,低定值段 1	PHLPTOC1	$3I>(1)$	51P-1(1)
三相无方向过流保护,高定值段 1	PHHPTOC1	$3I\gg(1)$	51P-2(1)
三相无方向过流保护,高定值段 2	PHHPTOC2	$3I\gg(2)$	51P-2(2)
三相无方向过流保护,瞬时段 1	PHIPTOC1	$3I\ggg(1)$	50P/51P(1)
三相方向过流保护,低定值段 1	DPHLPDOC1	$3I>\rightarrow(1)$	67-1(1)
三相方向过流保护,低定值段 2	DPHLPDOC2	$3I>\rightarrow(2)$	67-1(2)
三相方向过流保护,高定值段 1	DPHHPDOC1	$3I\gg\rightarrow$	67-2
无方向接地保护,低定值段 1	EFLPTOC1	$I_0>(1)$	51N-1(1)
无方向接地保护,高定值段 1	EFHPTOC1	$I_0\gg(1)$	51N-2(1)
无方向接地保护,高定值段 2	EFHPTOC2	$I_0\gg(2)$	51N-2(2)
无方向接地保护,瞬时段 1	EFIPTOC1	$I_0\ggg(1)$	50N/51N
方向接地保护,低定值段 1	DEFLPDEF1	$I_0>\rightarrow(1)$	67N-1(1)
方向接地保护,低定值段 2	DEFLPDEF2	$I_0>\rightarrow(2)$	67N-1(2)
方向接地保护,高定值段 1	DEFHPDEF1	$I_0\gg\rightarrow$	67N-2
负序电流保护 1	NSPTOC1	$I_2>(1)$	46(1)
负序电流保护 2	NSPTOC2	$I_2>(2)$	46(2)
断相保护	PDNSPTOC1	$I_2/I_1>$	46PD
零序过电压保护 1	ROVPTOV1	$U_0>(1)$	59G(1)
零序过电压保护 2	ROVPTOV2	$U_0>(2)$	59G(2)
零序过电压保护 3	ROVPTOV3	$U_0>(3)$	59G(3)
三相低电压保护 1	PHPTUV1	$3U<(1)$	27(1)
三相低电压保护 2	PHPTUV2	$3U<(2)$	27(2)
三相低电压保护 3	PHPTUV3	$3U<(3)$	27(3)
三相过电压保护 1	PHPTOV1	$3U>(1)$	59(1)
三相过电压保护 2	PHPTOV2	$3U>(2)$	59(2)
三相过电压保护 3	PHPTOV3	$3U>(3)$	59(3)
正序低电压保护	PSPTUV1	$U_1<$	47U+
负序过电压保护	NSPTOV1	$U_2>$	47O-
三相热过负荷保护	T1PTTR1	$3Ith>F$	49F
频率保护 1	FRPFRQ1	$f>/f<,df>dt(1)$	81(1)
频率保护 2	FRPFRQ2	$f>/f<,df>dt(2)$	81(2)
频率保护 3	FRPFRQ3	$f>/f<,df>dt(3)$	81(3)

表 12-18   ××公司继电保护定值单（1）

2019 年××月××日

变配电所：	100 号聚丙烯二期	回路名称：	聚丙烯二期甲、乙线线路保护		
保护装置：	ISA-353 GREF615	定值单号：		作废定值单号：	
额定容量：		额定电流：		额定电流二次值：	
TV 变比：	6000V/100V	TA 变比：	2000A/5A	零序 TA 变比：	

保 护 定 值	差动保护(ISA-353G) 　　d478-本侧识别码:聚丙烯二期甲线:0028　　聚丙烯二期乙线:0026 　　d479-对侧识别码:聚丙烯二期甲线:0027　　聚丙烯二期乙线:0025 　　d753-对侧 TA 变比调节系数:1 　　* d040-分相电流纵差投退:投入 　　d045-比率差动差流定值:2A 　　* d497-弱馈侧投退:退出 　　* d224-差流越限告警投退:投入 　　d797-相电流越限电流定值:4A 　　* d304-TA 断线告警投退:投入 　　* d032-TA 断线闭锁差动投退:投入 　　d735-TA 断线零序电流定值:1A 　　d736-TA 断线零序电压定值:10V 　　* d471-二相式 TA 投入:投入 　　d153-TA 断线负序电流定值:0.25A 线路保护(REF615):$I_n = 5A$ 三相无方向过流保护,高定值段,$3I \gg (1)$ 　　启动值:$1.52 \times I_n (7.6A)$ 　　动作曲线类型:定时限 　　动作时限:300ms 三相无方向过流保护,低定值段,$3I > (1)$ 　　启动值:$0.98 \times I_n (4.9A)$ 　　动作曲线类型:定时限 　　动作时限:800ms 注:其他未整定的保护全部退出,控制功能保持厂家现场设定

编制：	审核：	批准：

表 12-19 ××公司继电保护定值单 (2)

2019 年××月××日

变配电所:	100 号聚丙烯二期	回路名称:	聚丙烯二期分段		
保护装置:	REF615	定值单号:		作废定值单号:	
额定容量:		额定电流:		额定电流二次值:	
TV 变比:	6000V/100V	TA 变比:	1500A/1A	零序 TA 变比:	

保 护 定 值	$I_n=1A$ 三相无方向过流保护,低定值段,$3I>(1)$ 　启动值:$0.8 \times I_n$ 　动作曲线类型:定时限 　动作时限:100ms 注:其他未整定的保护全部退出,控制功能保持厂家现场设定。 运行注意事项 　(1)单回线运行或者双回线分列运行时,退出三相无方向过电流保护; 　(2)母线充电时或者双回线并列运行时,投入三相无方向过电流保护

编制:		审核:		批准:	

表 12-20 ××公司继电保护定值单 (3)

2019 年××月××日

变配电所:	100 号聚丙烯二期	回路名称:	聚丙烯二期快切		
保护装置:	SUE3000	定值单号:		作废定值单号:	
额定容量:		额定电流:		额定电流二次值:	
TV 变比:	6000V/100V	TA 变比:		零序 TA 变比:	

保 护 定 值	保护页 　欠电压馈线: 　　设置 1:低电压闭锁:否 　　　启动:$0.75U_n$ 　　　时间:0.04s 　　设置 2:低电压闭锁:否 　　　启动:$0.75U_n$ 　　　时间:0.04s 　过电压速断保护 　　设置 3:备用电源有压 　　　启动:$0.9U_n$ 　　　时间:0.04s 　　设置 4:备用电源有压 　　　启动:$0.9U_n$ 　　　时间:0.04s 高定值段低压保护 　　设置 1:低电压闭锁:否 　　　启动:$0.75U_n$ 　　　时间:0.04s

变配电所:	100 号聚丙烯二期	回路名称:		聚丙烯二期快切	
保护装置:	SUE3000	定值单号:		作废定值单号:	
额定容量:		额定电流:		额定电流二次值:	
TV 变比:	6000V/100V	TA 变比:		零序 TA 变比:	

保 护 定 值	设置 2:低电压闭锁:否 　　　　　　启动:$0.75U_n$ 　　　　　　时间:$0.04s$ 　　　高定值过电压: 　　　　设置 3:备用电源有压 　　　　　　启动:$0.9U_n$ 　　　　　　时间:$0.04s$ 　　　　设置 4:备用电源有压 　　　　　　启动:$0.9U_n$ 　　　　　　时间:$0.04s$ 　　控制页 　　　　仅允许快速切换 A:否 　　　　仅允许快速切换 B:否 　　　　禁止快速切换 A:否 　　　　禁止快速切换 B:否 　　　　允许 1 段低电压启动:是 　　　　允许 2 段低电压启动:是 　　快切模块 1-BB 　　　　时间设置:最大切换时间:$2s$ 　　　　　　等候时间:$15s$ 　　　　　　卸载延时:$200ms$ 　　　　首次同相切换:已启用 1→BB:是 　　　　　　CBBB 合闸时间(B):$60ms$ 　　　　　　已启用 BB→1:否 　　　　　　CB1 合闸时间(B):$60ms$ 　　　　剩余电压:已启用 1→BB:是 　　　　　　已启用 BB→1:否 　　　　延时切换:已启用 1→BB:是 　　　　　　已启用 BB→1:否 　　　　先合后分已启用:否 　　　　快速检测已启用 1→BB:否 　　　　跳开旁路 CB1 已启用:否 　　　　去耦合:允许去耦合:否 　　　　　　去耦合延时:$50ms$ 　　菜单项 　　　　合闸监视:CB1 已启用:否 　　　　　　CB1 辅助合闸时间:$60ms$ 　　　　　　CB1 容差:$15ms$ 　　　　　　CBBB 已启用:是 　　　　　　CBBB 辅助合闸时间:$60ms$ 　　　　　　CBBB 容差:$15ms$ 　　　　模拟量设置:最大超前相角:$20°$ 　　　　　　最大滞后相角:$20°$ 　　　　　　最大频度差:$1Hz$ 　　　　　　母线电压最小值:$0.6U_n$

续表

变配电所：	100 号聚丙烯二期	回路名称：		聚丙烯二期快切	
保护装置：	SUE3000	定值单号：		作废定值单号：	
额定容量：		额定电流：		额定电流二次值：	
TV 变比：	6000V/100V	TA 变比：		零序 TA 变比：	

保 护 定 值	备用进线最小电压：$0.8U_n$
	残压(母线电阻限值)：$0.4U_n$
	频率滑差最大值：15Hz/s
	甩负荷限值：$0.7U_n$
	断路器：CB1 合闸延时：0ms
	CB1 分闸延时：0ms
	CBBB 合闸延时：0ms
	CBBB 分闸延时：0ms
	快切模块 2-BB
	时间设置：最大切换时间：2s
	等候时间：15s
	卸载延时：200ms
	首次同相切换：已启用 2→BB：是
	CBBB 合闸时间(B)：60ms
	已启用 BB→2：否
	CB2 合闸时间(B)：60ms
	剩余电压：已启用 2→BB：是
	已启用 BB→2：否
	延时切换：已启用 2→BB：是
	已启用 BB→2：否
	先合后分已启用：否
	快速检测已启用 2→BB：否
	跳开旁路 CB2 已启用：否
	去耦合：允许去耦合：否
	去耦合延时：50ms
	菜单项
	合闸监视：CB2 已启用：否
	CB2 辅助合闸时间：60ms
	CB2 容差：15ms
	CBBB 已启用：是
	CBBB 辅助合闸时间：60ms
	CBBB 容差：15ms
	模拟量设置：最大超前相角：20°
	最大滞后相角：20°
	最大频度差：1Hz
	母线电压最小值：$0.6U_n$
	备用进线最小电压：$0.8U_n$
	残压(母线电阻限值)：$0.4U_n$
	频率滑差最大值：15Hz/s
	甩负荷限值：$0.7U_n$
	断路器：CB2 合闸延时：0ms
	CB2 分闸延时：0ms
	CBBB 合闸延时：0ms
	CBBB 分闸延时：0ms

编制：		审核：		批准：	

表 12-21　××公司继电保护定值单 (4)

2019 年××月××日

变配电所：	100 号聚丙烯二期	回路名称：	PP 装置 1#、2#、3#、4# 变压器		
保护装置：	REF615	定值单号：		作废定值单号：	
额定容量：	1600kV·A	额定电流：	146.6A	额定电流二次值：	0.733A
TV 变比：	6000V/100V	TA 变比：	1500A/1A	零序 TA 变比：	100A/1A

保　护　定　值	$I_n = 1A$ 三相无方向过流保护,高定值段,$3I\gg(1)$ 　　启动值:$13.7 \times I_n$ 　　动作曲线类型:定时限 　　动作时限:40ms 三相无方向过流保护,低定值段,$3I>(1)$ 　　启动值:$2.3 \times I_n$ 　　动作曲线类型:定时限 　　动作时限:500ms 无方向接地保护,低定值段,$I_0>(1)$ 　　启动值:$0.05 \times I_n$ 　　动作曲线类型:定时限 　　动作时限:2000ms 非电量 　　重瓦斯　　跳闸 　　轻瓦斯　　信号 　　压力　　　跳闸 　　超温　　　报警 　　高温　　　报警 注:其他未整定的保护全部退出,控制功能保持厂家现场设定

编制：	审核：	批准：

表 12-22 ××公司继电保护定值单（5）

2019 年××月××日

变配电所：	100 号聚丙烯二期	回路名称：		造粒 1#、2#变压器	
保护装置：	REF615	定值单号：		作废定值单号：	
额定容量：	2500kV·A	额定电流：	229.1A	额定电流二次值：	0.76A
TV 变比：	6000V/100V	TA 变比：	300A/1A	零序 TA 变比：	100A/1A

<table>
<tr><td rowspan="12">保 护 定 值</td><td>

$I_n = 1A$

三相无方向过流保护，高定值段，$3I \gg (1)$
　　启动值：$9.7 \times I_n$
　　动作曲线类型：定时限
　　动作时限：40ms

三相无方向过流保护，低定值段，$3I > (1)$
　　启动值：$1.6 \times I_n$
　　动作曲线类型：定时限
　　动作时限：500ms

无方向接地保护，低定值段，$I_0 > (1)$
　　启动值：$0.05 \times I_n$
　　动作曲线类型：定时限
　　动作时限：2000ms

非电量：干式变
　　变压器超温　　跳闸
　　变压器温度　　报警
　　变压器高温　　报警

注：其他未整定的保护全部退出，控制功能保持厂家现场设定

</td></tr>
</table>

编制：		审核：		批准：	

表 12-23　××公司继电保护定值单 (6)

2019 年××月××日

变配电所：	100 号聚丙烯二期	回路名称：		C901A 电动机	
保护装置：	REM615	定值单号：		作废定值单号：	
额定容量：	310kW	额定电流	37A	额定电流二次值：	0.49A
TV 变比：	6000V/100V	TA 变比：	75A/1A	零序 TA 变比：	100A/1A

<table>
<tr><td rowspan="20">保

护

定

值</td><td>

$I_n=1A$　$U_n=100V$

三相无方向过流保护,瞬时段,$3I>>>(1)$
　　　　启动值:$5.2\times I_n$
　　　　动作时限:20ms

三相无方向过流保护,低定值段,$3I>(1)$
　　　　启动值:$0.54\times I_n$
　　　　动作曲线类型:反时限曲线类型 9
　　　　时间系数:2.4

无方向接地保护,低定值段,$I_0>(1)$
　　　　启动值:$0.05\times I_n$
　　　　动作曲线类型:定时限
　　　　动作时限:2000ms

三相低电压保护,$3U<(1)$
　　　　启动值:$0.4\times U_n$
　　　　动作时限:1500ms

非电量
　　DCS 分闸
　　SIS 分闸

注:其他未整定的保护全部退出,控制功能保持厂家现场设定

</td></tr>
</table>

编制：	审核：	批准：

表 12-24 ××公司继电保护定值单 (7)

2019 年××月××日

变配电所:	100 号聚丙烯二期	回路名称:		C89A、C892B 电动机	
保护装置:	REM615	定值单号:		作废定值单号:	
额定容量:	310kW	额定电流:	35.5A	额定电流二次值:	0.47A
TV 变比:	6000V/100V	TA 变比:	75A/1A	零序 TA 变比:	100A/1A

<table>
<tr><td rowspan="6">保 护 定 值</td><td>

$I_n=1A$ $U_n=100V$

三相无方向过流保护,瞬时段,$3I\ggg(1)$
　　启动值:$5.0\times I_n$
　　动作时限:20ms

三相无方向过流保护,低定值段,$3I>(1)$
　　启动值:$0.52\times I_n$
　　动作曲线类型:反时限曲线类型 9
　　时间系数:2.4

无方向接地保护,低定值段,$I_0>(1)$
　　启动值:$0.05\times I_n$
　　动作曲线类型:定时限
　　动作时限:2000ms

三相低电压保护,$3U<(1)$
　　启动值:$0.4\times U_n$
　　动作时限:5000ms

非电量
　　DCS 分闸
　　SIS 分闸

注:其他未整定的保护全部退出,控制功能保持厂家现场设定

</td></tr>
</table>

编制:	审核:	批准:

表 12-25　××公司继电保护定值单（8）

2019 年××月××日

变配电所：	100 号聚丙烯二期	回路名称：	C401 电动机		
保护装置：	REM615	定值单号：		作废定值单号：	
额定容量：	1600kW	额定电流	184A	额定电流二次值：	0.74A
TV 变比：	6000V/100V	TA 变比：	250A/1A	零序 TA 变比：	100A/1A

<table>
<tr><td rowspan="20">保　护　定　值</td><td>

$I_n=1A$　$U_n=100V$

三相无方向过流保护，瞬时段，$3I\ggg(1)$
　　启动值：$6.7\times I_n$
　　动作时限：20ms

三相无方向过流保护，低定值段，$3I>(1)$
　　启动值：$0.82\times I_n$
　　动作曲线类型：反时限曲线类型 9
　　时间系数：2.2

无方向接地保护，低定值段，$I_0>(1)$
　　启动值：$0.05\times I_n$
　　动作曲线类型：定时限
　　动作时限：2000ms

三相低电压保护，$3U<(1)$
　　启动值：$0.4\times U_n$
　　动作时限：1500ms

非电量
　　DCS 分闸
　　SIS 分闸

注：其他未整定的保护全部退出，控制功能保持厂家现场设定

</td></tr>
</table>

编制：		审核：		批准：	

表 12-26 ××公司继电保护定值单（9）

2019 年××月××日

变配电所：	100 号聚丙烯二期	回路名称：		循环气压缩机	
保护装置：	REM615 REF615	定值单号：		作废定值单号：	
额定容量：	4180kW	额定电流	451A	额定电流二次值：	0.75A
TV 变比：	6000V/100V	TA 变比：	600A/1A	零序 TA 变比：	100A/1A

保护定值

REF615(自平衡差动:变比 50/5)I_n=5A
三相无方向过流保护,瞬时段,$3I\ggg(1)$
　　启动值:$0.46\times I_n$
　　动作时限:40ms

REM615
I_n=1A　U_n=100V
三相无方向过流保护,瞬时段,$3I\ggg(1)$
　　启动值:$3.6\times I_n$
　　动作时限:40ms

三相无方向过流保护,低定值段,$3I>(1)$
　　启动值:$0.83\times I_n$
　　动作曲线类型:反时限曲线类型 9
　　时间系数:8.9

无方向接地保护,低定值段,$I_0>(1)$
　　启动值:$0.05\times I_n$
　　动作曲线类型:定时限
　　动作时限:2000ms

三相低电压保护,$3U<(1)$
　　启动值:$0.4\times U_n$
　　动作时限:3000ms

非电量
　　紧急停机:跳闸

注:其他未整定的保护全部退出,控制功能保持厂家现场设定

编制：	审核：	批准：

表 12-27 ××公司继电保护定值单 (10)

2019 年××月××日

变配电所：	100 号聚丙烯二期	回路名称：	聚丙烯二期造粒机		
保护装置：	REM615 REF615	定值单号：		作废定值单号：	
额定容量：	10500kW	额定电流	721A	额定电流二次值：	0.48A
TV 变比：	10000V/100V	TA 变比：	1500A/1A	零序 TA 变比：	100A/1A

<table>
<tr><td rowspan="12" style="writing-mode:vertical">保 护 定 值</td><td>

REF615(自平衡差动：变比 50/1)I_n＝1A
三相无方向过流保护，高定值段，$3I\gg$(1)
    启动值：$0.72\times I_n$
    动作时限：40ms

REM615
    I_n＝1A U_n＝100V
三相无方向过流保护，瞬时段，$3I\ggg$(1)
    启动值：$2.3\times I_n$
    动作时限：40ms

三相无方向过流保护，低定值段，$3I>$(1)
    启动值：$0.53\times I_n$
    动作曲线类型：反时限曲线类型 9
    时间系数：2.3

无方向接地保护，低定值段，$I_0>$(1)
    启动值：$0.05\times I_n$
    动作曲线类型：定时限
    动作时限：2000ms

三相低电压保护，$3U<$(1)
    启动值：$0.4\times U_n$
    动作时限：3000ms

非电量
    DCS 分闸

注：其他未整定的保护全部退出，控制功能保持厂家现场设定

</td></tr>
</table>

编制：	审核：	批准：

表 12-28 ××公司继电保护定值单（11）

2019 年××月××日

变配电所：	100 号聚丙烯二期	回路名称：		1♯、2♯电容器组	
保护装置：	REF615	定值单号：		作废定值单号：	
额定容量：	1200kvar	额定电流：	105A	额定电流二次值：	0.37A
TV 变比：	6000V/100V	TA 变比：	300A/1A	零序 TA 变比：	100A/1A

<table>
<tr><td rowspan="10" style="writing-mode: vertical">保 护 定 值</td><td>

$I_n=1A$ $U_n=100V$

三相无方向过流保护,瞬时段,$3I\ggg(1)$
    启动值:$1.7\times I_n$
    动作时限:20ms

三相无方向过流保护,低定值段,$3I>(1)$
    启动值:$0.55\times I_n$
    动作曲线类型:定时限
    动作时限:500ms

无方向接地保护,低定值段,$I_0>(1)$
    启动值:$0.05\times I_n$
    动作曲线类型:定时限
    动作时限:40ms

三相低电压保护,$3U<(1)$
    启动值:$0.4\times U_n$
    动作时限:1500ms

注:其他未整定的保护全部退出,控制功能保持厂家现场设定

</td></tr>
</table>

编制：		审核：		批准：	

表 12-29　××公司继电保护定值单（12）

2019 年××月××日

变配电所：	100 号聚丙烯二期	回路名称：		400kvar 分支电容器	
保护装置：	CSC-221A	定值单号：		作废定值单号：	
额定容量：	400kvar	额定电流	35A	额定电流二次值：	0.7A
TV 变比：	6600V/100V	TA 变比：	50A/1A	零序 TA 变比：	

保护定值	保护压板 　　电流Ⅱ段:投入 　　过压:投入 　　不平衡:投入 控制字 　　D15:TV 断线检测投入 　　D14:TA 额定电流 5A 　　D13:保护选择定时限 　　D12:自投切退出 　　D6:不平衡跳闸 　　D5:过电压时跳闸 　　D1:控制回路断线判别投入 过流Ⅱ段 　　过流Ⅱ段电流:1.1A 　　过流Ⅱ段时间:0.3s 过压保护 　　过电压定值:110V 　　过电压时间:7s 不平衡保护 　　不平衡电压:7V 　　不平衡时间:0.2s 注:其他未整定的保护及控制功能全部退出

编制：	审核：	批准：

表 12-30 ××公司继电保护定值单 (13)

2019 年××月××日

变配电所:	100 号聚丙烯二期	回路名称:	800kvar 分支电容器		
保护装置:	CSC-221A	定值单号:		作废定值单号:	
额定容量:	800kvar	额定电流:	70A	额定电流二次值:	0.7A
TV 变比:	6600V/100V	TA 变比:	100A/1A	零序 TA 变比:	

保护定值

保护压板
　　电流Ⅱ段:投入
　　过压:投入
　　不平衡:投入

控制字
　　D15:TV 断线检测投入
　　D14:TA 额定电流 5A
　　D13:保护选择定时限
　　D12:自投切退出
　　D6:不平衡跳闸
　　D5:过电压时跳闸
　　D1:控制回路断线判别投入

过流Ⅱ段
　　过流Ⅱ段电流:1.1A
　　过流Ⅱ段时间:0.3s
过压保护
　　过电压定值:110V
　　过电压时间:7s
不平衡保护
　　不平衡电压:7V
　　不平衡时间:0.2s

注:其他未整定的保护及控制功能全部退出

编制:	审核:	批准:

12.3　主变电所继电保护计算

12.3.1　继电保护计算书

建新变继电保护计算过程如下，配出回路以聚丙烯二期配电所为代表，其他配电所对应的计算内容省略。××公司继电保护定值计算书见表 12-31～表 12-38。

表 12-31　××公司继电保护定值计算书（1）

变配电所：	建新变	回路名称：	1#、2#主变		
保护装置：	CSC-326FA	保护功能：	差动、复合电压闭锁过流、零序过流、高压侧过负荷、低压侧过负荷		
额定容量：	31.5MV·A	额定电流：	165A	额定电流二次值：	2.75A
TV 变比：	110kV/100V	TA 变比：	300A/5A	零序 TA 变比：	200A/5A
定值计算	主变低压侧额定电流：2887A 主变低压侧 TA 变比：3000A/5A **(1)差动保护** ① 差动速断电流定值 ISD，按躲过变压器合闸励磁涌流整定： $$I_{op.q}=KI_e=6\times2.75=16.5(A)$$ 式中　I_e——为变压器基准侧二次额定电流，2.75A； 　　　K——倍数，取 6。 ② 差动保护电流定值 ICD $$I_{op.min}=0.6I_e=0.6\times2.75=1.7(A)$$ ③ 比率制动系数 KID 取 0.4。 ④ TA 断线开放差动定值 $$I_{op}=1.2I_e=1.2\times2.75=3.3(A)$$ ⑤ 二次谐波制动系数取 0.18。 **(2)复合电压闭锁过流计算** ①低压侧动作电流整定　动作电流 $I_{op}=K_{rel}I_e/K_r=1.2\times4.81/0.95=6.1(A)$ 式中　K_{rel}——可靠系数，取 1.2； 　　　K_r——返回系数，取 0.95； 　　　I_e——变压器低压侧额定电流二次值，2887/600=4.81(A)。 ② 高压侧动作电流整定　动作电流 $I_{op}=K_{rel}I_e/K_r=1.3\times2.75/0.95=3.8(A)$ 式中　K_{rel}——可靠系数，取 1.3； 　　　K_r——返回系数，取 0.95； 　　　I_e——变压器高压侧额定电流二次值，2.75A。 ③ 低电压元件整定　低电压定值 U_{op} 按躲过低压侧电动机自启动时的电压整定，当低电压元件电压来自变压器低压侧电压互感器时，取 $U_{op}=0.6U_n=0.6\times100=60(V)$ 式中　U_n——变压器低压侧母线额定电压二次值，100V。 ④ 负序电压元件整定　负序电压定值 $U_{op.2}=0.07U_n=0.07\times100=7(V)$ 式中　U_n——变压器低压侧母线额定电压二次值，100V。					

变配电所：	建新变	回路名称：	1#、2#主变		
保护装置：	CSC-326FA	保护功能：	差动、复合电压闭锁过流、零序过流、高压侧过负荷、低压侧过负荷		
额定容量：	31.5MV·A	额定电流：	165A	额定电流二次值：	2.75A
TV变比：	110kV/100V	TA变比：	300A/5A	零序TA变比：	200A/5A

<table>
<tr><td rowspan="20">定

值

计

算</td><td>

⑤ 低压侧灵敏度校验

$$K_{sen} = 0.866 I_{k.min}/(n_a I_{op}) = 0.866 \times 13104/(600 \times 6.1) = 3.1 \geqslant 1.5 \quad 校验合格$$

式中　$I_{k.min}$——最小运行方式下低压侧母线三相短路电流,13104A；

　　　　n_a——变压器低压侧 TA 变比,5000A/5A＝1000。

⑥ 高压侧灵敏度校验

$$K_{sen} = 0.866 I_{k.min}/(n_a I_{op}) = 0.866 \times 751/(60 \times 3.8) = 2.9 \geqslant 1.3 \quad 校验合格$$

式中　$I_{k.min}$——最小运行方式下低压侧母线三相短路电流折算到高压侧数值,751A；

　　　　n_a——变压器高压侧 TA 变比,300A/5A＝60。

⑦ 动作时限与出口方式　低压侧母线上的配出回路过流保护动作时限为 1.1s,所以低后备复压闭锁过流 1.5s 跳低压侧分段开关,1.8s 跳低压侧开关,高后备复压闭锁过流 2.1s 跳两侧开关。

(3)零序过流保护

① 主变低压侧没有发电机,动作电流 $I_{0.op}$ 按躲过高压母线单相接地时流过零序 CT 的不平衡电流整定,即：

$$I_{0.op} = K_{rel} I_e/(n_0 K_r) = 1.2 \times 165/(40 \times 0.95) = 5.2(A)$$

式中　K_{rel}——可靠系数,取 1.2；

　　　　K_r——返回系数,取 0.95；

　　　　n_0——变压器高压侧零序 TA 变比,200A/5A＝40；

　　　　I_e——变压器高压侧额定电流,165A。

② 动作时限整定计算　0.5s 跳高压侧分段,1s 跳两侧开关。

(4)高压侧过负荷

过负荷动作电流 I_{op} 按躲过高压侧额定电流整定,即：

$$I_{op} = K_{rel} I_e/K_r = 1.1 \times 2.75/0.95 = 3.2(A)$$

式中　K_{rel}——可靠系数,取 1.1；

　　　　K_r——返回系数,取 0.95；

　　　　I_e——变压器高压侧额定电流二次值,2.75A。

过负荷保护动作时限取 9s,动作于信号。

启动通风动作电流 I_{op} 按 0.7 倍高压侧额定电流整定,即：

$$I_{op} = 0.7 I_e = 0.7 \times 2.75 = 1.9(A)$$

启动通风动作时限取 5s。

(5)低压侧过负荷

过负荷动作电流 I_{op} 按躲过低压侧额定电流整定,即：

$$I_{op} = K_{rel} I_e/K_r = 1.1 \times 4.81/0.95 = 5.6(A)$$

式中　K_{rel}——可靠系数,取 1.1；

　　　　K_r——返回系数,取 0.95；

　　　　I_e——变压器低压侧额定电流二次值,4.81A。

过负荷保护动作时限取 9s,动作于信号

</td></tr>
</table>

表 12-32 ××公司继电保护定值计算书 (2)

变配电所：	建新变	回路名称：		3♯、4♯主变	
保护装置：	CSC-326FA	保护功能：		差动、复合电压闭锁过流、零序过流、高压侧过负荷、低压侧过负荷	
额定容量：	25MV·A	额定电流：	131A	额定电流二次值：	2.18A
TV 变比：	110kV/100V	TA 变比：	300A/5A	零序 TA 变比：	200A/5A

定值计算

主变低压侧额定电流：1375A
主变低压侧 TA 变比：2000A/5A

(1)差动保护

① 差动速断电流定值 ISD，按躲过变压器合闸励磁涌流整定：

$$I_{op.q}=KI_e=6\times2.18=13.1(A)$$

式中　I_e——为变压器基准侧二次额定电流，2.18A；

　　　K——倍数，取 6。

② 差动保护电流定值 ICD

$$I_{op.min}=0.6I_e=0.6\times2.18=1.3(A)$$

③ 比率制动系数 KID 取 0.4。

④ TA 断线开放差动定值

$$I_{op}=1.2I_e=1.2\times2.18=2.6(A)$$

⑤ 二次谐波制动系数取 0.18。

(2)复合电压闭锁过流计算

① 低压侧动作电流整定　动作电流 $I_{op}=K_{rel}I_e/K_r=1.2\times3.44/0.95=4.4(A)$

式中　K_{rel}——可靠系数，取 1.2；

　　　K_r——返回系数，取 0.95；

　　　I_e——变压器低压侧额定电流二次值，1375/400＝3.44(A)。

② 高压侧动作电流整定　动作电流 $I_{op}=K_{rel}I_e/K_r=1.3\times2.18/0.95=3.0(A)$

式中　K_{rel}——可靠系数，取 1.3；

　　　K_r——返回系数，取 0.95；

　　　I_e——变压器高压侧额定电流二次值，2.18A。

③ 低电压元件整定　低电压定值 U_{op} 按躲过低压侧电动机自启动时的电压整定，当低电压元件电压来自变压器低压侧电压互感器时，取 $U_{op}=0.6U_n=0.6\times100=60(V)$

式中　U_n——变压器低压侧母线额定电压二次值，100V。

④ 负序电压元件整定　负序电压定值 $U_{op.2}=0.07U_n=0.07\times100=7(V)$

式中　U_n——变压器低压侧母线额定电压二次值，100V。

⑤ 低压侧灵敏度校验

$K_{sen}=0.866I_{k.min}/(n_aI_{op})=0.866\times10202/(400\times4.4)=5.0\geqslant1.5$　校验合格

式中　$I_{k.min}$——最小运行方式下低压侧母线三相短路电流，10202A；

　　　n_a——变压器低压侧 TA 变比，5000A/5A＝1000。

⑥ 高压侧灵敏度校验

$K_{sen}=0.866I_{k.min}/(n_aI_{op})=0.866\times974/(60\times3.0)=4.7\geqslant1.3$　校验合格

式中　$I_{k.min}$——最小运行方式下低压侧母线三相短路电流折算到高压侧数值，974A；

　　　n_a——变压器高压侧 TA 变比，300A/5A＝60。

⑦ 动作时限与出口方式　低压侧母线上的配出回路过流保护动作时限为 1.1s，主变单独带一台高压电动机，所以低后备复压闭锁过流 1.5s 跳跳低压侧开关，高后备复压闭锁过流 1.8s 跳两侧开关。

(3)零序过流保护

① 主变低压侧没有发电机，动作电流 $I_{0.op}$ 按躲过高压母线单相接地时流过零序 TA 的不平衡电流整定，即：

变配电所：	建新变	回路名称：	3#、4#主变		
保护装置：	CSC-326FA	保护功能：	差动、复合电压闭锁过流、零序过流、高压侧过负荷、低压侧过负荷		
额定容量：	25MV·A	额定电流：	131A	额定电流二次值：	2.18A
TV 变比：	110kV/100V	TA 变比：	300A/5A	零序 TA 变比：	200A/5A

<table>
<tr><td rowspan="30">定

值

计

算</td><td>

$$I_{0.op} = K_{rel} I_e / (n_0 K_r) = 1.2 \times 131 / (40 \times 0.95) = 4.2(A)$$

式中　K_{rel}——可靠系数，取 1.2；

　　　K_r——返回系数，取 0.95；

　　　n_0——变压器高压侧零序 TA 变比，200A/5A＝40；

　　　I_e——变压器高压侧额定电流，131A。

② 动作时限整定计算　0.5s 跳高压侧分段，1s 跳两侧开关。

(4)高压侧过负荷

过负荷动作电流 I_{op} 按躲过高压侧额定电流整定，即：

$$I_{op} = K_{rel} I_e / K_r = 1.1 \times 2.18 / 0.95 = 2.6(A)$$

式中　K_{rel}——可靠系数，取 1.1；

　　　K_r——返回系数，取 0.95；

　　　I_e——变压器高压侧额定电流二次值，2.18A。

过负荷保护动作时限取 9s，动作于信号。

启动通风动作电流 I_{op} 按 0.7 倍高压侧额定电流整定，即：

$$I_{op} = 0.7 I_e = 0.7 \times 2.18 = 1.6(A)$$

启动通风动作时限取 5s。

(5)低压侧过负荷

过负荷动作电流 I_{op} 按躲过低压侧额定电流整定，即：

$$I_{op} = K_{rel} I_e / K_r = 1.1 \times 3.44 / 0.95 = 4.0(A)$$

式中　K_{rel}——可靠系数，取 1.1；

　　　K_r——返回系数，取 0.95；

　　　I_e——变压器低压侧额定电流二次值，3.44A。

过负荷保护动作时限取 9s，动作于信号

</td></tr>
</table>

表 12-33　　××公司继电保护定值计算书（3）

变配电所：	建新变	回路名称：	1♯、2♯所用变		
保护装置：	CSC-241C	保护功能：	速断、过流、过负荷		
额定容量：	630kV·A	额定电流：	57.7A	额定电流二次值：	2.89A
TV 变比：	6000V/100V	TA 变比：	100A/5A	零序 TA 变比：	

<table>
<tr><td rowspan="20">定

值

计

算</td><td>

（1）速断保护

动作电流 I_{op} 按躲过变压器低压侧出口三相短路时流过保护的最大短路电流整定，即：

$$I_{op} = K_{rel} I_{k.max}/n_a = 1.3 \times 927/20 = 60.3(A)$$

式中　　K_{rel}——可靠系数，取 1.3；

　　　　$I_{k.max}$——变压器低压侧三相最大短路电流，折算到高压侧的一次电流，927A；

　　　　n_a——变压器高压侧电流互感器变比，100A/5A＝20。

灵敏系数：$K_{sen} = 0.866 I_{k.min}/(n_a I_{op}) = 0.866 \times 13104/(20 \times 60.3) = 9.4 \geqslant 2$　　校验合格

式中　　$I_{k.min}$——最小运行方式下，变压器高压侧三相短路电流，13104A

（2）过流保护

所用变负荷中没有大功率电动机，按变压器额定负荷整定：

$$I_{op} = K_{rel} I_e/K_r = 1.2 \times 2.89/0.95 = 3.7(A)$$

式中　　K_{rel}——可靠系数，取 1.2；

　　　　K_r——返回系数，取 0.95；

　　　　I_e——变压器高压侧额定电流二次值，2.89A。

灵敏系数 K_{sen} 按变压器低压侧两相短路能可靠动作校验：

$K_{sen} = 0.866 I_{k.min}/(n_a I_{op}) = 0.866 \times 919/(20 \times 3.7) = 10.8 \geqslant 1.5$　　校验合格

式中　　$I_{k.min}$——最小运行方式下所用变低压侧三相短路电流折算到高压侧数值，919A。

过流保护时限与低压侧开关过流保护时限为 0.3s 配合，取 0.5s。

（3）过负荷保护

所用变负荷中没有大功率电动机，按变压器额定负荷整定：

$$I_{op} = K_{rel} I_e/K_r = 1.05 \times 2.89/0.95 = 3.2(A)$$

式中　　K_{rel}——可靠系数，取 1.05；

　　　　K_r——返回系数，取 0.95；

　　　　I_e——变压器高压侧额定电流二次值，2.89A

</td></tr>
</table>

表 12-34 ××公司继电保护定值计算书 (4)

变配电所:	建新变	回路名称:	1#、2#电容器组	
保护装置:	CSC-221	保护功能:	电流速断、过流、低电压	
额定容量:	6000kvar	额定电流:	525A	额定电流二次值:	3.75A
TV 变比:	6000V/100V	TA 变比:	700A/5A	零序 TA 变比:	

<table>
<tr><td rowspan="1"></td><td>

(1)电流速断保护

电流速断保护动作电流 I_{op} 按躲过最大容量电容器组投入的瞬时极端冲击电流加上其余电容器组额定电流之和整定,即:
$$I_{op}=K_{rel}(K_{st}I_{E1}+I_{E2})/n_a=1.3\times(5\times87.5+437.5)/140=8.1(A)$$
式中　K_{rel}——可靠系数,取 1.3;

　　　K_{st}——电容器组投入时冲击电流倍数,取 5;

　　　I_{E1}——最大容量电容器组额定电流,87.5A;

　　　I_{E2}——其余电容器组额定电流之和,$5\times87.5=437.5A$;

　　　n_a——电流互感器变比,700A/5A=140。

保护出口动作于跳闸,时限 0s。

灵敏系数按电容串联电抗器上侧(相当于 6kV 母线)最小两相短路能可靠动作校验:
$$K_{sen}=0.866I_{k.min}/(n_aI_{op})=0.866\times13104/(140\times8.1)=10\geq2　校验合格$$
式中　$I_{k.min}$——6kV 母线最小三相短路电流一次值,13104A;

　　　I_{op}——电流速断保护动作电流,8.1A;

　　　n_a——电流互感器变比,140。

(2)过流保护

过流保护动作电流 I_{op} 按电容器组额定电流之和整定,即:
$$I_{op}=K_{rel}I_e/K_r=1.5\times3.75/0.95=6.0(A)$$
式中　K_{rel}——可靠系数,取 1.5;

　　　K_r——返回系数,综合保护装置取 0.95;

　　　I_e——整组电容器额定电流二次值,3.75A。

保护出口动作于跳闸,动作时限与分支回路过流保护动作时限配合,取 0.5s。

灵敏系数按串联电抗器下侧最小两相短路能可靠动作校验,K_{sen} 计算公式为:
$$K_{sen}=0.866I_{k.min}/(I_{op}n_a)=0.866\times1370/(6\times140)=1.4>1.2　校验合格$$
式中　$I_{k.min}$——串联电抗器下侧最小三相短路电流一次值,1370A;

　　　I_{op}——过流保护动作电流,6.0A;

　　　n_a——电流互感器变比,140。

(3)低电压保护

动作电压:$U_{op}=0.4U_n=0.4\times100=40(V)$

低电压保护动作时限取 $t=1.5s$

</td></tr>
</table>

表 12-35 ××公司继电保护定值计算书（5）

变配电所：	建新变	回路名称：	分支电容器	
保护装置：	SR-100	保护功能：	电流过流、过电压、不平衡	
额定容量：	1000kvar	额定电流：	87.5A	额定电流二次值： 2.19A
TV 变比：	6600V/100V	TA 变比：	200A/5A	零序 TA 变比：

| 定值计算 | **（1）电流过流保护**
过流保护动作电流 I_{op} 按分支电容器额定电流整定，即：
$$I_{op}=K_{rel}I_e/K_r=1.5\times2.19/0.95=3.5(A)$$
式中　K_{rel}——可靠系数，取 1.5；
　　　K_r——返回系数，综合保护装置取 0.95；
　　　I_e——分支电容额定电流二次值，2.19A。
保护出口动作于跳闸，动作时限取 0.3s。
灵敏系数按容器上侧最小两相短路能可靠动作校验，K_{sen} 计算公式为：
$$K_{sen}=0.866I_{k.min}/(I_{op}n_a)=0.866\times1370/(3.5\times40)=8.5>1.5 \quad 校验合格$$
式中　$I_{k.min}$——串联电抗器下侧最小三相短路电流一次值，1370A；
　　　I_{op}——过流保护动作电流，3.5A；
　　　n_a——电流互感器变比，40。
（2）过电压保护
动作电压：$U_{op}=1.1U_n=1.1\times100=110(V)$
过电压保护动作时限取 $t=7s$，保护出口跳闸。
（3）不平衡保护（零序过电压）
动作电压：取 $U_{op}=7V$，保护动作时限取 $t=0.2s$ |

表 12-36 ××公司继电保护定值计算书（6）

变配电所：	建新变	回路名称：	聚丙烯二期甲、乙线		
保护装置：	CSC-211 ISA-353G	保护功能：	差动、限时电流速断、过流		
额定容量：		额定电流：		额定电流二次值：	
TV 变比：	6000V/100V	TA 变比：	2000A/5A	零序 TA 变比：	

<table>
<tr><td rowspan="30">定

值

计

算</td><td>

(1)差动保护

① TA 变比调节系数的整定　线路两端 TA 变比一样,补偿系数整定为 1。

② 比率差动定值的整定

$$I_{op} = 0.4I_e = 0.4 \times 5 = 2(A)$$

(2)限时电流速断保护

① 动作电流 I_{op2} 按与配电所侧动作电流配合整定,即：

$$I_{op2} = K_{rel}I_{op1} = 1.1 \times 7.6 = 8.4(A)$$

式中　K_{rel}——可靠系数,取 1.1;

　　　I_{op1}——负荷侧限时速断保护定值,7.6A。

② 灵敏度校验　灵敏系数 $K_{sen} = 0.866I_{k.min}/(n_a I_{op}) = 0.866 \times 13104/(400 \times 8.4) = 3.4 \geq 2$

校验合格

式中　$I_{k.min}$——最小运行方式下保护安装处三相短路电流,13104A;

　　　n_a——TA 变比,400;

③ 动作时限定值的整定　动作时限与负荷侧限时电流速断保护动作时限 0.3s 配合整定,取 0.6s。

(3)过流保护

① 动作电流 I_{op2} 按与负荷侧动作电流配合整定,电源侧和负荷侧电流互感器变比是相同:

$$I_{op2} = K_{rel}I_{op1} = 1.1 \times 4.9 = 5.4(A)$$

式中　K_{rel}——可靠系数,取 1.1;

　　　I_{op1}——负荷侧过流保护定值。

② 灵敏度校验　灵敏系数 $K_{sen} = 0.866I_{k.min}/(n_a I_{op}) = 0.866 \times 7025/(400 \times 5.4) = 2.8 \geq 1.5$

校验合格

式中　$I_{k.min}$——最小运行方式下线路末端即负荷侧高压母线三相短路电流,7025A;

　　　n_a——TA 变比;

③ 动作时限整定计算　与负荷侧过流保护时限 0.8s 配合,取 1.1s

</td></tr>
</table>

表 12-37　　××公司继电保护定值计算书 (7)

变配电所：	建新变	回路名称：	循环气压缩机		
保护装置：	CSC-211	保护功能：	限时电流速断、过负荷		
额定容量：	4180kW	额定电流	451A	额定电流二次值：	2.82A
TV 变比：	6000V/100V	TA 变比：	800A/5A	零序 TA 变比：	

| | **(1)限时电流速断保护**
动作电流 I_{op} 按躲过电动机启动电流整定,即:
$$I_{op} = K_{rel} K_{st} I_e = 1.2 \times 4 \times 2.82 = 13.5(A)$$
式中　K_{rel}——可靠系数,取 1.2;
　　　K_{st}——电动机启动电流倍数,取 4;
　　　I_e——电动机二次额定电流,2.82A。
灵敏系数按最小运行方式下保护安装处两相短路能可靠动作校验:
$$K_{sen} = 0.866 I_{k.min}/(n_a I_{op}) = 0.866 \times 13104/(160 \times 13.5) = 5.3 \geqslant 2　校验合格$$
式中　$I_{k.min}$——最小运行方式下保护安装处三相短路电流,13104A;
　　　I_{op}——限时电流速断保护动作电流,3.6A;
　　　n_a——电流互感器变比,600。
限时电流速断保护延时与下级配电所 40ms 配合,取 0.3s。
(2)过负荷保护
动作电流 I_{op} 按躲过电动机额定电流计算,即:
$$I_{op} = K_{rel} I_e/K_r = 1.1 \times 2.82/0.95 = 3.27(A)$$
式中　K_{rel}——可靠系数,取 1.1;
　　　K_r——返回系数,取 0.95;
定时限动作时限与下级配电所 48s 配合,取 50s |

表 12-38 ××公司继电保护定值计算书 (8)

变配电所：	建新变	回路名称：	聚丙烯二期造粒机		
保护装置：	CSC-211	保护功能：	限时电流速断、过负荷		
额定容量：	10500kW	额定电流：	721A	额定电流二次值：	3.0A
TV 变比：	10kV/100V	TA 变比：	1200A/5A	零序 TA 变比：	

定 值 计 算	**(1) 限时电流速断保护** 动作电流 I_{op} 按躲过电动机启动电流整定，即： $$I_{op} = K_{rel} K_{st} I_e = 1.2 \times 4 \times 3.0 = 14.4(A)$$ 式中　K_{rel}——可靠系数，取 1.2； 　　　K_{st}——电动机启动电流倍数，取 4； 　　　I_e——电动机二次额定电流，3.0A。 灵敏系数按最小运行方式下保护安装处两相短路能可靠动作校验： $$K_{sen} = 0.866 I_{k.min}/(n_a I_{op}) = 0.866 \times 10129/(240 \times 14.4) = 2.5 \geqslant 2 \quad 校验合格$$ 式中　$I_{k.min}$——最小运行方式下保护安装处三相短路电流，10129A； 　　　I_{op}——限时电流速断保护动作电流，14.4A； 　　　n_a——电流互感器变比，240。 限时电流速断保护延时与下级配电所 40ms 配合，取 0.3s。 **(2) 过负荷保护** 动作电流 I_{op} 按躲过电动机额定电流计算，即： $$I_{op} = K_{rel} I_e/K_r = 1.1 \times 3/0.95 = 3.5(A)$$ 式中　K_{rel}——可靠系数，取 1.1； 　　　K_r——返回系数，取 0.95。 定时限动作时限与下级配电所 12s 配合，取 15s

12.3.2　继电保护定值单

　　根据继电保护定值计算书，结合继电保护装置技术手册，编制继电保护定值单。××公司继电保护定值单见表 12-39～表 12-46。

表 12-39　××公司继电保护定值单（1）

2019 年××月××日

变配电所：	建新变	回路名称：		1♯、2♯主变	
保护装置：	CSC-326FA	定值单号：		作废定值单号：	
额定容量：	31.5MV・A	额定电流：	165A	额定电流二次值：	2.75A
TV 变比：	110kV/100V	TA 变比：	300A/5A	零序 TA 变比：	200A/5A

保 护 定 值	主变低压侧额定电流:2887A 主变低压侧 TA 变比:3000A/5A 差动保护 　差动速断电流:$I_{SD}=16.5A$ 　差动保护电流:$I_{CD}=1.7A$ 　比例制动系数:$K_{ID}=0.4$ 　断线开放差动定值:$I_{CT}=3.3A$ 　二次谐波制动系数:$K_{XB}=0.18$ 高后备保护 　低电压闭锁定值:70V 　负序电压闭锁定值:7V 　复合电压闭锁过流Ⅰ段定值:3.8A 　复合电压闭锁过流Ⅰ段 1 时限:2.1s 跳两侧 　零序电压闭锁定值:10V 　零序Ⅰ段定值:5.2A 　零序Ⅰ段 1 时限:0.5s 跳 110kV 分段 　零序Ⅰ段 2 时限:1s 跳两侧开关 　过负荷告警定值:3.2A 　过负荷告警延时:9s 　启动通风Ⅰ段定值:1.9A 　启动通风Ⅰ段延时:5s 低后备保护 　低电压闭锁定值:70V 　负序电压闭锁定值:7V 　复合电压闭锁过流Ⅰ段定值:6.1A 　复合电压闭锁过流Ⅰ段 1 时限:1.5s 跳低压侧分段 　复合电压闭锁过流Ⅰ段 2 时限:1.8s 跳低压进线 　过负荷告警定值:5.6A 　过负荷告警延时:9s 注:其他未整定的保护全部退出,控制功能保持厂家现场设定

编制：	审核：	批准：

表 12-40　××公司继电保护定值单（2）

2019 年××月××日

变配电所：	建新变	回路名称：		3#、4#主变	
保护装置：	CSC-326FA	定值单号：		作废定值单号：	
额定容量：	25MV·A	额定电流：	131A	额定电流二次值：	2.18A
TV 变比：	110kV/100V	TA 变比：	300A/5A	零序 TA 变比：	200A/5A

保护定值	主变低压侧额定电流:1375A 主变低压侧 TA 变比:2000A/5A 差动保护 　　差动速断电流:I_{SD}＝13.1A 　　差动保护电流:I_{CD}＝1.3A 　　比例制动系数:K_{ID}＝0.4 　　断线开放差动定值:I_{CT}＝2.6A 　　二次谐波制动系数:K_{XB}＝0.18 高后备保护 　　低电压闭锁定值:70V 　　负序电压闭锁定值:7V 　　复合电压闭锁过流Ⅰ段定值:3.0A 　　复合电压闭锁过流Ⅰ段 1 时限:1.8s 跳两侧 　　零序电压闭锁定值:10V 　　零序Ⅰ段定值:4.2A 　　零序Ⅰ段 1 时限:0.5s 跳 110kV 分段 　　零序Ⅰ段 2 时限:1s 跳两侧开关 　　过负荷告警定值:2.6A 　　过负荷告警延时:9s 　　启动通风Ⅰ段定值:1.6A 　　启动通风Ⅰ段延时:5s 低后备保护 　　低电压闭锁定值:70V 　　负序电压闭锁定值:7V 　　复合电压闭锁过流Ⅰ段定值:4.4A 　　复合电压闭锁过流Ⅰ段 1 时限:1.5s 跳低压侧开关 　　过负荷告警定值:4.0A 　　过负荷告警延时:9s 注:其他未整定的保护全部退出,控制功能保持厂家现场设定

编制：	审核：	批准：

表 12-41　××公司继电保护定值单（3）

2019 年××月××日

变配电所：	建新变	回路名称：		1#、2#所用变	
保护装置：	CSC-241C	定值单号：		作废定值单号：	
额定容量：	630kV · A	额定电流：	57.7A	额定电流二次值：	2.89A
TV 变比：	6000V/100V	TA 变比：	100A/5A	零序 TA 变比：	

保 护 定 值	速断保护 　　速断电流：60.3A 　　速断时间：0s 过流保护 　　过流电流：3.7A 　　过流时间：0.5s 过负荷保护 　　过负荷电流：3.2A 　　过负荷告警时间：9s 注：其他未整定的保护全部退出，控制功能保持厂家现场设定

编制：	审核：	批准：

表 12-42 ××公司继电保护定值单 (4)

2019 年××月××日

变配电所:	建新变	回路名称:	1♯、2♯电容器		
保护装置:	CSC-221	定值单号:		作废定值单号:	
额定容量:	6000kvar	额定电流:	525A	额定电流二次值:	3.75A
TV 变比:	6000V/100V	TA 变比:	700A/5A	零序 TA 变比:	

保护定值

速断保护
过流Ⅰ段电流:8.1A
过流Ⅰ段时间:0s
过流保护
过流Ⅱ段电流:6A
过流Ⅱ段时间:0.5s
低电压保护
欠电压定值:40V
欠电压时间:1.5s

注:其他未整定的保护全部退出,控制功能保持厂家现场设定

编制:	审核:	批准:

表 12-43　××公司继电保护定值单（5）

2019 年××月××日

变配电所：	建新变	回路名称：		分支电容器	
保护装置：	SR-100	定值单号：		作废定值单号：	
额定容量：	1000kvar	额定电流：	87.5A	额定电流二次值：	2.19A
TV 变比：	6600V/100V	TA 变比：	200A/5A	零序 TA 变比：	

<table>
<tr>
<td rowspan="1">保

护

定

值</td>
<td>

过流保护
　　过流Ⅱ段电流:3.5A
　　过流Ⅱ段时间:0.3s
过电压保护
　　过电压保护定值:110V
　　过电压保护时限:7s
不平衡保护
　　零序过电压保护定值:7V
　　零序过电压保护时限:0.2s

注:其他未整定的保护全部退出,控制功能保持厂家现场设定

</td>
</tr>
</table>

编制：	审核：	批准：

表 12-44 ××公司继电保护定值单 (6)

2019 年××月××日

变配电所:	建新变	回路名称:		聚丙烯二期甲、乙线	
保护装置:	ISA-353G CSC-211	定值单号:		作废定值单号:	
额定容量:		额定电流:		额定电流二次值:	
TV 变比:	6000V/100V	TA 变比:	2000A/5A	零序 TA 变比:	

保 护 定 值	差动保护(ISA-353G) 　　d478-本侧识别码　聚丙烯二期甲线:0027　聚丙烯二期乙线:0025 　　d479-对侧识别码　聚丙烯二期甲线:0028　聚丙烯二期乙线:0026 　　d753-对侧 TA 变比调节系数:1 　　*d040-分相电流纵差投退:投入 　　d045-比率差动差流定值:2A 　　*d497-弱馈侧投退:退出 　　*d224-差流越限告警投退:投入 　　d797-相电流越限电流定值:4A 　　*d304-CT 断线告警投退:投入 　　*d032-CT 断线闭锁差动投退:投入 　　d735-CT 断线零序电流定值:1A 　　d736-CT 断线零序电压定值:10V 　　*d471-二相式 CT 投入:投入 　　d153-CT 断线负序电流定值:0.25A 线路保护(CSC-211) 限时电流速断保护 　　过流Ⅰ段电流:8.4A 　　过流Ⅰ段时间:0.6s 过流保护 　　过流Ⅱ段电流:5.4A 　　过流Ⅱ段时间:1.1s 注:其他未整定的保护全部退出,控制功能保持厂家现场设定

编制:	审核:	批准:

表 12-45　××公司继电保护定值单 (7)

2019 年××月××日

变配电所:	建新变	回路名称:		循环气压缩机	
保护装置:	CSC-211	定值单号:		作废定值单号:	
额定容量:	4180kW	额定电流	451A	额定电流二次值:	2.82A
TV 变比:	6000V/100V	TA 变比	800A/5A	零序 TA 变比:	

保护定值	速断保护 　　过流Ⅰ段电流:13.5A 　　过流Ⅰ段时间:0.3s 过负荷 　　过负荷电流:3.27A 　　过负荷跳闸时间:50s 注:其他未整定的保护全部退出,控制功能保持厂家现场设定

编制:	审核:	批准:

表 12-46 ××公司继电保护定值单（8）

2019 年××月××日

变配电所：	建新变	回路名称：	聚丙烯二期造粒机		
保护装置：	CSC-211	定值单号：		作废定值单号：	
额定容量：	10500kW	额定电流	721A	额定电流二次值：	3.0A
TV 变比：	10kV/100V	TA 变比：	1200A/5A	零序 TA 变比：	

<table>
<tr>
<td rowspan="2">保

护

定

值</td>
<td>
速断保护
  过流Ⅰ段电流:14.4A
  过流Ⅰ段时间:0.3s
过负荷
  过负荷电流:3.5A
  过负荷跳闸时间:15s

注:其他未整定的保护全部退出,控制功能保持厂家现场设定
</td>
</tr>
</table>

编制：	审核：	批准：

附录A 西门子综保调试软件 DIGSI4

A.1 软件安装

① 从西门子综保代理商获得西门子综保调试软件，见图 A-1，软件版本在不断升级，此处使用 DIGSI 4.83，软件需含配套的序列号。

图 A-1 西门子综保调试软件

② 如果笔记本电脑上已经安装了 DIGSI 4 的早期版本软件或西门子 PLC 的软件，必须首先卸载它。如果卸载后注册表中留下残余文件，需要手动删除相关文件。打开注册表编辑器 regedit，在"HKEY _ CURRENT _ USER"和"HKEY _ LOCAL _ MACHINE"文件夹中都有"SOFTWARE"文件夹，在"SOFTWARE"文件夹中找"SIEMENS"文件夹删除即可。

③ 经测试，DIGSI 4.83 在 Windows7 64 位系统中未能安装成功，在 Windows7 32 位系统和 WindowsXP 系统安装成功。

④ 打开"DIGSI 4.83"文件夹，双击"setup"文件开始安装，首先弹出安装语言选择界面，见图 A-2，选择"English"，弹出软件选择界面，见图 A-3，先安装软件"DIGSI 4.83"。安装过程中会出现软件序列号输入界面，见图 A-4，提示输入软件序列号，其余默认安装。

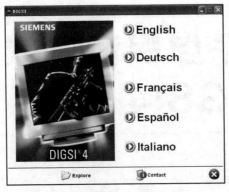

图 A-2　安装语言选择界面　　　　　图 A-3　软件选择界面

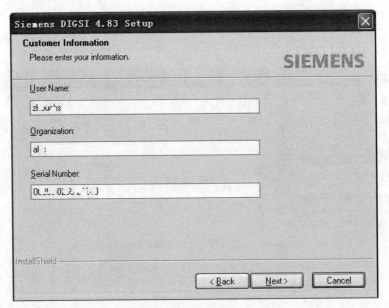

图 A-4　软件序列号输入界面

⑤ 回到软件选择界面，再安装设备驱动"Device Drivers"，其他根据需要选择安装。

⑥ 新版本软件可安装升级包，升级包不能单独安装，必须在已有 DIGSI 软件基础上升级，使用原序列号。

A.2　软件初次使用

① 在"开始→所有程序"可以看到新安装的软件 Siemens Energy，见图

A-5，其中 DIGSI V4.87 是升级后的综保调试软件，SIGRA 是波形查看软件。

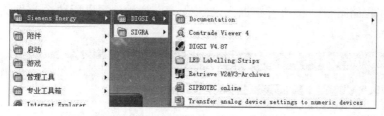

图 A-5　新安装的软件 Siemens Energy

　② 单击"DIGSI V4.87"，软件运行界面见图 A-6，选择"Options"→"Customize"→"Language"，进入运行语言选择界面见图 A-7，选择"chinese"，单击"OK"，关闭软件后重新运行就变成中文界面了。

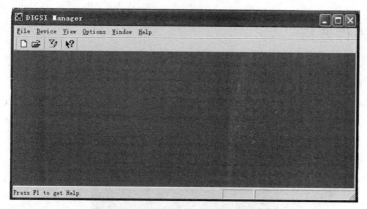

图 A-6　DIGSI V4.87 软件运行界面

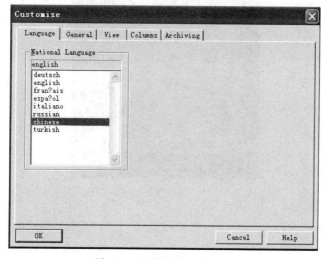

图 A-7　运行语言选择界面

③ 接下来打开已有项目或新建项目。新建项目界面见图 A-8，需要填写项目名称和存储路径。在项目中加入文件夹，一般每个配电所建个文件夹，存放本所保护装置数据。

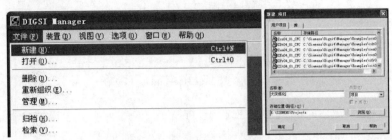

图 A-8　新建项目界面

A.3　硬件连接

① 为方便测试，建了"测试"文件夹，接下来就要与综保装置连接了，图 A-9 是西门子综保 7SJ68 前面板图，综保的首次连接必须用前面板的 RS232 接口，内部 5 脚接地，3 脚 TXD，2 脚 RXD，与计算机接口一致，需要用交叉线连接。

图 A-9　西门子综保 7SJ68 前面板图

② 笔记本上没有 RS232 接口时，使用 USB 转 RS232 数据线，安装配套驱动软件可以虚拟出 RS232 接口。

A.4 通信连接

① 连接好数据线，装置上电，软件进入新建装置界面，见图 A-10，在测试文件夹单击右键，在弹出的菜单选项中选择"装置-> DIGSI（即插即用）…"选项，弹出的设备类型选择对话框见图 A-11，默认选择"STPROTEC 4"，单击"确定"。

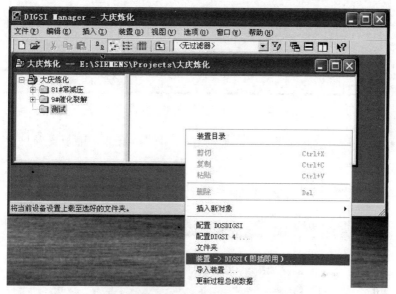

图 A-10　新建装置界面

图 A-11　设备类型选择对话框

② 进入"即插即用"界面，见图 A-12，连接类型选择"直接"，连接属性中的 PC 接口选择 USB 转 RS232 虚拟端口，单击"确定"，进入等待连接、完成数据下载界面。

③ 连接成功后在"测试"文件夹里出现了所连接的装置，同时出现了装置连接后的界面，见图 A-13，显示状态为"在线"，菜单中有定值、控制、记录、测量、录波和测试选项，其中定值选项内容较为关键，一般由厂家调试人员改动，

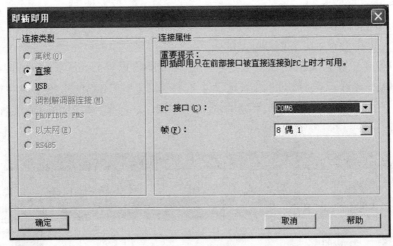

图 A-12 "即插即用"界面

运行人员可查看，禁止修改，其他选项最常用的是录波，用于查看故障记录对应的波形。

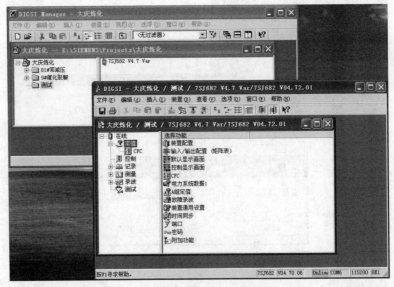

图 A-13 装置连接后的界面

④ 初次连接装置后，项目中保留了该装置数据，再次连接该装置时，先在项目中找到该装置，右键菜单选择"打开对象"，在"打开装置"界面选择连接类型和连接属性后单击"确定"即可，打开装置不限于使用前面板的 RS232 接口，还可以使用以太网接口。

A.5 Web 操作

Web 操作界面见图 A-14，需要用网线连接笔记本和装置后面的 RJ45 网络接口，然后在浏览器中输入装置的 IP 地址就可以访问了，界面模拟真实的装置，在上面操作，装置界面同步变化。

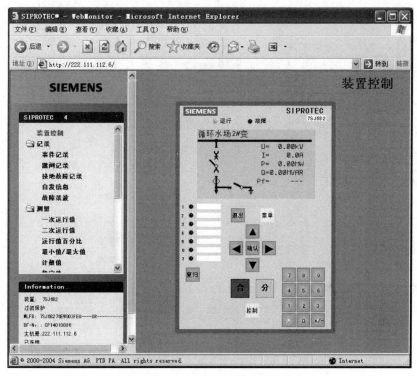

图 A-14 Web 操作界面

A.6 记录查看

记录中的跳闸记录较为常用，跳闸记录界面见图 A-15，单击主界面中的"跳闸记录"，右侧显示近期所有记录，双击具体记录会弹出该记录详细信息。记录名称是跳闸记录，实际上只要保护启动就会记录，例如图中编号为 11 的记录是电动机启动过程的记录，电动机启动时过流保护启动，启动完成后过流保护返回，启动时限接近 30s。

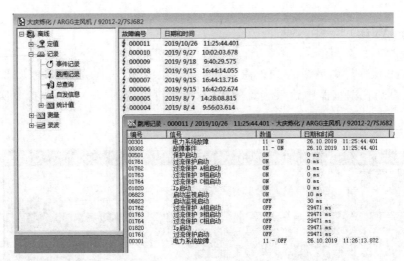

图 A-15　跳闸记录界面

A.7 故障录波

故障录波界面见图 A-16，单击主界面中的"故障录波"，右侧显示与跳闸记录对应的故障录波记录。双击具体记录，会自动打开故障波形查看软件 SIGRA，进入故障录波查看界面。

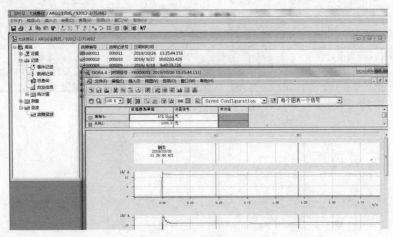

图 A-16　故障录波界面

波形查看方式有时间信号、矢量图、轨迹图和谐波图，其中时间信号方式下还可选择瞬时值和有效值。

附录B ABB 综保调试 软件 PCM600

B.1 软件安装

(1) 软件获取

如图 B-1 所示，PCM600 软件含 4 部分，其中"dotnetfx35 02"是系统文件，"2PCM600 _ Engineering _ 2.3"是安装文件，"3PCM600 Ver. 2.3 ZH Add-On"是中文补丁，连接包内为不同型号综保的连接文件。

  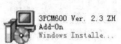 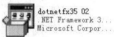

图 B-1 PCM600 软件

(2) 安装步骤

① 如果系统没有 NET FRMAEWORK 3.5，安装 dotnetfx35 02.exe，默认安装；

② 安装 2PCM600 _ Engineering _ 2.3.exe，默认安装；

③ 安装 3PCM600 Ver. 2.3 ZH Add-On.msi 中文补丁，默认安装；

④ 安装连接包，其中 REF615 为馈线保护装置，RED615 为差动保护装置，RET615 为变压器保护装置，REM615 为电动机保护装置，默认安装。

安装完成后在桌面出现如图 B-2 所示 PCM600 图标，双击图标，PCM600 运行界面见图 B-3。

图 B-2 PCM600 图标

图 B-3 PCM600 运行界面

(3) 中文界面

PCM600 安装后默认是英文界面，按图 B-4 所示改为中文界面，步骤如下：

① 菜单路径选择：tools→Options...；

② 语言选择：System Settings → System Language，选 Chinese，单击"OK"；

③ 先关闭软件，再重新打开软件，显示为中文界面。

(a) 菜单路径

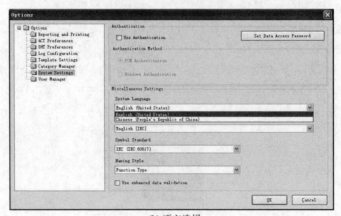

(b) 语言选择

(c) 中文界面

图 B-4   PCM600 改中文界面

B.2   软件应用

(1) 通信连接

使用网线连接综保装置的前面板 RJ45 网络接口，其 IP 地址固定为 192.168.0.254，调试用笔记本电脑的本地连接 IP 地址需先设为同一网段。

(2) 项目管理

PCM600 首次运行界面是空白的，需要新建项目，对项目中的综保装置进行管理。

① 新建项目，见图 B-5，单击"文件"菜单，选择"新建项目"，弹出创建新项目窗口，输入项目名称，然后单击"创建"。

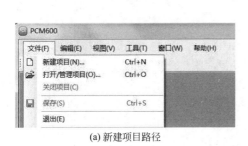

(a) 新建项目路径

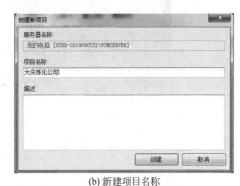

(b) 新建项目名称

图 B-5   新建项目

② 新建变电站，见图 B-6，在项目名称处单击右键，在菜单中依次选择"新建"→"常规"→"变电站"，然后项目中会出现"变电站"，在变电站处单击右键，在弹出菜单中选择"重命名"，将其改为实际变电站名称。

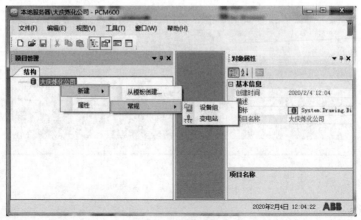

(a) 新建变电站路径

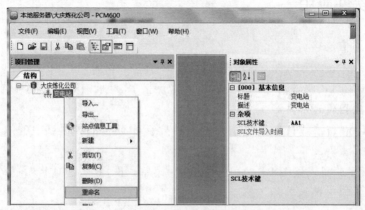

(b) 变电站重命名

(c) 完成新建变电站

图 B-6　新建变电站

③ 新建电压等级，见图 B-7，在变电站名称处单击右键，在菜单中依次选

择"新建"→"常规"→"电压等级"，然后变电站中会出现"电压等级"，将其改为实际电压等级。

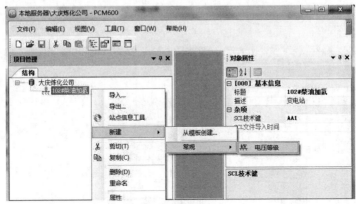

(a) 新建电压等级路径

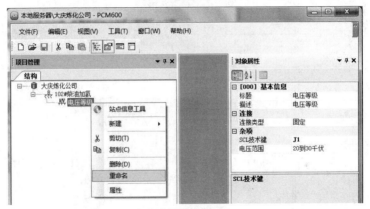

(b) 电压等级重命名

(c) 完成新建电压等级

图 B-7　新建电压等级

④ 新建间隔，见图 B-8，在电压等级处单击右键，在菜单中依次选择"新建"→"常规"→"间隔"，然后电压等级中会出现"间隔"，将其改为回路名称或回路编号。

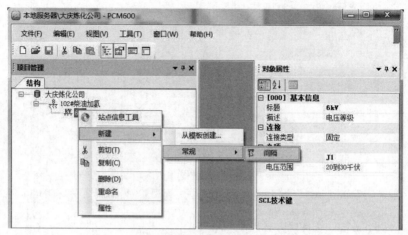

(a) 新建间隔路径

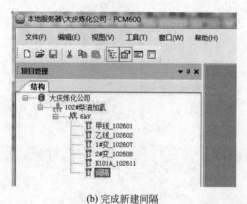

(b) 完成新建间隔

图 B-8　新建间隔

⑤ 新建装置，见图 B-9，在间隔处单击右键，在菜单中依次选择"新建"→保护装置类型→保护装置型号，然后会依次弹出选择界面，选择在线配置模式、IEC61850 通信协议、前面板端口，完成通信配置，进入设备扫描界面，单击"扫描"，软件通过网络接口与设备通信，读取订货号等信息，扫描完成后会自动显示相关信息，单击"下一步"，读取装置，完成新建装置。

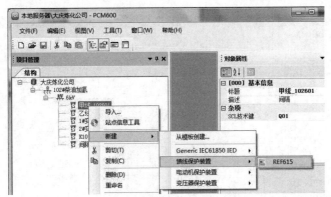

(a) 新建装置路径

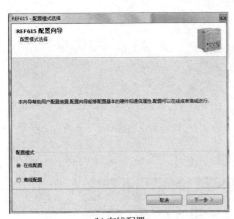

(b) 在线配置

(c) 通信协议

(d) 端口选择

(e) 通信配置完成

图 B-9

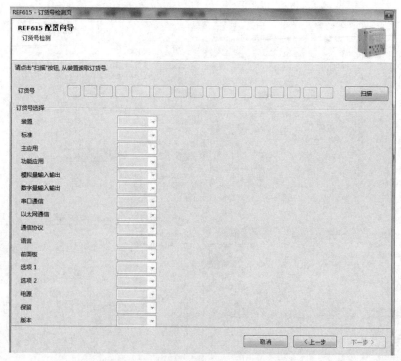

(f) 扫描设备

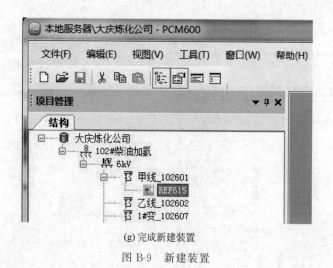

(g) 完成新建装置

图 B-9　新建装置

(3) 软件功能

在装置处单击右键会弹出菜单,通过菜单选择完成各种功能的应用。装置右键菜单见图 B-10,常用的功能有"定值整定"和"故障录波"。

图 B-10　装置右键菜单

单击"故障录波"，软件界面右侧出现故障录波列表，见图 B-11，双击某一条，进入故障录波软件界面，见图 B-12，该界面曲线为变压器合闸励磁涌流曲线。

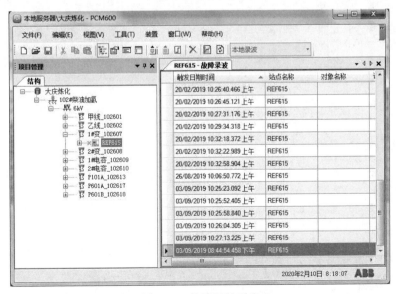

图 B-11　故障录波列表

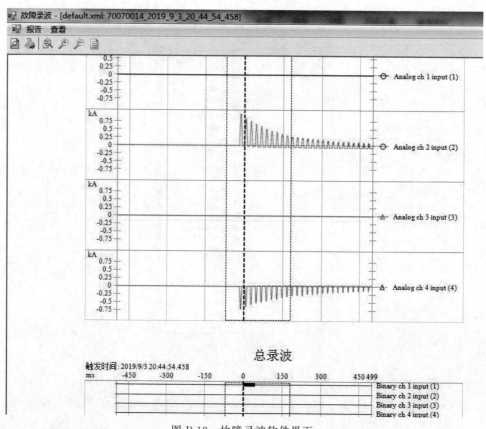

图 B-12　故障录波软件界面

附录C 南瑞继保综保调试软件 PCS-PC 5.0

C.1 软件简介

PCS-PC 5.0 软件可提供 PCS 系列综保装置的在线调试下载和离线定值整定、LCD 液晶组态及整个厂站装置的批量归档功能。该软件适用于 Windows7 和 WindowsXP 操作系统，无需安装，直接运行。

C.2 软件应用

(1) 打开软件

应用程序"pcs-pc5"路径见图 C-1，在软件的文件夹"PCS-PC 5.0 \ PCS-PC_5-release-engineer \ bin"中找到应用程序"pcs-pc5"，双击打开软件。

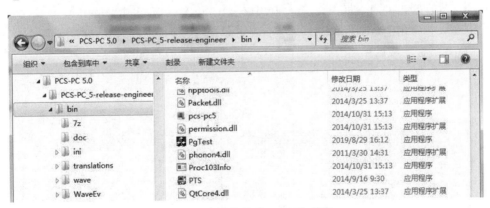

图 C-1 应用程序"pcs-pc5"路径

(2) 新建厂站

单击菜单"文件"中的"新建"，弹出新建厂站对话框，见图 C-2，填写配电所名称，选择存储路径，单击"OK"，新建厂站完毕。

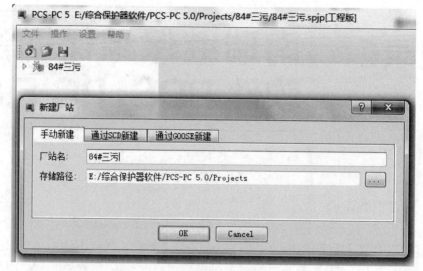

图 C-2　新建厂站对话框

（3）新建装置

新建装置步骤见图 C-3，使用在线模式、以太网接口时，使用网线连接综保装置的前面板 RJ45 网络接口，其默认固定 IP 地址为 198.120.0.100，调试用笔记本的本地连接 IP 地址需设为同一网段。

具体步骤如下：

① 在厂站位置右键菜单选"新建装置"；

② 在弹出的对话框中，选择"在线装置"、"以太网"，单击"Next"；

③ 在弹出的对话框中，输入装置名，单击"IP 地址探测"，自搜索装置的 IP 地址，搜索完成后单击"Finish"。

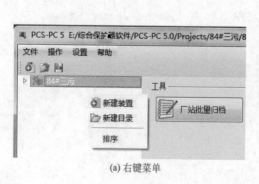

(a) 右键菜单

(b) 选项

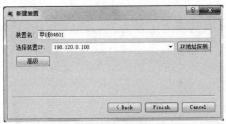

(c) IP地址探测

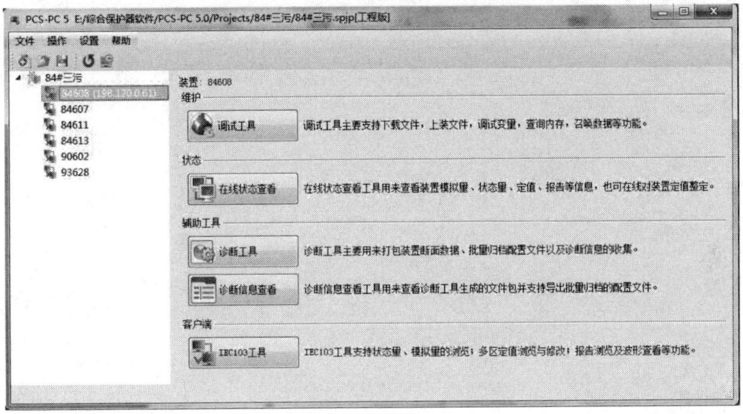

(d) 完成新建装置

图 C-3 新建装置步骤

(4) 定值查看与修改

单击“IEC103 工具”，进入保护定值界面，见图 C-4，软件右侧界面显示保护定值，在“设置值”一栏可以更改定值，更改后通过右键菜单“下载”将新定值刷进装置。

	描述	设置值	量程	步长	单位
1	负序电压闭锁定值	8.000	[2.000 - 57.000]	0.001	V
2	低电压闭锁定值	70.000	[10.000 - 100.000]	0.001	V
3	过流Ⅰ段定值	15.000	[0.050 - 150.000]	0.001	A
4	过流Ⅰ段时间	0.100	[0.000 - 100.000]	0.001	s
5	过流Ⅱ段定值	10.000	[0.050 - 150.000]	0.001	A
6	过流Ⅱ段时间	0.500	[0.000 - 100.000]	0.001	s
7	过流Ⅲ段定值	8.000	[0.050 - 150.000]	0.001	A
8	过流Ⅲ段时间	1.000	[0.000 - 100.000]	0.001	s
9	正序反时限保护基准值	6.000	[0.100 - 15.000]	0.001	A
10	正序反时限时间常数	1.000	[0.000 - 600.000]	0.001	
11	正序反时限特性	1	[1 - 3]	1	
12	过负荷报警定值	6.000	[0.100 - 15.000]	0.001	A
13	过负荷报警时间	3.000	[0.000 - 100.000]	0.001	s
14	负序过流Ⅰ段定值	5.000	[0.050 - 150.000]	0.001	A
15	负序过流Ⅰ段时间	0.100	[0.050 - 100.000]	0.001	s
16	负序过流Ⅱ段定值	3.000	[0.050 - 150.000]	0.001	A
17	负序过流Ⅱ段时间	1.000	[0.050 - 100.000]	0.001	s
18	零序过流Ⅰ段定值	10.000	[0.050 - 30.000]	0.001	A
19	零序过流Ⅰ段时间	0.100	[0.000 - 100.000]	0.001	s
20	零序过流Ⅱ段定值	6.000	[0.050 - 30.000]	0.001	A
21	零序过流Ⅱ段时间	0.500	[0.000 - 100.000]	0.001	s
22	零序过流Ⅲ段定值	4.000	[0.050 - 30.000]	0.001	A
23	零序过流Ⅲ段时间	1.000	[0.000 - 100.000]	0.001	s

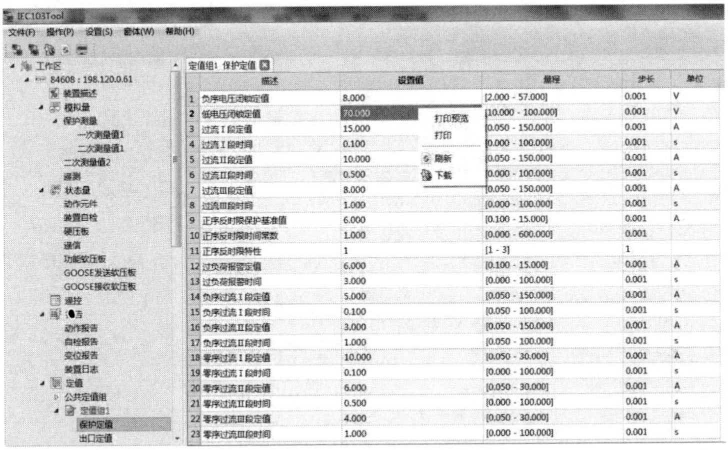

图 C-4 保护定值界面

(5) 故障录波

要查看故障录波，先要查看动作报告，见图 C-5，单击"动作报告"后，右侧显示动作报告明细，图中序号为 24 的动作报告是电动机启动过程报告，启动电流最大值为 10.954A，启动时间 5.7s。动作报告右键菜单见图 C-6，单击"录波"，进入对应的波形分析界面，见图 C-7。

图 C-5　动作报告

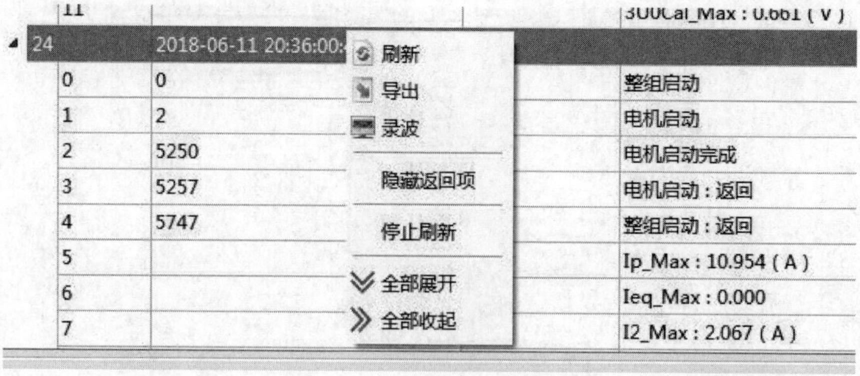

图 C-6　动作报告右键菜单

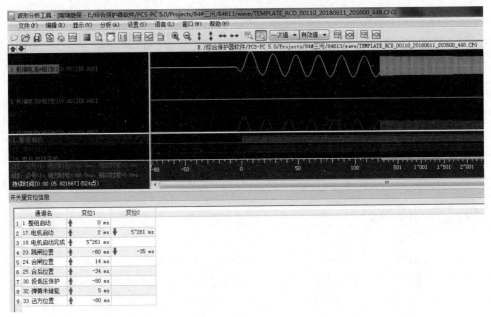

图 C-7　波形分析界面

附录D 四方综保调试软件 EPPC

D.1 软件简介

EPPC 微机保护调试软件，兼容 Windows7 和 WindowsXP 操作系统，无需安装，直接运行。通过计算机的串行口和保护装置前面板的 DB9 串口连接，串口属于 RS232 接口，与西门子 7SJ68 相同，内部 5 脚接地，3 脚接 TXD，2 脚接 RXD。

D.2 软件应用

（1）打开软件

双击可执行文件"eppc_Chs"打开软件，EPPC 软件界面见图 D-1，EPPC 软件没有项目管理功能，只能和综保装置实时通信，完成定值整定操作、事故报告和录波数据查看等功能。

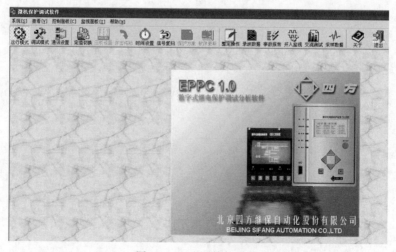

图 D-1 EPPC 软件界面

(2) 通讯设置

先连接好串口线，单击"通讯设置"，弹出通讯设置界面，见图 D-2，选择对应的端口，其他使用默认值，单击"确认"，完成和综保装置的通信连接。

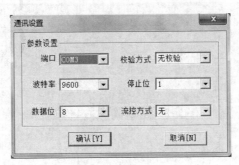

图 D-2　通讯设置界面

(3) 事故报告与录波数据

单击"事故报告"，软件界面下侧并不显示报告，在空白区域右键单击，弹出事故报告右键菜单见图 D-3，选择记录复制，导入事故记录。事故记录右键菜单见图 D-4，选择"录波数据"，显示录波数据界面见图 D-5。

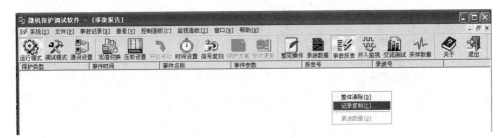

图 D-3　事故报告右键菜单

图 D-4　事故记录右键菜单

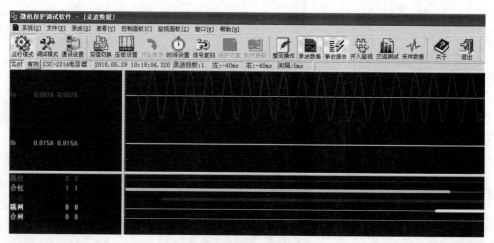

图 D-5 录波数据界面

参 考 文 献

[1] 高春如. 发电厂厂用电及工业用电系统继电保护整定计算. 北京：中国电力出版社，2012.
[2] 陈根永. 电力系统继电保护整定计算原理与算例. 第 2 版. 北京：化学工业出版社，2017.
[3] DL/T 1502—2016. 厂用电继电保护整定计算导则. 北京：中国电力出版社，2016.
[4] 于立涛，林涛等. 电力系统继电保护整定计算与应用实例. 北京：化学工业出版社，2011.
[5] 王振声，王玉卿. 35～6/0.4kV 配变电系统短路电流计算实用手册. 北京：中国电力出版社，2004.
[6] 杨正理，黄其心等. 电力系统继电保护. 北京：机械工业出版社，2015.
[7] 李佑光，林东. 电力系统继电保护原理及新技术. 第 2 版. 北京：科学出版社，2009.